ALPHA GIRLS

THE WOMEN UPSTARTS WHO TOOK ON SILICON VALLEY'S MALE CULTURE AND MADE THE DEALS OF A LIFETIME

[美] 朱莉安·格思里(Julian Guthrie) 著

万志文 译

中信出版集团 | 北京

图书在版编目（CIP）数据

无惧非凡 / （美）朱莉安·格思里著；万志文译
. -- 北京：中信出版社，2020.11
　　书名原文：ALPHA GIRLS
　　ISBN 978-7-5217-2279-6

Ⅰ . ①无… Ⅱ . ①朱… ②万… Ⅲ . ①女性－人生哲
学－通俗读物 Ⅳ . ① B821-49

中国版本图书馆 CIP 数据核字（2020）第 195329 号

无惧非凡

著　　者：［美］朱莉安·格思里
译　　者：万志文
出版发行：中信出版集团股份有限公司
　　　　　（北京市朝阳区惠新东街甲 4 号富盛大厦 2 座　邮编　100029）
承 印 者：三河市科茂嘉荣印务有限公司

开　　本：880mm×1230mm　1/32　　印　张：11.25　　字　数：255 千字
版　　次：2020 年 11 月第 1 版　　印　次：2020 年 11 月第 1 次印刷
京权图字：01-2020-1815
书　　号：ISBN 978-7-5217-2279-6
定　　价：68.00 元

各方赞誉

这本书洋溢着作者对四位女性风投先驱的深深敬意，她们的传奇故事让人看得直呼过瘾。她们无所畏惧，为硅谷的繁荣发展贡献了自己的力量。作者对这些未被赞颂的、标新立异的冒险家的刻画十分生动形象，时而让你伤感，时而让你充满希望，时而让你渴望得到更多。

——**布莱恩·基廷**，加州大学圣迭戈分校物理学教授，

《失去诺贝尔奖》（*Losing the Nobel Prize*）作者

这本书终于面世了，它是一本关于硅谷的书，讲述了那些强大的女性是如何克服重重困难，取得了不起的成就，在硅谷留下自己的印记的。《无惧非凡》细致而完美地诠释了什么是坚毅，什么是魄力，并颠覆了人们对只有男性才能创造科技公司的神话的印象。对于任何想要寻找榜样的年轻女性或年轻男性来说，这本书都非常值得一读。

——**卡罗琳·保罗**，《勇敢的女孩：史诗般的冒险之旅》

（*The Gutsy Girl: Escapades for Your Life of Epic Adventure*）作者

《无惧非凡》讲述的是四个女人闯荡充满风险和戏剧性的风投世界的故事。这四个人的故事扣人心弦、危险重重、妙趣横生，并且均不乏英雄色彩。她们摆脱了性别不平等带来的影响，获得了自己在当代史中应有的地位。

——**凯茜·舒尔曼**，韦勒娱乐公司总裁，

奥斯卡最佳影片《撞车》制片人，女性活动家

朱莉安·格思里是一位非常优秀的作者，在刻画硅谷方面，当今无人能出其右。《无惧非凡》可谓当今世界十分需要的一本书，它讲述了世界历史上，创造最大规模的合法财富背后的真实故事。不管你是职场女性，还是和女性一起共事的男性，《无惧非凡》都是必不可少的读物。

——**亚当·费希尔**，《天才之谷：未删减的硅谷历史》

（ *Valley of Genius: The Uncensored History of Silicon Valley* ）作者

献给我的母亲康妮·格思里，
她是我生命中接触到的第一个阿尔法女孩。

目　录

前　言

加利福尼亚，门洛帕克，沙丘路

　　玛丽·简·埃尔莫尔（Mary Jane Elmore）开着她那辆老旧的绿色福特平托，有点儿头晕目眩。路上车辆飞驰而过。她并不是在漫无目的地游走，而是正奔向被称为"硅谷权力中心"的沙丘路。她踌躇满志，准备开启新的生活篇章，向改变世界的目标进发。

　　玛丽·简有着一头棕色的秀发，一双棕色的大眼睛，年轻貌美。1976 年，她从普渡大学毕业，获得数学学位。她曾在大学的暑假期间当服务员，身穿抢眼的橙色短款背带裤，赚到了一大笔小费。因此她买了一辆福特平托，车子已经变得有些破旧了，会漏出散热液，而且还在使用原装的凡士通 500 轮胎。她驱车从密苏里州的堪萨斯城长途跋涉了近 2 000 英里*，来到北加州。接着，她在刚成立 8 年的科技公司英特尔找到了一份工作。

　　尽管贵为风险投资界的中心，但沙丘路却没有任何彰显其地位的东西——没有气势十足的华尔街铜牛，没有镀金时代豪华璀

　　* 　1 英里约等于 1.6 公里。——编者注

璨的建筑群，也没有由高耸入云的摩天大楼组成的人造峡谷。当年，这个地方是一片绵延起伏的土地，灌木丛生，橡树参天，粉色大丽花的花瓣鲜艳夺目，建筑物又长又低，就像经典老车林肯大陆一样。那些中世纪风格的建筑以雪松木、红木和砖石作为外墙，数目众多，但没有什么名堂。不同于其他的商业中心，沙丘路不显山露水，与那些代表金钱和权力的象征符号绝缘。没有喧嚣聒噪，它就像乡村俱乐部般寂静无声。对玛丽·简而言，那里与她成长的、随处可见高高的玉米地的世界全然不同。小时候，她经常在玉米地里窜来窜去，玩捉迷藏，每一次出动，往哪边走多少行、多少列，她都心里有数——当时的她就拥有下棋般精准的算力。

玛丽·简在数学方面天赋过人——更不用说她对市场的敏锐嗅觉了，这让她与这片新的加州疆域成为天作之合。在 20 世纪 70 年代，硅谷给人的感觉就是一个浸透着淘金热的进取精神和"饿狼"精神的疆域，冒险家和淘金者们不惜冒险，前赴后继，只为得到哪怕一丁点金子，即便他们知道只有少数人才能得到幸运女神的眷顾。在 1849 年的淘金热时期，矿业公司的老板和卖暴利商品的商人主宰一切，比如塞缪尔·布兰南、列维·施特劳斯、约翰·斯图德贝克、亨利·韦尔斯和威廉·法戈。跻身其中的女性寥寥无几，势单力薄，因而大多数女性只能从事平凡的工作或者当家庭主妇。在更现代的淘金热时期，情况也没什么区别。硅谷长期以来都是由男性发号施令的，你方唱罢我登场，几十年前的代表人物有威廉·休利特、戴维·帕卡德、鲍勃·诺伊斯、戈登·摩尔、安迪·格鲁夫、拉里·埃里森、史蒂夫·乔布斯、史蒂夫·沃兹尼亚克。到了21世纪，代表人物则有拉里·佩奇、谢尔盖·布林、马克·扎克伯格、埃隆·马斯克、蒂姆·库克、特拉维斯·卡兰尼克和马克·贝尼奥夫。

在为期两天的行程中，玛丽·简以花生酱三明治为食。一路上，她并没有幻想过，游走于一直由男性牢牢统治的硅谷会是一件轻松的事。即使是今天，在玛丽·简第一次踏足这里几十年以后，风险投资公司中仍有94%的投资合伙人——改变未来的金融决策者——是男性，80%以上的风险投资公司更是从未有过女性投资合伙人。只有不到2%的风险投资落入由女性创办的创业公司的口袋里，顶尖公司约85%的技术员工是男性。当玛丽·简第一次驱车奔赴沙丘路时，女性占美国劳动力总数的40%左右，其中做风险投资合伙人的更是屈指可数。

但是，玛丽·简，这位镇定自若、面带稚气的邻家女孩，后来成了有史以来最早跻身风险投资公司合伙人行列的女性之一。就像在沙丘路的一个角落里蓬勃盛开的粉色大丽花一样，她和其他的女性风险投资家先驱——"阿尔法女孩"（Alpha Girls）——找到了出路，让自己的梦想扎根并茁壮成长。

在硅谷最令人兴奋的时期，她们像早期的淘金者一样向西进发。当时，大型计算机淡出舞台中央，让位于微型计算机、个人计算机和互联网，一如当初穿孔卡片计算机为计算时代奠定舞台一样。这些女性风险投资家不断发掘、投资和指导创业公司，通过所押宝的创业点子，她们扮演着重要角色，助力改变全世界的人的工作、娱乐、通信、学习、旅行、创造和互动的方式。医药和科技领域举足轻重的新发明，很多都带有风险投资家的印记。

闯荡硅谷的除了玛丽·简以外，还有索尼娅·赫尔（Sonja Hoel），一个金发碧眼、积极乐观的南方美人，她供职于沙丘路的顶级风险投资公司——门罗风投，这家风投公司专注于投资能提升互联网安全性和可靠性的公司；玛格达莱娜·耶希尔（Magdalena Yeşil），一个性情活泼的亚美尼亚人，在伊斯坦布尔长大，会为了融入周围的环境而不惜"热脸贴冷屁股"；特蕾西娅·吴（Theresia Gouw），来自中国移民家庭，争强好胜，曾在汉堡王当服务员，后来华丽变身，投身于追逐硅谷历史上相当炙手可热的一些投资。还有其他的阿尔法女孩，比如特斯拉的第一位投资者兼董事会成员，创办印度第一家风险投资基金的女性，第一位成功带领科技公司上市的女性，第一位成立在线化妆品网站的女性，还有新一代的年轻女性金融家和企业家。这些女性与世界各地的阿尔法女孩有着同样的决心，各行各业都有她们的身影，不管是好莱坞、学术界、经济界、广告界、政治界、媒体界、体育界，还是汽车界、农业界、法律界、酒店界、餐饮界、艺术界。

历史上不乏备受瞩目的女性反叛者，如罗莎·帕克斯，她有过一次堪称民权运动代名词的反叛行动。温和的激进派同样不在少数，不管从事的是什么，她们都能够做到极致，乃至于改变游戏规则。例如，玛格丽特·撒切尔专门去上演讲课，目的是把自己的声音练得更加深沉，更能被听见。乔治亚·欧姬芙像男艺术家那样画了一些"暗色调"的作品，目的就是证明男艺术家能做的她也能做。后来，她再次描绘鲜艳的沙漠之花，并由此奠定其"美国现代主义之母"的地位。

在那个秋高气爽的日子，玛丽·简开车经过沙丘路，心里满怀着希望。前路会有什么样的艰难险阻，她几乎想都没有想过。她从未想象过，自己将要同时应付几座大山：高风险的工作，养育三个孩子的职责，矛盾不断的婚姻，过于野心勃勃的初级合伙人。但她的直觉告诉她，这里就是适合她大展拳脚的地方——硅谷充满奇思妙想，充满令人惊叹的大胆发明，堪称创新、创意、执着、乐观和机遇的代名词。在这片土地上诞生的新公司和新行业领域，比世界上任何地方都多，它所孕育的大型科技公司多不胜数，如惠普、仙童半导体、英特尔、Teledyne（工业技术公司）、ROLM（技术公司）、安进、基因泰克、AMD（超威半导体公司）、Tandem（语言学习应用程序）、雅达利、甲骨文、苹果、戴尔、艺电、康柏、联邦快递、网景、LSI（半导体和软件设计公司）、雅虎、亚马逊、思科、PayPal（贝宝）、eBay（易贝）、谷歌、Salesforce（客户关系管理软件服务提供商）、领英、特斯拉、脸书、YouTube（视频网站）、优步、Skype（即时通信软件）、推特、爱彼迎等。

但是，玛丽·简和其他阿尔法女孩需要钢铁般的意志才能坚持到底，而且一路上要付出不菲的情感代价。她们曾在最意想不到的时候遭到攻击和背叛。硅谷这一充满年轻男性荷尔蒙气息的地方，看似是简单粗暴的竞技场，但实际上，恃强凌弱、性别偏见、身心失调、对女性的压制等，无一不是游戏规则的一部分。

最后，阿尔法女孩们——出身商人、教师、牙医及移民家庭的坚强女性——意识到，要想改变她们所钟爱的这个行业，只有一条路可走：打破并重新制定游戏规则。

第一章
硅谷梦

1980—1994 **年**

玛格达莱娜·耶希尔

　　玛格达莱娜·耶希尔骑着自行车穿过校园，气喘吁吁地来到斯坦福大学计算机中心上班。她穿着一身白色及地长裙，头上戴着黄色雏菊。晚上 10 点，办公室里全是玩《龙与地下城》游戏和写工程学论文的人。玛格达莱娜抚平裙子，打开背包，坐到办公桌前。她身后的墙上写着"计算机顾问"。

　　那是 1980 年的晚春。玛格达莱娜在斯坦福大学的低负担分时系统（LOTS）计算机中心上夜班，负责解决学生们老套乏味的问题："我用完分配的内存了。""我的软件一直在无限循环运行。""我无法登录我的账号。"诸如此类。

　　玛格达莱娜本人则有些让人难以捉摸。她有着厚重的红棕色长发和深棕色的眼睛，颇为引人注目。上班时，她还会穿舞会礼服，佩戴头饰，或者穿 20 世纪 60 年代风格的时装，因而更受瞩目。她钟情于几何图案连衣裙、花样图案紧身衣、高跟鞋，以及任何带雏菊图案的服饰。夜班也许沉闷乏味，让人煎熬，但她并没有哀怨，至少还会用古怪的装扮来给自己（也包括周围的人）的生活增添几分色彩。

正当玛格达莱娜输入用户名"Y.Ynot"登录系统时，一位计算机中心的常客来找她。他打印了一张长长的纸，上面显示了他正在使用的软件和他写的代码。玛格达莱娜手里拿着铅笔，仔细研究纸上的东西，就像防伪专家甄别画作中是否有造假痕迹一样，没多久她就发现了一行有错误指令的代码。当错误代码被纠正以后，那个研究生心满意足地回到了自己的座位上。

夜灯闪烁不定，嗡嗡作响，玛格达莱娜的一身新衣裳引来许多学生偷瞄。她的服饰大部分都是在校园外的加州大街上的一家二手服装店买的，一件只需一两美元。没多久，学生们的注意力又回到了数字设备2040（Digital Equipment 2040）上面，那是一台超大型计算机，会让用户产生一种它一直在盯着自己看的错觉。这台计算机安置在玻璃后面的冷却室里。LOTS计算机中心的常客通常有三类：仍在写学位论文的学生，有的甚至毕业十年了都还在写；工程学或计算机科学的研究生，他们来做研究，或者玩《龙与地下城》、《乒乓》（Pong）或《小行星》（Asteroids）等游戏；来使用社会科学统计软件包（SPSS）的社会科学研究生——通常是该中心里仅有的女性访客。

玛格达莱娜知道，许多常客都才华横溢，她亲切地称他们为她的"各色怪咖"访客。她也知道，他们跟自己志趣相投——像她一样，他们也觉得工程学像是宗教信仰，只不过它是关于如何巧妙地拼凑错综复杂的拼图的。虽然这份工作必须通宵达旦，但她还是很喜欢这样一个让自己既能展现个性，又能融入其中的地方。

在土耳其长大的她深知，想融入周围的环境是要付出代价的。在很小的时候，她就被教育要保护好自己的亚美尼亚种族特性。在平常她会让别人叫自己"莱娜"，而不是教名"玛格达莱娜"。在玛格达莱娜成长的时代，在土耳其的亚美尼亚人经常受到诅咒和骚扰。在她祖父母的时代，亚美尼亚人更是遭到监禁和处决，就像几十年前饱受德国人摧残的犹太人一样。

即使是现在，在与家乡相距近 7 000 英里的地方，她有时也仍然会被那些本是阳光灿烂的时光，但却瞬间变得灰暗无光的记忆萦绕——在伊斯坦布尔附近的公共海滩上，那个美丽的下午原本充满欢声笑语、奔跑嬉戏、游泳奔腾，直到她被认出是亚美尼亚人。转瞬之间，沙滩上的其他孩子纷纷变脸，朝她脸上扔泥沙，逼她走开。然而，他们的排斥非但没有把玛格达莱娜赶走，反而让她更加坚定地要融入他们，与他们一起玩耍，挑战土耳其僵化死板的社会界限。回到家里，她盘算着怎样才能让自己再次受到那些伙伴的欢迎。她游泳水平很高，于是就向他们展示自己过人的游泳本领。她会用攒下来的零花钱给其他孩子买糖果或冰激凌，讨他们开心。

她的父亲从她小时候起就教育她，穿衣打扮要像个淑女，但思想要像个男人。玛格达莱娜小小年纪就穿着带褶边的裙子，戴着白手套，推着一辆装着玩具娃娃的玩具婴儿车。以前，在土耳其，孩子的礼仪教育甚至比文化教育还重要。当被问到长大后想做什么时，玛格达莱娜毫不犹豫地答道："做木匠。"在当地，那不是女生该从事的职业。而玛格达莱娜小时候就很喜欢在家里的墙上钉钉子。即便被父母夺走锤子，她还是会另找工具来敲钉子。

1977 年，玛格达莱娜来到美国上大学，身上带着 43 美元现金和 9 个金手镯。父母告诉她，如果钱不够用，就把金手镯卖掉。但她一个都没有卖，这多亏她在上大学期间所做的两份工作，包括在计算机中心上夜班。她能说一口流利的土耳其语、亚美尼亚语、法语和英语。

玛格达莱娜担任计算机中心的计算机顾问，可以查阅学生们的功课。在无聊的清晨，她会翻阅文档打发时间。她发现，男生们写了很多关于电影（如《星球大战 5：帝国反击战》和《猎鹿人》）、篮球〔如密歇根州立大学在 NCAA（美国全国体育大学协会）锦标赛中击败印第安纳州立大学〕、音乐（如唐娜·莎曼的《坏女孩》和摇滚乐队 The Knack 的《我的莎罗娜》）、政治（如美国总统吉米·卡特能否击败好莱坞演员、共和党候选人罗纳德·里根从而连任）的东西。不过，在她的眼里，半夜三更逗留于计算机中心的男生大多都有些寂寞无聊，有的默默暗恋着同学，有的沉迷于讨论凯丽·费雪、西格妮·韦弗、法拉赫·福西特、杰奎琳·比塞特、黛比·哈利等明星的八卦。

除了提供计算机方面的帮助之外，玛格达莱娜还辅导学生们（包括少数的几位女访客）展开各类研究，从编写基本软件到编写二进制机器学习算法，她都在行。刚进入斯坦福大学时，她以为自己将来会当医生，后来却发现医学预科课程枯燥乏味。现在，她即将获得工业工程（Industrial Engineering）学士学位，同时还将获得电气工程（Electrical Engineering）硕士学位——她是该"双 E"硕士班中唯一的女生。不同于医学，电气工程和数字计算机设计出乎意料地打开了她的思维，帮助她发现自己在演绎推理上的缺陷。在钻研电路和数字计算机的绝对逻辑的过程中，她开始纠正自己的逻辑错误。

令她惊讶的是，设计计算机软件的过程使她恢复了信仰。在土耳其成长时，宗教信仰意味着一切——部落和身份，比种族更重要。到少年时期，只身前往美国以后，玛格达莱娜开始信奉不可知论。然而，在工程学课程上钻研各种问题——设计逻辑门、端部浇口、输出、输入和寄存器——的过程中，她发现了自己的逻辑缺陷，为此感到十分欣喜。她成为斯坦福大学第一个设计复杂的超大规模集成电路（VLSI）的班级的一员。她一丝不苟地设计，一遍又一遍地检查自己的作品，直到确信自己的设计毫无瑕疵。但她还是会出错。最后，她发现——又或者别人帮她指出——她的思维存在盲点。她逐渐意识到，个体逻辑不是绝对确定的。她不能仅依靠自己的大脑来获得确定性。工程学和计算机课程让她意识到，有很多超越自我的大脑思维和逻辑范畴的东西。她在计算机中心的其他人身上也有同样的发现。再聪明绝顶的学生，也有思维盲点。

她注意到一对粗鲁的情侣，两人几乎每天晚上都到计算机中心来玩游戏。他们在玩的过程中时常大喊大叫，全然不顾周围埋头学习的人。她很喜欢的一个人今晚也来了，那是一位上了年纪的女博士生，穿着裤子（从不穿裙子），一身装扮十分得体，留着一头棕色的直发，有抽烟斗的习惯，一言一行都很有范儿，玛格达莱娜很欣赏她。

在美国，不管到哪里，玛格达莱娜周围几乎全都是男人。对此，她并不陌生，也不讨厌。她父母没有儿子，但在父亲眼里，她就是儿子。她的姐姐是被母亲领养回来的，家里只有她们两个孩子。父亲是一名商人，经常带玛格达莱娜参加各种商业会议，最后还让她就读土耳其的一所一流男校——这在大多数土耳其人看来简直匪夷所思。

夜色渐渐褪去，玛格达莱娜把还在计算机中心的十几名学生打量了一番，心想他们当中有谁会成为成功的发明家、企业家，甚至家喻户晓的大人物。身处斯坦福大学或者硅谷的大环境，会让人不自觉地认为行走商界赚钱不是什么难事，毕竟这些地方到处弥漫着财富的气息，发财甚至成了理所当然的事。玛格达莱娜在斯坦福大学的朋友个个都很有钱，他们有父母帮他们缴清学费，衣食无忧。在这个地区，百万富翁似乎一夜之间就遍地都是了。而玛格达莱娜则必须要精打细算地过日子。她时常估算自己需要工作多少个小时才能和朋友一起下一次馆子，而且，每次下完馆子她总是会懊悔地对自己说："这顿饭足足花了我四个工时的工资啊！"她把攒钱记录当作成绩单来看，恨不得在课后生活中也要拿满 A。

随着大型计算机过渡到台式计算机，计算机行业变得日新月异。文字处理应用程序、数字电子表格和关系数据库陆续出现，这反过来又催生了对稳定的硬件平台的需求，但更重要的是，要有稳定可靠的软件系统。

终于，斯坦福大学计算机中心的时钟走到了早上 5 点 30 分，下班时间到了。玛格达莱娜从包里掏出墨镜，跟夜猫子同伴们笑着道别后，走出门外。走在路上，她的裙子窸窣作响。整理好裙子，她骑上了自行车。

清晨的阳光仿佛是她在计算机中心度过漫长夜晚后的赏赐。刚修剪过的草坪散发出清新的气味，洒水器的水洒在斯坦福大学校园里的声音，像节拍器的声音一般柔和舒缓。清新的空气四处弥漫，玛格达莱娜身着长裙，头上戴着雏菊，使劲蹬着自行车的踏板，在湿漉漉的小路上加速前行，身后水花四溅。

回到宿舍，她走向床前，脱下衣服，然后一头钻进被子里。几个小时以后她要去上课，几天以后她要参加几场面试，其中一场的面试官是苹果公司的两个都叫史蒂夫的大胡子男人。

玛丽·简·埃尔莫尔（昵称 MJ）

对 MJ 来说，她现在的生活跟过去大不一样。以前，她住在中西部一座小房子里，四周都是玉米地。她的母亲包办了家务粗活，晚上要在彭尼百货上班，还同时照顾丈夫和五个孩子。父亲驱车到离家 50 英里远的中学教书。每年夏天，MJ 都不受拘束，骑着自行车四处游玩，吃着纸袋装的午餐，喝着酷爱牌饮料。过去，家里偶尔会吃一顿牛排，但为了省钱，母亲改成买汉堡牛肉饼。

1981 年，MJ 离开供职几年的英特尔，前往斯坦福大学攻读工商管理硕士（MBA）。她的一位教授杰克·麦克唐纳经常邀请商界精英来给 MBA 班的学生演讲。MJ 有幸获得机会邀请来了今天的演讲者桑迪·科兹格——第一位成功带领科技公司上市的女性。

34 岁的科兹格一身钴蓝色装扮，脚踩颜色相衬的高跟鞋。她曾用手头的 2 000 美元存款在闲置的卧室里创办了 ASK 计算机系统公司。现在，她的个人身价已经达到 6 700 万美元。她留着精心修剪过的长指甲，拎着粉红色的公文包，开着一辆崭新的法拉利来到斯坦福大学。

"我之所以选择学数学，是因为我读书很慢，"科兹格告诉学生们，"我喜欢对错分明的东西。我在成长过程中可能更像个野丫头。我妈妈给我买了一个女童子军玩偶，但我没有拿着玩偶玩，反而去玩它的包装盒。"

MJ 感同身受地会心一笑。也正是因为数学，MJ 才上了普渡大学，而后去了英特尔。在英特尔，她参与了名为"粉碎行动"（Operation Crush）的、在公司历史上至关重要的一项大型市场营销活动，该活动帮助公司奠定了在芯片行业的统治地位。虽然不是工程师，但由于有数学背景，MJ 还是能够搞懂英特尔复杂的芯片技术。和科兹格一样，MJ 也有点儿像个野丫头。邻居的男孩在她骑车经过时教她怎么站着骑车，还教她说一些脏话。一天晚上，她父亲在晚饭时给大家讲了一件关于他的学校不幸的事情。"真他妈倒霉啊！" MJ 脱口而出，大家哄堂大笑。

科兹格说，她知道她并不想让自己的生活每天都围着孩子转。"我觉得，如果我自己都不开心，那么我也很难让孩子们过得开心。"

MJ 顿时想到了自己的母亲。1950 年，19 岁的母亲和父亲成婚，她没有选择上大学，尽管当时大学能给母亲提供四年的奖学金。MJ 一家住在伊利诺伊州阿科拉市，之后搬到印第安纳州特雷霍特市，在那里一家七口共用一个卫生间。一天花几个小时给孩子们烘焙他们最喜欢的美食，依照样板缝制衣服，是她母亲的日常生活。MJ 心里清楚，在另一个平行时空，如果有机会，她的母亲多萝西·汉纳可能会成为像桑迪·科兹格那样的成功女性。

而在阿科拉，能接触到的新鲜玩意儿也就是自助洗衣店里的那台自动售货机。MJ 给它投进一颗糖果的钱，它时常会多给几颗糖果。夏天，在巨大的水泥排水管里，凉快的内壁回响着 MJ 的叫喊声和歌声。MJ 无拘无束，可以在城里随心所欲地游荡，她期盼着将来能做对的事情。MJ 钦佩硅谷的发明精神，也尊崇它的革新精神。斯坦福商学院是又一扇让她从过去通向未来的大门，是一个让邻家女孩有无限可能性的地方。

MJ 事先研究了一番科兹格的公司，心中有一连串问号。在科技行业当女性 CEO（首席执行官）是什么样的感觉呢？她是怎么同时兼顾母亲和 CEO 这两个角色的呢？她在组建团队时看重的是什么？MJ 的同学鲜少像她一样想涉足科技行业，他们大多数不是想成为管理顾问，就是想成为投资银行家。那个时候的硅谷还不是一个尽人皆知的、人人都向往的地方。

科兹格谈到她的公司 ASK 及其软件 MANMAN［manufacturing management（制造管理）的简称］的发展历程。她最初打算将该软件定名为"MAMA"，直到她认识的一位 CEO 跟她说："你能想象其他公司的高管当着董事会的面说，他想要获批使用MAMA（妈妈）系统来运行公司的制造业务吗？"

科兹格还是希望使用叠名，于是写下几个候选的名字。忽然，她灵光一闪："一个妈妈的活儿，往往要两个男人才干得了！"因此她将软件更名为"MANMAN"，她的公司和产品随即一炮而红。

科兹格告诉全班学生，从未有女员工主动找她加薪。这让MJ 感到非常惊讶。"男员工会找我直截了当地问他是否可以加薪。而女员工会觉得，她自己得具备各种技能和多年的工作经验，并符合所有的条件，才有资格谈加薪。升职方面，男性是看潜力，女性则是看实际绩效。"科兹格说。

科兹格接着娓娓道来，给全班学生讲述了其职业生涯中难以忘怀的一些故事。有一次，她出席一个商务会议迟到了，由于她是整个会议室里唯一的女性，因此很难不引起注意。有一位潜在客户以为科兹格是秘书，于是向她要一杯咖啡。"好！请问加奶油还是加糖？"科兹格毫不迟疑地答道。等她端着咖啡回来时，那个意识到自己犯错的人支支吾吾地向她道歉。科兹格跟他说："没关系。只要你签了合作合同，让我给你烤饼干都行！"

"如果你纠结于性别歧视问题，"科兹格在斯坦福的课堂上说，"那么你就别想干成任何事情。"对于客户或者潜在客户的追求，她学会了用幽默来巧妙回避。"嘿，这个季度我很忙，也许下个财年才有时间。"她找到了一些窍门，既能打发追求者，又不会让他们太难堪，乃至于不愿意和她有生意往来。

听到这里，MJ 意识到她也是采取类似的方法来应对男性的轻视的。幽默回应——以及转移话题——在制止别人的不当行为时的确很奏效。每当班上的男生拿校园女生联谊会开玩笑时，MJ 都一笑置之。MJ 所在的斯坦福 MBA 班上共有 305 人，女生仅占约 25%——75 人。自 1976 年以来，每个 MBA 班都会成立女生组织，旨在促进女生的交流来往，增进情谊。MJ 是 1982 届斯坦福商学院研究生院班级的"队长"。她们组建的社团名为"女性管理者"（Women in Management，简称"WIM"），成员之间会定期聚会。在结束聚会回宿舍的路上，她们班上的男生总会朝她们大喊："哎呀，WIM（Women Impersonating Men）——装男人的女人——回来了！"

科兹格告诉斯坦福大学的学生们，她有一条原则，那就是绝不在只有女性的组织团体面前发表讲话——她对"我做不到"的态度零容忍。她以自己最喜欢的信条结束演讲，一个专门说给班上的女生听的信条："若想做成事，就要先入局。"

MJ 点头表示认同，她也有过四处碰壁的经历。她选择入读备受尊崇的普渡大学，而不是自费上印第安纳州立大学。读完大学后，她发现招聘人员对数学专业的毕业生并不感兴趣。企业在招聘广告上列出他们心仪的专业，学生只有专业对口才能应聘。MJ 必须搞清楚谁来校园招聘，于是在面试室门口守着，等待招聘人员出来，或者跟着他们去洗手间以便找机会毛遂自荐。

在英特尔工作一年后，MJ 撞上另一堵墙。在该公司的第一年，她总是赶着给焦急的客户交付存储芯片，实在难受。于是，MJ 决定转到产品开发部门，参与将新产品推向市场的工作。此时，她遇到了给她牵线搭桥的苏珊·托马斯。托马斯毕业于麻省理工学院，是一名计算机科学家兼电气工程师。她于 1976 年加入英特尔，从事微处理器的市场营销工作，经常与销售人员一起出差，给潜在客户讲解微处理器的运行原理。托马斯帮助 MJ 转到微处理器生产工具部门。

转岗时机来得正好。几个月后，25 岁的 MJ 成为英特尔"粉碎行动"的一分子，那是英特尔内部为了赢得与摩托罗拉之间的微处理器大战而启动的一项市场营销活动，成败在此一举。英特尔需要新的 16 位微处理器芯片 8086"粉碎"与其竞争的摩托罗拉 16 位芯片 68000。MJ 与英特尔的一个"特种部队"一起辗转于全美各地，举办一场又一场的研讨会和推介会，倾力向客户推销并讲解英特尔的微处理器如何让制造流程自动化，如何驱动加工装配流水线和卫星的运行，如何改变商业运作方式，等等。

从创始人戈登·摩尔和鲍勃·诺伊斯，到首席运营官安迪·格鲁夫，英特尔上上下下倾其所有展开"粉碎行动"。英特尔的媒体策略师里吉斯·麦克纳也曾负责苹果公司的营销工作，他借助出自艺术家帕特里克·内格尔之手的照片，发起了一场声势浩大的、耗资 200 万美元的广告营销活动。英特尔还祭出奖励表现最好的销售人员到塔希提岛旅游的招数。一位名叫约翰·多尔的年轻人斗志满满，全身心投入微处理器的销售当中。为了刺激销量，他还采用了包括视频在内的当时很新颖的一些营销技术。员工们都穿着印有"粉碎行动"的 T 恤——直到英特尔的律师认为"粉碎竞争对手"这个口号可能会招来不必要的反垄断担忧。

在公司组织的野餐、排球比赛和圣诞晚会上，MJ、苏珊·托马斯、约翰·多尔以及后来嫁给多尔的电气工程师安·豪兰都会聚在一起。出生于匈牙利的格鲁夫性格直率，处事严苛，要求没能在早上 8 点前到达公司的员工在一份迟到记录表上签字。只不过，有些迟到的员工并没签自己的真名，而是签下"查克·烤肉""卢克·沃姆"之类的假名。

MJ 感觉自己仿佛处在宇宙的中心。当时，IBM（国际商业机器公司）在开发 5150 个人计算机，其处理器供应商将从摩托罗拉和英特尔中选择一个。为了让自己的事业更上一层楼，MJ 决定离开英特尔去攻读 MBA 学位。她找格鲁夫要一封推荐信。格鲁夫告诉她，他并不确信 MBA 的价值，但最后还是给她写了推荐信。

现在，距离从斯坦福毕业只有几个月的时间了，MJ 帮助科兹格回答完学生最后的提问，然后送她离开。MJ 非常欣赏科兹格的魄力，她坚强、自信，并且拥有属于自己的成就。科兹格一边坐进她的法拉利，一边告诫 MJ 要大胆想、大胆做："既然有那个能力，为什么不行动起来呢？"

几周后，MJ 开始到一些初创公司和风投公司面试。这一次，有了在英特尔供职的背景，她具备了招聘人员看重的资质。英特尔赢得了与摩托罗拉的战争，"粉碎行动"也标志着该公司从存储产品迈入微处理器世界，那是英特尔的未来。MJ 亲身见识过动力十足的小团队有多大的威力。

MJ 告诉一些商学院的同学，她要接受机构风险合伙公司（Institutional Venture Partners，简称 IVP）的联合创始人里德·丹尼斯的面试。但有同学提醒她："里德·丹尼斯是不会录用女性的。"

到了沙丘路 3000 号，MJ 把车停在露天停车场。她穿过寂静的院子，眼前矗立着一棵枝叶婆娑的橡树。56 岁的丹尼斯一头白发，戴着一副厚厚的眼镜，穿着打褶的裤子和带扣子的衬衫，扎着一条有大锁扣的皮带。两人在丹尼斯的大办公室里坐下来，MJ 试着平复紧张的情绪。丹尼斯的办公室里到处都是展示旧金山历史的石版画，还摆放着几辆缩小版的铜制火车。他告诉 MJ，他小时候很喜欢看火车驶过唐纳山口。

MJ 向丹尼斯讲述了她在特雷霍特的成长经历，以及她在普渡大学、英特尔和斯坦福大学的时光，还谈到她坚强的母亲、父亲的教师生涯以及她的大家庭。

说着说着，她放松下来了，一只手松松地握着另一只，放在膝上。她姐姐常常跟她说，她有着面对混乱局面也能保持从容淡定的本事。

"我一直对解决问题很感兴趣，"MJ告诉丹尼斯，"数学给我带来了一个观察世界的视角。它教会了我如何寻找正确的答案，也教会了我如何避免错误的答案，如何避免踩进误导性的概率和百分率数据的坑里。"

两人谈到微处理器和日新月异的计算机领域，MJ对技术的领悟之深，让丹尼斯甚是欣赏。她更像是通才而非工程师，这一点他也很喜欢。他说，他本身是一位受过良好训练的电气工程师，手下也有不少工程师人才。

"我曾经在海军负责更换电源管和无线电发射机，"丹尼斯说道，"不得不说，电子电路不可思议的微型化，真是令人惊叹。再小的导电材料，都能完成各种各样的事情。"

"但是技术的好坏取决于它背后的人，"MJ指出，"英特尔向我证明了这一点。摩托罗拉的微处理器不比我们的差，但我们拥有一群了不起的、铁了心要战胜对手的人。我想说，我对人、人际关系和解决问题非常感兴趣。"她接着说："我想要在有生之年做一件不朽的事情。"

丹尼斯告诉MJ，IVP的一个规模达2 200万美元的新基金处于运营的第二年。"我们投资的是人和产品，"他说，"但我认同人比产品重要。即使产品没做成，对的人也总能够东山再起。"

丹尼斯提出带MJ参观IVP的办公室。他说，1973年他开始在沙丘路挂牌经营这家公司，当时每天来上班，公司都是一片死寂。电话半天都不响一声。他笑称，那时候总是门可罗雀。"我常常开车在帕洛阿托南部到处转悠，观察那些挂在门口的招牌，"他说，"只要看到写着'电子'的招牌，我就上门拜访，看看对方是否需要投资。一笔笔的投资就是这么来的。风险投资与其说是一个产业，不如说是一项活动。"

丹尼斯称，早在 20 世纪 50 年代，他在消防员基金保险公司（Fireman's Fund）供职，他和一些朋友，比如比尔·鲍斯、约翰·布赖恩、比尔·爱德华兹和小布鲁克斯·沃克，时常会邀请企业家到旧金山的萨姆烧烤餐厅共进午餐。企业家先做推介，之后就到外面等 5 分钟，好让丹尼斯等人私下商量做出决定。

"我们能筹到 10 万美元左右，"丹尼斯说，"在 8~10 年的时间里——要知道，我们都有全职工作——我们可能帮助创办了 23 家或 24 家公司。其中有 18 家非常成功。"

他接着说："成功与否，要看你看人的眼光准不准。跟企业家会面，听他们讲故事，你得判断他们的商业模式是否可信，是否合乎逻辑。"

看了看表，丹尼斯跟 MJ 说："你不妨留下来旁听一会儿要开的会议，有家公司准备过来做推介。"然后，他半开玩笑地说："将来看到我要烧钱玩游艇、老爷车、火车、飞机之类的，你可要制止我啊。"

MJ 留了下来，听他们的推介会。她不怎么紧张，一直在仔细观察，记笔记，还问了几个问题。桑迪·科兹格的建言一直在她的脑海中回响："若想做成事，就要先入局。"

推介会结束后，MJ 收拾东西准备离开，丹尼斯走了过来，与她握手，问她什么时候可以来上班。MJ 看着他的手，难以置信，心想："我得到 IVP 的工作了？我要到沙丘路上班了？"

在开着老旧的平托离开的路上，MJ 心里燃起一股兴奋感，一如初到加州的时候。她并不抗拒做一个典型的中西部邻家女孩。她一直都很尊重她的母亲，母亲常常将"做个好人又不会少根毛"挂在嘴边。MJ 为她的家人感到自豪。但是，当她的脑海中重新浮现桑迪·科兹格手提粉色公文包，坐上红色法拉利的情景时，MJ 就知道自己想要更多。她并不满足于吃汉堡牛肉饼，她想要吃牛排。

特蕾西娅·吴

在罗得岛州普罗维登斯市著名的奥利弗酒吧，特蕾西娅·吴点了杯啤酒，跟蓝领和学生常客打过招呼，便直奔桌上足球台。是时候找人虐一虐了。

特蕾西娅讨厌失败——不管是玩桌上足球，还是做其他事情。在桌上足球台上，特蕾西娅快速发动攻势，她最好的朋友桑吉塔·巴蒂亚疲于防守。那些不认识她的对手，看她有一头梳理整齐的卷发，穿着健美裤和宽松的毛衣，就以为她很好欺负。但她杀招不少，不管是致命的旋转射门，从中场发起凌厉的拉射，还是出其不意的折射球。自以为是的对手如走马灯般换了一批又一批，他们完全无力招架特蕾西娅迅雷不及掩耳般的攻击。

特蕾西娅身高约 1.6 米，长相稚嫩，看起来像一个十几岁的青少年。她总是被看低，在距离布朗大学几个街区的酒吧里也是如此。她于 1986 年进入布朗大学读工程学。她在工人阶级小镇米德尔波特长大，该农业中心位于纽约州布法罗市东北部约 40 英里处。学生们穿迷彩服上学，看《雇佣兵》（Soldier of Fortune）杂志，总逃课参加猎鹿季节的开幕日活动。大学毕业生通常要么参军，要么到当地的通用汽车工厂上班，或者到生产农药的农业机械公司的大工厂工作。

然而，在特蕾西娅家人的眼里，教育就是一切。哪怕她的西班牙语得了 A-，她父亲都会很不满意。他告诉她："我知道你聪明伶俐，不管做什么都能拿到 A。"他不相信额外加分那一套："对你来说得到额外加分并不是值得沾沾自喜的事情。不管老师教给你什么，你都应该掌握。"特蕾西娅曾因担心考试成绩而睡不着觉，只要有哪门课程没拿到满分，她就会很沮丧。母亲比父亲要宽容一些，会跟她说："95 分就是 A 了——已经够好了。不必强求 100 分。"

他们家早年的日子并不好过。多年来，他们一直是镇上唯一的亚裔家庭。1971 年，为了逃脱当地对华人的烦扰，让特蕾西娅过上更好的生活，他们举家从印度尼西亚的雅加达移居到美国。在米德尔波特，学校里有些小孩朝特蕾西娅做出拉眼角的歧视亚裔的手势；春季假期结束回来，他们看到家门口的邮箱被涂了标志着纳粹党的十字记号，屋子也被喷涂上"滚回家吧"的侮辱字眼。有天晚上，他们一家到附近的一个小镇吃饭，一直被当地人盯着看，那些人对亚裔顾客的出现感到十分惊讶。

特蕾西娅的父亲称参加啦啦队已经落伍了，加入体育运动队才是潮流。特蕾西娅同时担任高中曲棍球队、排球队和田径队的队长或者联合队长。她被选为校友返校节的皇后和舞会皇后。她和父亲持有 NFL（美国国家橄榄球联盟）布法罗比尔队的季票，场上所有球员的技术统计数据，特蕾西娅都记得一清二楚。每年的赛季，虽然天气寒冷，但父女二人的看球热情丝毫没有减退。他们一起为新秀赛季一飞冲天的乔·克里布斯、名人堂四分卫吉姆·凯利和外接手安德烈·里德呐喊助威。特蕾西娅最喜欢的球员是防守端锋——布鲁斯·史密斯，他一直是联盟中最好的球员之一。

特蕾西娅曾在父亲的牙科诊所帮助照看孩子和清洗仪器。她的第一份有偿工作来自汉堡王，她负责把馅饼放在传送带上，然后加上番茄酱、芥末酱、酸黄瓜和奶酪。身在这家快餐店的厨房岗位，她琢磨着如何转到更好的岗位上——在收银台工作或者在"免下车"服务区工作。只有资历高一些的女孩才能获得那些工作。

随着时间的推移，特蕾西娅的父母一步一步地从洗碗工和服务员做到牙医与护士，米德尔波特也开始接纳他们。史蒂夫·吴过去的梦想就是成为美国小镇上的一名家庭牙医，融入当地社区，能叫出每一位来访者的名字。他的妻子伯莎成了他的业务经理。特蕾西娅一心想要融入当地的生活，从小就说英语。有很长一段时间，她坚决不碰米饭或中国餐，尤其是在公共场合。她吃了很多美式食品——巧克力派和巧克力蛋糕是她的最爱，于是她的身形一下子就从娇小变得健壮起来，别的孩子都开始纷纷调侃她。

到了准备上大学的时候，特蕾西娅同时向布朗大学、卡内基·梅隆大学、罗切斯特大学和罗切斯特理工学院投递了入学申请信。当收到来自布朗大学的录取通知书时，她欣喜若狂。但就在她刚向布朗大学寄出入学承诺书后不久，她又收到了来自卡内基·梅隆大学的录取通知书，还获得了每年1万美元的全额奖学金作为经济资助。那天晚上，特蕾西娅把通知书拿给她父亲看，说："这封通知书等于我在大学四年能获得4万美元，而且这所学校也很好。如果去上布朗大学，我将会耗尽家里的积蓄；选择卡内基·梅隆大学，则会给我们省下一大笔钱。"父亲看着她说："不，你早就认定了布朗大学是你的第一志愿。我们将会用这所房子拿到二次抵押贷款，这能够让你读布朗大学。这可是你的梦想啊。"

特蕾西娅成为第一批跻身常春藤联盟学校的米德尔波特毕业生之一。但一到布朗大学，她就觉得，相较于那些来自精英预科学校的同学，她就像一个"土包子"。父亲跟她说："在米德尔波特，你可以击败所有人。但在布朗大学，这是不可能的。要是想成为最好的那一个，你会把自己逼疯的。做最好的自己，就足够了。"

但是，要成为最好的自己，她还得克服另一个困难：男生们因为觉得她比不上男生，所以拒绝邀请她加入他们的学习小组。好在特蕾西娅从她最好的朋友桑吉塔那里得到了慰藉，桑吉塔也是一名工科学生，两人组建了一个学习小组。特蕾西娅的工程学研究领域是材料科学，桑吉塔的研究领域则是生物医学工程。

两人是室友，居住在位于校园外的珀金斯宿舍。据说那里的学生亲密无间，毕竟他们接触的外来访客并不多，跟校园也离得远。特蕾西娅和桑吉塔有不少共同点：第一代移民，孝顺父母，勤奋好学，有一个妹妹。各自的父亲都非常严厉，让她们走上了工科这条路。

这对朋友都喜欢摇滚乐队和歌手——U2乐队、冲撞乐队、老鹰乐队、范·海伦乐队、大卫·鲍伊——都痴迷于卡拉OK（特蕾西娅还偷偷梦想过成为摇滚明星）。当然，她们也没忘记什么才是最重要的，两人都属于那种做完功课才会参加派对的学生。周三晚上，两人在一个还有其他朋友参加的联谊会里度过；其他的晚上，则是到奥利弗酒吧玩，喝啤酒，在桌上足球台上摧毁各路对手。

特蕾西娅刚入读布朗大学时，校园里的抗议活动、静坐、绝食抗议、反种族隔离运动游行随处可见。学生们要求学校的财产托管人卖掉其所持有的南非公司股票。在华盛顿，特蕾西娅和桑吉塔也参加了提倡堕胎合法化的大型集会。但她们发现，自己学校也存在很多的不平等问题。大学第一年，有将近一半的工科学生是女生，两人很受鼓舞。但到了大四，一个班100名学生中仅仅剩下7名女生。她们调查了一番学生的情况，发现离开的女生在学术成绩上丝毫不逊色于还留在班上的学生。那些女生之所以决定离开，是因为看不到未来，她们在现实生活中认识的女性没有一位是工程师，她们不知道自己能用来之不易的工科学位做些什么。特蕾西娅和桑吉塔一次又一次地听到那些退出的女生说，她们觉得自己不属于这里。而还留在工科班的女生则有一个共同之处：有工科导师或者父母的鼓励支持。于是，这对朋友决定成立女工程师协会布朗大学分会，并共同出任联合会长。

两人也发现，布朗大学的女生还面临一些其他难题。工科的男生往往可以参加兄弟会，接触到其所存档的往年工科考题和学习指导资料。女生则没有这样的条件。因此，特蕾西娅和桑吉塔着手给未来的工科女生搜集和汇总工科问题、考题、家庭作业等资料，同时给女生设立前辈辅导制，将大三、大四的女生与大一、大二的女生一一配对。

不管怎么样，特蕾西娅和桑吉塔总是彼此相伴。每逢要熬夜学习，担心自己睡过头错过考试时，两人总会很有默契地轮流学习，轮流小睡休息，轮流叫醒对方。期末考试前一周，她俩索性一起"定居"在科学图书馆的夹层。两人无话不谈——从实习的经历到约会，再到见过的渣男。

在通用汽车进行暑期实习期间，特蕾西娅在一个工程研究和设计部门工作。整个部门1 000名全职工程师中，只有两名女性。每当特蕾西娅穿过一排排的办公隔间时，那些男同事总以为她是秘书，总让她帮忙冲咖啡或收寄邮件。有一天，比她大几岁的经理决定带她和一名男实习生出去吃午饭——去一家色情意味浓厚的餐厅。特蕾西娅觉得这次经历很不好受，她跟桑吉塔说："吃饭的时候，那些女服务员的乳房就在我面前晃荡，真是让人难堪。"

临近毕业，特蕾西娅在波士顿久负盛名的贝恩公司找到了一份工作。她背负 4.2 万美元的学生贷款，必须一毕业就投身职场赚钱。桑吉塔则前往麻省理工学院攻读生物医学工程的 MD/PhD（医学博士/哲学博士）联合项目。毕业那天，当初的"土包子"特蕾西娅以最优异的成绩毕业，那是布朗大学的毕业典礼上授予的唯一一项荣誉。

这对密友一直保持着联系，特蕾西娅开始工作没多久，桑吉塔也开始在与贝恩公司隔河相对的麻省理工学院上学。特蕾西娅结识了一些比她早一两年进入贝恩的分析师：戴夫·戈德堡、詹妮弗·方斯塔德和蒂姆·兰泽塔。蒂姆的办公桌在特蕾西娅对面，两人不久就擦出爱的火花。

1992 年，特蕾西娅申请进入哈佛大学和斯坦福大学的商学院。她被两所大学同时录取，最终选择了计算机和技术背景强大的斯坦福大学。被这两所学校拒绝过的一些贝恩的男同事跟她说，她能被录取仅仅因为她是女性。她没做什么回应，只是生闷气。她心里很清楚，自己付出了比大多数人多一倍的努力，才走到今天这一步。

特蕾西娅开始认真看待与蒂姆的恋情，两人相处融洽，都钟情于体育运动，也有共同的生活目标。他俩都觉得加州就是他们的归宿。蒂姆希望像他父亲一样到商业银行就职。在通用汽车实习期间，特蕾西娅了解到，自己并不想成为工程师，并不想整天对着电脑制作 CAD（计算机辅助设计）图纸。她更想成为一名产品经理。特蕾西娅心想，有了斯坦福的 MBA 学位，有朝一日她就能够在硅谷赚大钱——数十万美元的年薪也并非遥不可及。

索尼娅·赫尔

1989 年，24 岁的索尼娅·赫尔在波士顿的风险投资公司 TA Associates（简称 TA）做了几个星期的分析师，但她的工位上却仍旧没有座椅。秘书没有给她订购。

索尼娅没有多想，只是很高兴能在这家公司工作。去 TA 之前，她听从母亲的建议，剪短了头发，戴上了眼镜。"那样你会得到更多的尊重。"母亲劝说道。在公司，一听说分析师同事们下班后要一起去喝苏格兰威士忌，她立即表示要跟着去，尽管后来发现那种酒很不好喝。仿佛没有什么能消减索尼娅对风险投资行业的热情。在这个开朗的、以"障碍就是我成功路上的垫脚石"为座右铭的蓝眼睛南方人眼里，这是一个再好不过的地方。

但没过多久，天生阳光乐观的她却开始自我怀疑。站在 TA 华丽的木镶板办公室的楼上，顺着螺旋形楼梯往下看，索尼娅突然意识到，自己是波士顿办公室里除秘书以外唯一的女员工。她心里想："我能站在这里只是因为我是女性吗？"一个人闷闷不乐、自我怀疑了几天以后，索尼娅看着镜子，对自己说："重新振作起来吧！"

她意识到，纠结于性别歧视无济于事，生活中机遇无处不在。她住在灯塔山高级住宅区，离公司在波士顿市中心的办公室不到 1 英里，平常都是走路上下班。她喜欢下雪的夜晚，走在路上，身后的脚印迅速被雪花覆盖。树枝被厚厚的积雪压着，城市的声音变得柔和起来，连街灯也变得苍白，变成了奶油色。她穿着办公套装，里面是保暖内衣，那是在法林百货的地下减价商品区买的。刚开始在 TA 工作的时候，她只有一套黑色套装和一套海军蓝套装，她会把这些衣服混搭在一起穿一个星期。每当分析师同事说"索尼娅，你的保暖衬裤露出来了"时，她都会哈哈大笑。每天上班的路上，索尼娅都会遇到流浪汉迈克尔向她要钱，最后她和迈克尔达成了一项协议：她一个星期给他 1 美元，给了以后一个星期内他都不能再向她要钱。迈克尔为人友好，会逗她笑，他也很感激索尼娅送他暖和的冬衣。

索尼娅和一位叫安妮·黑泽的女士合租了一套两居室公寓，两人是在法林百货购物时认识的。店里没有试衣间，两人只能用一排衣服作为隔挡进行试穿。她们合住在一栋有三个单元的大楼顶层，富有的邻居将不要的桌椅丢在楼道上，她们正好拿来装饰自己的公寓。顶楼有些陈旧，地板是倾斜的——弹珠会从厨房的一端滚到另一端——但胜在视野开阔，能看到芬威公园附近标志性的雪铁戈标志。房租是每人一个月 500 美元，她们常常一边洗碗，一边高声唱着她们最喜欢的歌曲——Salt-N-Pepa（女子说唱组合）的《推它》（Push It）。索尼娅还在冰箱上贴了一张苹果公司创始人史蒂夫·乔布斯的照片。

她父亲说得对，高中毕业后是得自己打理日常生活的一切了。她十几岁住在弗吉尼亚州的夏洛茨维尔的时候，有的女孩因为她"太过直率"而不邀请她参加舞会。她不喝酒、不沾毒，生活检点。她没能进入啦啦队，因为那些舞蹈动作节奏太快了，她跟不上。她也没能进入篮球队，但她主动请缨担任球队的统计员。她还参加了曲棍球队和排球队的选拔，但都没有入选。最后她进入了不需要参加选拔的长曲棍球队和学校合唱团。她和两个姐妹一起长大，其中一个和她是一对双胞胎。她有一张玛丽·安托瓦内特 *式的天篷床，她的卧室里到处点缀着粉红色的装饰物品。

索尼娅毕业于弗吉尼亚大学麦金太尔商学院，在伦敦证券交易所工作了一段时间后，被 TA 聘用。她打动 TA 管理层的原因是，她自学了计算机技能。如今担任分析师，她的职责是物色有投资前景的公司，与它们的创始人和高管面谈，深入了解它们的商业模式，等到手握足够令人信服的信息了，就让 TA 最合适的合伙人介入并敲定投资。

索尼娅学习东西很快。她懂得如何找到那些能够将解决问题的效率提高百倍的公司。她凭直觉就知道，了解要解决的问题、市场规模和商业模式与学习核心技术一样重要。进入 TA 的头两

---

* 玛丽·安托瓦内特，法国路易十六的王后，生活作风奢靡。——编者注

年，索尼娅便通过电话推销拿下了两个收益相当丰厚的项目——数据恢复软件公司 OnTrack 和个人电脑联网软件公司 Artisoft。她是在计算机杂志上发现这两家公司的。

但她心里很清楚，要想在金融界晋升成为合伙人，她需要有MBA 学位。只有成为合伙人，才能获得交易的决策权，才能拿到至关重要的、只有少数人才能拿到的投资收益分成。投资合伙人还能把持董事会席位，能与创业者并肩作战。因此，她申请进入斯坦福大学、达特茅斯大学和哈佛大学的商学院，最终被哈佛大学录取。美中不足的是，她交往多年的男朋友是被密歇根大学商学院录取的，两人已经进入谈婚论嫁的阶段，所以没能在同一个地方上学让索尼娅感到很伤心。与此同时，她也为入读哈佛大学感到兴奋不已。"我想要成为风险投资合伙人！"她告诉室友安妮。

当索尼娅告知 TA 她将在夏季末离职时，公司的执行合伙人凯文·兰德里提出将她的薪水提高一倍，以鼓励她留下来。但索尼娅已下定决心要成为一名风险投资家，她深知，风险投资家在革命性公司的创办和发展过程中起至关重要的作用。他们是金融世界中的未来主义者、导师和冒险者。此外，风险投资家和创业者正是她最喜欢的那一类人：乐观主义者。

索尼娅已经证明了自己敏锐的交易嗅觉。现在，她想要做的是，参与建立那些会让世界变得更美好的公司。

去哈佛的几个月前，索尼娅坐在 TA 的办公桌前，研究了

《个人计算机杂志》（*PC Magazine*）背面的一则广告。广告上的一家公司引起了她的兴趣。她前前后后已经给一百多家公司打过推销电话了。这一次，她也拨打了广告上的电话号码，但提示忙音。几分钟后她又试了一次，还是忙音。她只好去看看邓白氏公司有关这家硅谷软件公司的研究报告。该公司致力于销售杀毒软件，得益于产品质量上乘，再加上有关世界末日病毒会摧毁全世界的电脑的预言甚嚣尘上，它正在快速发展壮大。

在广告中，那家公司想要寻找代理商来出售软件。索尼娅更仔细地研读了一番邓白氏的报告，写下了一些笔记要点：炙手可热的公司，杀毒软件产品，用户量 250 万，共享软件，1990 年总收入 700 万美元，税前收入 600 万美元，有 4 000 个大企业客户，前景光明，在做尽职调查。

索尼娅继续打电话，最后终于联系上了一个叫吉姆·林奇的加州圣克拉拉人，他在搭建一个国际代理商网络来销售公司的杀毒软件。索尼娅介绍了一下自己和 TA 公司的情况，然后表达了投资意愿。出乎意料的是，林奇并不是负责人，他把公司创始人汽车电话的号码给了索尼娅。她看了看表，此时是加州时间上午10 点左右。她又看了一遍笔记，然后拨打了那个号码。

"你好，我是约翰·麦卡菲。"电话另一头的人答道。

索尼娅再次做了自我介绍，然后开始推介。过一会儿，麦卡菲说："抱歉，我刚刚答应把我的公司卖给赛门铁克了。"赛门铁克当时的市值达到 4.6 亿美元，是最大的套装工具软件供应商。但在杀毒软件市场，它一直都不如意。

"它出价多少？"索尼娅问。

"2 000 万美元。"麦卡菲答道。

索尼娅脑海里闪过一连串数据。麦卡菲合伙公司（McAfee Associates）从一个家庭办公室起家，刚开始只有寥寥几名员工。但短短几年间，它已经占领了杀毒软件市场 60% 以上的份额。随着 20 世纪 80 年代个人计算机革命兴起，IBM 个人计算机开放系统成为市场主流，病毒迎来了绝佳的滋生环境。曾效力于 NASA（美国国家航空航天局）和洛克希德公司的麦卡菲抓住了这一契机，开发出一款名为 VirusScan（病毒扫描）的产品。该产品可有效克制病毒的基本复制技术。

凭借丰富的推销经验，索尼娅吸引了麦卡菲的注意力，避免让对方早早挂掉电话。麦卡菲提到，他想聘请一位新总裁，然后和他妻子迁居到位于科罗拉多州派克峰附近占地 300 英亩 * 的别墅。索尼娅暗暗跟自己说，想要做成交易，就要像猎鸟犬一样向目标发起猛烈追逐。

于是，索尼娅提出另一个交易方案："我们将出价 2 000 万美元收购你公司的一半股权，另一半股权你留着。你以同样的价钱只出售一半的股权，并能保留另一半股权，既能享受升值收益，同时还能先拿到一笔钱。"

麦卡菲说："这个方案我很喜欢，我之前没想过。"

索尼娅这步棋走得很大胆。要知道，她只是一名年薪 2.8 万美

* 　1 英亩约等于 0.004 平方公里。——编者注

元的分析师，连报价 20 美元的权限都没有，更别说报价 2 000 万美元了。她与麦卡菲交谈完后很快就给 TA 的总裁杰夫·钱伯斯打了电话。钱伯斯在 TA 任职近 20 年，一手成立了硅谷的分公司。索尼娅给他留了一封语音邮件："杰夫，这家公司你必须看一看。它的营收预期增长率超过 90%，税前利润率也达到 80%～90%。不过，公司的老板正在认真考虑把公司卖给赛门铁克。"

杰夫·钱伯斯随即准备与麦卡菲会面，同时着手对麦卡菲的公司展开尽职调查。他还拉来了另一家公司——顶峰合伙公司（Summit Partners）一起出价 2 000 万美元（各出 1 000 万美元）收购麦卡菲合伙公司一半的股权。一年后，麦卡菲合伙公司成功上市，融资 4 200 万美元。它从此开始腾飞，旗下的杀毒软件的企业客户量超过 1 500 家，税后利润率达到让人瞠目结舌的 45% 左右，让一众同行望尘莫及。

只不过，那时候索尼娅已经身在哈佛商学院了。她学习交际两不误，没多久就成了哈佛大学风险投资俱乐部的主席，也由此得到不少接触行业先驱的机会。她亲自飞往加州会见那里的风投传奇人物，并成功邀请了约翰·多尔、IVP 的里德·丹尼斯和 MJ 等人前往哈佛与学生面对面交流。多尔当时已离开英特尔，加盟了负有盛名的风险投资公司 KPCB（凯鹏华盈）。丹尼斯与 MJ 是一对好搭档。

1994 年，27 岁的索尼娅从哈佛毕业，随后进入风投公司门罗风投。该公司的办公室就在沙丘路上，与里德·丹尼斯创办的

IVP 相邻而立。索尼娅本可以留在东海岸，但在她心目中，沙丘路才是能让她走向成功的黄砖路。就是在这个地方，"叛逆八人帮"离开脾气暴躁但才华横溢的威廉·肖克利创办的半导体实验室，创办了仙童半导体公司，而后又创办了英特尔。就是在这个地方，钟情于大麻和热水浴池的诺兰·布什内尔遇到了红杉资本创始人唐·瓦伦丁，并投资了雅达利公司。就是在这个地方，阿瑟·洛克起初很不情愿地为不修边幅且"让人厌烦"的史蒂夫·乔布斯提供投资和建议，并帮助后者创立苹果公司。就是在这个地方，风险投资家托马斯·帕金斯联手科学家鲍勃·斯旺森创立了基因泰克公司。就是在这个地方，戴维·马夸特对微软的早期投资让他收获了一辆崭新的红色法拉利。就是在这个地方，拉里·埃里森建立起了一家名为甲骨文的初创公司，并从风险投资家唐·卢卡斯那里获得贷款来维持其关系数据库公司的运转。就是在这个地方，阿瑟·洛克将风险投资定义为"拿资本去冒险"的行当。

1994 年 7 月，索尼娅踏足加州当天，新一期《时代》杂志正好上架，封面故事标题赫然写着："互联网的奇异新世界"（The Strange New World of the Internet）。互联网在飞速发展，触角已经从军方和学术界伸向平民百姓。该封面故事提出了风险投资家和企业家等人都在思考的一个问题："世界上最大的计算机网络，过往专属于科学家、黑客和计算机迷，如今则涌入了律师、商家乃至数以百万计的新用户。在网络中，人人都有自己的一席之地吗？"

索尼娅心想，肯定有自己的一席之地。在母亲的陪伴下，她开始四处寻找住处。从一个街区到另一个街区，她一边开着车，一边留意道路两边是否有挂着"出租"告示的房屋。但这里是旧金山湾区，找个地方落脚一点都不轻松。

到门罗风投上班的日子日渐临近，索尼娅仍然没有找到住处。该公司的一位合伙人听闻以后，主动提出索尼娅在找到房子之前，可以先住到他家招待客人用的小房子里。但她也需要帮一个忙。他妻子是一名妇产科医生，刚生下三胞胎没多久；这对夫妇需要索尼娅下午 5 点前回到家，临时代为照看三个孩子。

索尼娅没有停下来想一想，换作一位具有她这般资历的男性——拥有哈佛 MBA 学位，曾帮助 TA 公司完成多笔进账数千万美元的交易——是否会被请求去当保姆。她只是很高兴总算有个落脚之处了。如果需要她帮忙照看合伙人的三胞胎以及另外两个小孩，她也愿意去做。这只不过是她成功道路上一个小小的障碍。正如她时刻提醒自己的那样，障碍就是她成功路上的垫脚石。

第二章

入　局

1994—1999 年

玛格达莱娜

在玛格达莱娜看来，她在做一件非同寻常的事情——一场即将带来巨大回报的革命。然而，在她眼里再明显不过的趋势，在他人看来却是天方夜谭。

1994 年，玛格达莱娜已经工作了数年，但收入并不稳定。她大部分时间都花在经营与人共同创办的公司 CyberCash 上了，那是一家最早涉足网上购物安全支付系统的公司之一。只不过，当时互联网远未普及，上网得依靠通过电话线龟速传输数据的调制解调器。恐怕得有什么翻天覆地的变化，才能促使平常习惯于去实体店购物的人到网上购物。

几年前，当互联网首次向商业用途开放时，在网上出售商品还是非法的。现在不一样了，拿必胜客来说，它在网上卖出第一块比萨饼以后便大做文章。玛格达莱娜知道，是时候行动起来了。她坚信，电子商务就是未来的潮流。

十多年前刚从斯坦福大学毕业时，玛格达莱娜的职业生涯看起来一片光明，但后来她却迷失了。

还没拿到硕士学位的时候，玛格达莱娜只要参加面试就能得到聘用邀请，七次面试无一失手。她的第一次面试是面对苹果公司的史蒂夫·乔布斯和史蒂夫·沃兹尼亚克。这两位苹果公司创始人邀请"双 E"学生到 LOTS 计算机中心，听他们公司成立 3 年的宣讲。学生听完如果喜欢这家公司，就可以留下来接受面试。乔布斯留着山羊胡，戴着金属框眼镜，穿着牛仔裤。他告诉玛格达莱娜以及其他的"双 E"学生，毕业后到苹果工作会让你感觉像"接着上大学"一样。

玛格达莱娜是参加面试的 16 名学生之一。她想要为苹果工作。从大学辍学后，乔布斯前往印度学习印度教和佛教。他不仅钻研技术，还潜心修行。由于热爱科技，玛格达莱娜感觉自己的思想更开阔了。参加面试的 16 名学生中有 5 名收到聘用邀请，玛格达莱娜便是其中之一。

然而，当玛格达莱娜把这个好消息告诉她的导师时，导师却说："为什么要去一家用水果的名字命名的公司呢？"他叮嘱她，要找一家"稳定且有财力的"公司，比如成立 10 年的半导体公司 AMD。AMD 刚在纽约证券交易所挂牌上市，增长速度惊人，而且正成为研发领域无可争议的领头羊。

AMD 的联合创始人杰里·桑德斯在他的办公室墙上挂了一张海报，上面写着："是的，尽管我行走在阴暗的山谷里，但我无所畏惧——因为我是这个山谷里最卑鄙无耻的人。"玛格达莱娜听从导师的意见选择到 AMD 工作，负责将局域网芯片组设计到计算机中。

刚进入 AMD 时，玛格达莱娜获邀去火奴鲁鲁的希尔顿夏威夷村参加一个销售大会。该大会宣称要用"一场令人大开眼界的早餐盛会"拉开序幕。玛格达莱娜在会场坐下来，期待着一场充满欢乐的夏威夷舞蹈表演。然而，出现在她眼前的却是脱衣舞表演。才早上 8 点啊！台上的女人们裸露上身，一扭一摆地走来走去。表演结束，桑德斯和他的销售主管史蒂夫·泽伦西克走上舞台，发表了一番激昂的演讲。"他们想传达些什么呢？那些裸胸女人就是对顶级销售员的奖赏吗？"玛格达莱娜不禁想。第二天晚上的娱乐活动更是让人瞠目结舌。晚餐时，一帮跳舞女郎登场，一边舞动着身体，一边缓缓脱下衣服，直至一丝不挂。接着，她们相互做出露骨的性暗示动作。玛格达莱娜并不是对这类事情大惊小怪的人，她在欧洲的海滩上也见识过女性半裸或全裸的场面。但当晚的"娱乐活动"是在一个正式的工作场合中出现的，露骨程度简直令她无法忍受。

这场限制级的色情表演结束时，玛格达莱娜非常生气。不仅因为舞女袒胸露乳，还因为晚餐时低劣的色情场面。她起身后径直走向杰里·桑德斯，心里想着该说些什么，以及该怎么说。她不想给人留下情绪化的印象。她需要用一种他能理解的方式来表达观点。

玛格达莱娜弯下身来，蹲在桑德斯身旁，看着他的眼睛说："我有话要跟你说。"她心跳加速，这可是她的老板啊！"我是你公司的工程师。刚刚发生的事对我个人来说是无法接受的。这场裸女表演让我觉得自己是一个不受尊重的员工。你说你想要确保你的员工受到善待，但你就是这么对待你新招来的工程师的吗？"

她的语气平静而坚定，勉强挤出一丝笑容。她想让老板知道她的问题就是他的问题。桑德斯回望着她，眉头紧锁，仿佛有人在用一种他听不懂的语言跟他说话一样。玛格达莱娜看在眼里，显然，这个自称硅谷"最卑鄙无耻的人"不知道该拿面前的年轻女人怎么办。

最后，桑德斯总算开口："要不你坐到我那一桌用餐？那一桌可是我专门为盛情款待我们的顶级分销商而设的。我听说你是个不错的工程师，他们也会乐意跟一个年轻美女坐同一桌用餐的。"

玛格达莱娜不想再多说什么，该说的她都说了。她不想丢掉这份工作。在与麦克唐纳·道格拉斯、IBM等公司的计算机设计师合作时，她也是不得不跟男人们打交道，跟他们去酒吧喝酒、参加派对、吃晚饭。那些应酬不去不行，那些人要么是客户，要么是潜在客户。他们清一色都是男人。

玛格达莱娜很快就学会了如何在酒桌上喝而不醉，也习惯了独自离开酒吧或者餐馆，习惯了总是早起做晨间报告，一一列举出各种数据。在土耳其，她从小就被教导，向男人传达信息时要清晰无误。当乘坐渡轮穿越博斯普鲁斯海峡时，她知道不能与男人发生眼神接触。她明白，不管是走路姿势、说话方式、坐姿、站姿，还是穿衣打扮、握手方式、歪头和调整身体的动作，如果她有一丝特别之处，都有可能让男人产生非分之想。在生命的前 17 年，她受过如何避免被性侵方面的训练——在伊斯兰国家，被性侵是最糟糕的事。从小以来的这些训练，让她在硅谷受益匪浅。

在 AMD 供职近 3 年后，玛格达莱娜离开了这家公司，加盟了第一家 Unix（操作系统）台式电脑公司——财富系统公司（Fortune Systems）。从光鲜夺目的 IPO（首次公开募股）——史上规模第七大 IPO——到濒临破产，这家员工不到 50 人的公司经历了一段过山车般大起大落的疯狂旅程。尽管财富系统公司的财务状况堪忧，但玛格达莱娜很喜欢它那种狂热的创业公司氛围。在财富系统公司，她身兼要职，负责监督运行所有的软件系统、Unix，以及所有的应用软件，包括甲骨文的数据库和莲花软件公司的 1-2-3 电子试算表格。离开财富系统公司以后，她没有选择留在科技行业，而是奔赴博思艾伦咨询公司，一心期望能够从事科技公司的市场营销工作。然而，她要从事的却恰恰是她的知识盲区，一如她在斯坦福编程期间体会到的思维盲点一样。在博思艾伦，她所有的时间都要花在推销游轮上，而非推销电脑芯片。她负责撰写客观公正的调查问卷，以及组织首次乘坐游轮前往加勒比海和穿越巴拿马运河的客户进行团体讨论。她在游轮上品尝着金巴利酒和橙汁，欣赏着周围的风景，心里想着自己的职业生涯到底发生了什么。接下来的几年——她的黑暗时期，她在市场营销岗位上郁郁寡欢地度过。那段时期暗无天日，仿佛被黑洞吸走了所有的光。

那段时间，她的事业举步维艰，私人生活则顺风顺水。她遇到了一位名叫吉姆·威基特的律师，威基特比她大 8 岁，性格随和，与有紧迫感、注重细节的她刚好互补。她对威基特的第一印象是他话很多。第一次晚餐约会，他就直接对她说想要娶她为妻。"你是喝太多浓缩咖啡了吧。"她回应道。两人如今有两个儿子，5 岁的贾斯廷和 3 岁的特洛伊。但 34 岁的玛格达莱娜还是觉得很空虚，因为职业生涯失去了挑战性。她需要孩子以外的东西来充实自己。

于是，玛格达莱娜回到科技世界，回到电路和逻辑的世界，回到那个一直以来给她归属感，并将她重塑为互联网专家的世界。现在，她要做的就是，说服一些风险投资家认同她的观点——电子商务即将改变世界。

特蕾西娅

"你是在开玩笑吗？加入创业公司比开餐馆风险还大啊！"

听到特蕾西娅宣布要离开贝恩旧金山分公司，加入硅谷新成立的软件公司 Release 时，她的老板做出了这样的反应。特蕾西娅做事向来都按部就班。但这一次，她确信自己看到了未来——数字化的未来。

不过，由于在创业公司的工资微薄，特蕾西娅必须对日常生活做出一些调整。除了桌上足球以外，她又有了一项新的"运动"爱好——沙发冲浪。从隐私角度看，每晚睡在别人家的沙发上跟住在布朗大学的宿舍并没有太大的不同。对于即将进入互联网创业者你死我活的世界，特蕾西娅心里非常兴奋。她的父母和祖父母当初冒着巨大的风险从中国前往印度尼西亚，后来又从印度尼西亚来到美国。也许，过往的移民经历，让她准备好了迎接充满冒险的创业旅程。

Release 成立的初衷是，使企业能够以电子方式分发软件，告别借助连锁零售店的盒装光盘分发方式。这家创业公司由马修·克莱因一手创立，他身高约两米，自称"黑客和傻子"，时常因为想事情想得太入迷而撞上低处的树枝或门框。他曾在耶鲁大学和斯坦福大学学习，在上学时，他将一种支付机制编程成共享软件。这是一种免费使用的专有软件，但实行自觉付费模式，用户想付多少就付多少，克莱因并不看好这种模式。他的 Release 公司已从两位风险投资家——史蒂夫·尤尔韦特森和蒂姆·德雷珀那里拿到了 100 万美元的投资。

经另一位斯坦福商学院同学、Release 员工马克·本宁的介绍，克莱因联系上了特蕾西娅。本宁曾是哈佛曲棍球队的明星球员。该公司的第四位员工是李安——一名中国移民，英语水平一般，但精通工科。李安是看到克莱因贴在斯坦福校园灯柱上的招聘广告后找到这家公司的。Release 的另一位创始成员是奇普·霍尔，他担任公司的市场营销副总裁。

四人当中，克莱因认为特蕾西娅最有潜力，履历最丰富：布朗大学工科毕业，拥有斯坦福商学院 MBA 学位，先后供职于贝恩的波士顿分公司和旧金山分公司。特蕾西娅不仅熟悉技术和商业策略，在销售和市场营销方面也能很快上道。她给数十家公司打过推销电话，负责过与各级管理人员的沟通工作，曾开着她那辆樱桃红色讴歌赶赴一场又一场会议。她具备其他几位不成熟的创始员工所不具备的社交技能，懂得如何在一群人面前做演讲，懂得安排处理各种日常事务，比如找到好的航班座位和租车。她教导克莱因不要穿白色的运动袜搭配深色的套装，告诉他与日本人交换名片时要注重什么礼节，如何做费用开支报告，以及如何在商务差旅中节省开销。

特蕾西娅之所以选择加入 Release，既因为克莱因拥有卓越的才华且为人谦逊，也因为互联网创业公司的魅力。杨致远和大卫·费罗成立雅虎作为研究生项目时，她正在斯坦福上学。杨致远和费罗从红杉资本获得 330 万美元的投资。一年后，雅虎成功上市，市值达到 8.48 亿美元。特蕾西娅第一次下载 Mosaic（网景公司的前身，网络浏览软件的先驱），是在斯坦福的计算机中心。就读于斯坦福商学院期间，她在由网景联合创始人吉姆·克拉克创办的硅图公司里实习了一个暑假。（她在该公司的销售启动大会中的任务之一是，坐在一台冰箱般大的中空服务器里，像计算机那样响应人们输入的指令。）1995 年 8 月网景挂牌上市时，她在贝恩工作——贝恩曾提出，如果她在公司工作满两年，就可以报销她读商学院的学费。成立 16 个月的网景从未获得过盈利，估值却眨眼之间逼近 30 亿美元。同年，埃隆·马斯克进入斯坦福大学攻读能量物理学。入读才两天，他就辍学，加入互联网创业大潮。他笃信创业这一时代潮流，短期内不会再出现，机会难得。他创立 Zip2（在线软件公司），意在帮助媒体行业从印刷模式转向电子模式。

两年前，25 岁的特蕾西娅嫁给了贝恩的前同事蒂姆·兰泽塔，兰泽塔如今在波士顿的一家共同基金公司做买方分析师。她现在叫特蕾西娅·吴·兰泽塔，一有机会就飞去东海岸看她的丈夫。但两人都省吃俭用，毕竟她现在的工作报酬是股份而非固定薪水。她也不介意东西海岸来回飞，不用照顾丈夫使她能够把重心放在工作上。

她有更多的时间花在创业公司 Release 的新工作上，Release 的办公室位于门洛帕克的一座老建筑——凯斯米尔斯大楼的第二层。该公司的目标是成为最大的互联网软件分发商。凯斯米尔斯大楼位于米德尔菲尔德路 250 号，这条街道上的大楼经常遭遇限电，网络连接也时好时坏。特蕾西娅和同事只好在地板上钻了一个洞，以便连接楼下邻居的电源来为他们的服务器供电。楼下邻居还安装了高速网络，其 T1 线路的数字数据传输速度达到 1.544 Mbps（兆比特每秒）。

楼下邻居是一家叫 Four11 的互联网创业公司，这家公司需要非常强大的计算能力。该公司有在线黄页、白页电话簿，以及可视电话目录，还在准备上线早期的网页邮箱服务。

一天晚上，特蕾西娅在做演示文件，其他的联合创始人在忙里偷闲地玩电子游戏《毁灭战士》，电灯忽明忽暗，之后彻底熄灭。特蕾西娅向窗外和街道望去，外面几乎一片漆黑，只有街道对面的美国地质调查局办公室和楼下的Four11公司还有光亮。透过地板上的洞,她听到楼下硕大的USP(不间断电力供应)备用电源发出熟悉的哔哔声。几个小时过去了,他们的备用电源的电力耗尽了,特蕾西娅听到Four11的创始人杰夫·拉尔斯顿和他的团队——包括几位让人敬佩的女性,如杰西卡·利文斯顿、凯蒂·米蒂奇和格洛丽亚·加文——在谋划接下来该怎么办。听到他们恢复电力的疯狂计划,她不禁嘴角上扬。

大约凌晨2点,特蕾西娅拿着手电筒收拾东西,发现拉尔斯顿和他的团队抱着一堆延长电线。他们小跑着穿过米德尔菲尔德路,到了美国地质调查局办公室,找主楼层的一名保安协商了一番,然后开始往米德尔菲尔德路的另一边铺设橙色的延长电线,边走边把它们绑紧。他们通过一扇窗户把最后一根电线拉进凯斯米尔斯大楼,电脑随即恢复了供电。欢呼声顿时四起。

坐在位于凯斯米尔斯停车场的车里,一想到Four11横跨米德尔菲尔德路的延长电线,特蕾西娅就忍俊不禁。引擎启动了,她坐了一会儿,想着要去哪里借宿睡一觉。

MJ

在帕洛阿托的家中,听到高跟鞋踩在西班牙瓷砖地板上发出的咔嗒咔嗒声,MJ会心一笑,那是她10岁的女儿凯特踩着高跟鞋在走路。凯特有一双高跟鞋,平常很喜欢假装像妈妈那样去上班。MJ好动的7岁儿子威尔追着家里的猫——海蒂到处乱跑。

MJ 3 岁的女儿汉娜抱着妈妈的腿。她的丈夫比尔·埃尔莫尔也是风险投资家，一大早就出门去开会了。

那是一个星期一的早晨，新一周的第一个工作日，MJ 时不时盯着时钟。她早上 8 点 30 分要到 IVP 参加周会。MJ 炒鸡蛋时，威尔却不停地向她要可可泡芙。此时，家里的拉布拉多犬辛迪也挠着门想往外跑。MJ 的摩托罗拉 StarTAC 翻盖手机传来震动声，她没有理会。

给三个孩子穿好衣服，准备好早餐后，MJ 向亲爱的保姆蒂娜致意，和孩子们吻别，在一顿手忙脚乱过后，得以沉浸于早晨家庭温馨时光的最后一刻。接着，她关上车库门，进入外面的另一个世界。她很好奇，为什么包括她丈夫在内的风险投资家开会一个比一个早呢？他们怎么能赶上清晨 6 点的会议呢？她不想错过早上与孩子们相处的时光。现在，她一个人在车上，身边没有孩子抱怨她选播的音乐不好听，她把汉克·威廉斯的一张畅销唱片放进播放器里。

车子驶出车道时，MJ 不禁想，她的母亲多萝西究竟是怎么在特雷霍特的那座小房子里一手把五个孩子抚养成人的呢？漫长冬季里，老家卧室窗内结成的冰块仍旧历历在目。她的母亲要在彭尼百货上夜班，却还能够一个人包办做饭、清洁、购物、缝纫等大大小小的家务。MJ 的父亲整天都在学校教书，周末要么捣鼓他的车子，要么把自己关在那间摄影暗房里。

MJ 一边从她的海军蓝休闲裤上摘下早上做饭时沾上的炒蛋，一边继续驶向沙丘路。听着汉克·威廉斯的唱片，她感觉上班的路程都变短了，变得更轻松愉快了。这张唱片里，她最喜欢的歌曲是《爱我本色》（Take Me as I Am）。

索尼娅

索尼娅在太阳谷一家温暖的滑雪小屋里享用午餐，这里离滑雪的斜坡很远，安全舒适。这时，投资银行明星托马斯·韦塞尔走到她的桌边。

"索尼娅，我给你报名参加比赛了。"韦塞尔兴奋地说。他时常带银行家和包括索尼娅在内的风险投资家乘坐包机前往这个著名的爱达荷州度假胜地。他曾是一名众多荣誉加身的运动员，在滑雪、自行车、速滑和跑步等多个项目上都获得过奖牌，还曾担任美国滑雪队的主席，以招募奥运会运动员和海豹突击队队员，并将他们培养成为银行家而闻名。

但索尼娅答应参加韦塞尔无聊的周末活动，并不是为了成为下一个让 – 克劳德·基利，她只是想好好地吃完这顿午餐。周围都是男人，所有的目光都落在她身上，她不想表现得畏畏缩缩。这位南方美女曾落选高中运动校队，也曾因为跟不上舞蹈节奏而无缘啦啦队。她这辈子可能也就滑过 5 次雪，都是跟教会团体一起去的。相比滑雪本身，她更喜欢滑雪后的闲暇时光。

现在，她被要求或者说被命令参加一项下坡滑雪计时赛，一同参赛的有银行界的那些充满干劲的小伙子，其中甚至有一些曾经赫赫有名的奥运会滑雪运动员。索尼娅不能拒绝参加，得有运动风度，也不能不给托马斯·韦塞尔面子，他以 13 亿美元的价格将他的公司蒙哥马利证券（Montgomery Securities）卖给了国民银行（NationsBank），作为投资者也助力过数家前景光明的公司上市，比如安进、美光科技、ROLM、IDT（集成设备技术公司）、雅虎和西贝尔系统公司（Siebel Systems）。大家都知道，他想要让自家公司的名字出现在企业 IPO 招股书令人垂涎的左侧位置，也就是成为主承销商。

和所有风险投资家一样，索尼娅也想融入韦塞尔的男银行家精英圈子。在硅谷，受欢迎好比是通行货币。风险投资家之间就是相互邀请喜欢的人参与交易的。参加一场复杂的游戏，不能没有这种众所周知的通行货币。对于这场游戏中不占多数的女性来说，要想受到欢迎，就得学会自信而不咄咄逼人，不能粗声大气，也不能轻声细语，还得学会逐利而不让人觉得贪婪。这也意味着，你不能拒绝参加下坡滑雪计时赛，即便你几乎没怎么滑过雪。

索尼娅系好靴子，聚精会神，准备冲向外面的寒冷空气里。她在这次比赛中唯一的一件滑雪服是户外品牌 Patagonia（巴塔哥尼亚）生产的。索尼娅是少数几位获邀参加此次周末旅行的女性风险投资家之一，她比多数其他的女性年轻，职场履历也要少一些。她们要么已经嫁为人妻，要么有交往对象。

在博尔德山的山顶附近，似乎即将迎来暴风雪，索尼娅打量着几支滑雪队，每支队伍都有五名滑雪队员。她听着赛场周围的声音，牙齿直打战。滑雪队员一个个轮流比赛。关卡是用标杆围成的，每根标杆相隔 26 英尺 *。滑雪队员必须通过每一个关卡，一个都不能漏。总用时最短的队伍获胜。索尼娅身穿臃肿的 Patagonia 黑色夹克和滑雪裤，她发现另一队有一个前奥运会选手。他叫奥托·楚迪，现在是韦塞尔麾下的高管，曾两次代表挪威征战冬奥会的滑雪比赛，后来成为职业滑雪运动员，并跻身世界障碍滑雪运动员的前 15 名榜单。而索尼娅的滑雪经历则只有小斜坡和初学者滑雪道。在滑雪道顶端等待比赛时，她看到队友像争夺奥运金牌一样一支箭似的向山下冲去。下一个就轮到索尼娅了。看着蜿蜒曲折的赛道，她生怕会出什么意外。她感觉自己就像儿童读物里的绿毛怪格林奇的狗马克斯，望着白雪皑皑的山崖，心里充满恐惧。

但索尼娅明白，这次的周末活动只是名义上的旅行，其实跟补眠、围坐在壁炉旁取暖和泡温泉都沾不上边。就连一流的滑雪选手也参加这种中级比赛，为的就是胜利。休闲娱乐的旗号背后，却是残酷无比的竞争。丰盛宴席的欢庆背后，却是争夺宴席的座次排位。活动举行前的几个星期，宴席的座次排位表就在精心安排了：韦塞尔一边骑着健身车，一边琢磨着座次排位，粗声粗气地向助手发号施令，像摆棋盘一样安排玩家们的座位。

在积雪覆盖的斜坡顶端，索尼娅闭上双眼，想象着自己安全滑到山下的画面。她的队友在终点线上放声庆祝。她会顺顺利利地滑到山下。障碍就是她成功路上的垫脚石。她起步稳健，全神

---

* 1 英尺约等于 0.3 米。——编者注

贯注，不紧不慢，稳扎稳打。心里只想着下一个关卡，没有去想整个赛道。想着过完一个关卡，再到下一个，一个一个地通过。又一个关卡，又一个垫脚石。

脚下的雪冷冷的，风刮了起来。她专注于呼吸，下坡过程中，借助滑雪仗保持平衡，控制节奏。她用胫部抵住靴舌，放松脚趾。哪怕只是一次失误，都会输掉这场比赛，乃至输掉整场游戏。

最后，拖着颤抖的双腿，索尼娅安然无恙地抵达山底。她在欢呼声中冲过了终点线。她成功完赛了。显然她不是速度最快的那一个，甚至可能是最慢的那一个。但对她来说，最重要的是自己成功完赛了。那天晚餐时，她惊讶地得知她的队伍赢得了比赛。此次活动结束时，她收获了与队友的击掌庆祝，收获了韦塞尔等人的赞许，还收获了一个太阳谷相框。

风险投资生涯至今，索尼娅跟同事射击过，喝过威士忌，给无数公司打过推销电话，追逐过富有吸引力的项目，照看过三胞胎婴儿，还完成过危险的滑雪比赛。面对挑战，索尼娅从不退缩，从不置身事外，不然她无法走到这么远。也正因为这一点，门罗风投在她 30 岁生日前四天把她晋升为合伙人。她由此成为该公司成立 20 年以来最年轻的合伙人。

玛格达莱娜

到了沙丘路 3000 号，玛格达莱娜瘫坐在她车里温暖的座位上，闭上眼睛，为接下来面对门罗风投的重大融资推介做心理准备。与所有主流风险投资公司一样，门罗风投也有能力助力好的创业点子变成公司，甚至催生出整个行业——而玛格达莱娜笃信，CyberCash 确实是一个很好的点子，因为商务的未来就是电子商务。

她穿着华美的定制裙装，相比她在斯坦福计算机中心工作时判若两人。那时候，她那一身令人难忘的复古服装，为自己和其他极客的生活都添色不少。她那红棕色的头发现在又长又卷。玛格达莱娜下了车，沿着小路往前走，周围的草地修剪整齐，花坛里的花鲜艳动人。迎接她的是 CyberCash 的联合创始人丹·林奇，他性情温和，一头棕色头发乱蓬蓬的，戴着一副超大的角质框眼镜。他总是穿一样的衣服：休闲裤和不合身的高尔夫球衫。

"嘿，姑娘。"林奇温情地打招呼。他异常高兴，对她说："我许下诺言，你帮助我兑现诺言。"林奇是科技界的名人，曾主管斯坦福研究所的计算实验室，还曾参与开发"全球互联网的始祖"阿帕网。早些时候，玛格达莱娜和林奇合伙创立了一家叫互联接入（Internet Access）的公司，帮助斯坦福大学、麻省理工学院等学术机构接入互联网。但两人没能拿到风险融资，最后只好将公司卖给了商业互联网接入服务商 UUNet。

和林奇走进门罗风投的会议室时，玛格达莱娜被某样不寻常的、与周围格格不入的事物吸引了，她甚是惊讶。但那可不是 20 世纪 70 年代的家具，也不是什么艺术品。马上就要进行推介了，她开始集中注意力，表现出一位前老板描述过她拥有的"无所畏惧"的神态。她快速地与在场的人握了握手，拥抱了投资过 UUNet 的合伙人约翰·耶尔韦，然后从她的公文包里拿出 PowerBook Duo（苹果笔记本电脑）和扩展坞。她和林奇有 60 分钟的推介时间，结束后接受提问。玛格达莱娜求真务实、脚踏实地，林奇则有远大的理想，思维天马行空。

与沙丘路上的大多数风投公司一样，门罗风投也是在每周一专门听取创业者的推介，提供三个 90 分钟的时段，其中一个是午餐时间。玛格达莱娜的推介聚焦于三个契合电子商务这一新世界的商品品类：红酒、服装和图书。

她展示了一张图表，介绍商家、银行和购物者如何使用 CyberCash 的"认证钱包"进行加密交易。在讲解时，她的注意力有那么一会儿被由铜和玻璃制成的会议桌吸引了。风险投资家们吃着餐馆送来的外卖，那些食物看起来很美味。玛格达莱娜的食量总是让人吃惊。她对美国人拿沙拉当午餐嗤之以鼻。别人只需要一份沙拉，她则会跟服务员说，她要一顿真正的餐食，沙拉、主菜和甜点一样都不能少。

"电子商务不受地理位置的限制，也没有层层分成的中间商。"玛格达莱娜接着给风险投资家们讲述 CyberCash 的运作机制，"消费者直接与商家交易。随着中间商的消失，商家可以给消费者提供更加优惠的价格。"CyberCash 对信用卡密码加密；支持"小额支付"，比如购买一篇新闻文章；提供"网络硬币"，供消费者购买 25 美分的视频游戏。但在会议室的许多人看来，电子商务的前景并不明晰。风险投资家不断地向玛格达莱娜和林奇发问：消费者为什么要到网上买东西？数字市集会成为趋势吗?

购物者在下单前难道不想先翻阅一下图书，先咨询一下红酒商店内的专业人士，或者先试穿一下衣服吗？

玛格达莱娜觉得自己与他们之间隔着一道鸿沟，因而十分困惑，这也勾起了她 1969 年 7 月的记忆。当时她 10 岁，在土耳其，听着阿波罗 11 号载人登月的新闻。之后几天，她滔滔不绝地跟周围的人讲述这次历史性的登月任务，但他们要么嗤之以鼻，要么漠不关心。"你们怎么了？"她恳切地问朋友，"美国投了很多钱才发明出这项技术啊！这可是新科学领域啊！"

这种说不到一块去的感受今天再一次袭来，只不过这一次的新领域换成了诞生不久但无边无界的互联网。那些问题更多地由林奇来回答，玛格达莱娜则把目光投向她第一次走进来时就立马被吸引住的那个不寻常的事物，就好像与周围格格不入的一片拼图、一排多边形中的一个圆形。那就是在门罗风投的会议桌上，一群男人中坐着一个女人。她一副北欧人长相，看起来二十多岁，有一头齐肩的深金色长发，蓝眼睛，身穿合身的海军蓝套装和白色衬衣。"有意思。"玛格达莱娜心想，好奇他们是在哪里找到她的。

后来她得知那个女人叫索尼娅·赫尔。至于索尼娅，她在不停地做笔记。中途她突然停了下来，心想，眼前的玛格达莱娜泰然自若，聪明漂亮，一副地中海人的模样。不过，两人都没有长时间把注意力放在对方身上。对索尼娅来说，工作就是要看业务能力，无关性别。对玛格达莱娜来说，在男人主导的硅谷专门谈到另一个女人，就像在伊斯坦布尔的海滩上拥抱一个亚美尼亚同胞一样，对她没什么好处。

推介结束时，玛格达莱娜明显感觉到，空气中弥漫着一种不愿投资的气息。风险投资家们心里头的疑问比答案多。但她知道，关于 CyberCash 的一切都是独一无二的，而且万维网的使用量正呈现爆炸式的增长。她最近和一个叫杰夫·贝索斯的人谈过，几个月前，贝索斯辞去了华尔街的工作，在他父母的资助下，在自家车库里创立了一家叫亚马逊的网上书店。

玛格达莱娜向门罗风投的团队明确表示，她和林奇还将会找其他的风投公司洽谈，比如不远处的 KPCB，还有包括英特尔在内的多家公司也对他们的公司感兴趣。玛格达莱娜与在场的每一个人握手致意，包括索尼娅。但这一天不是建立姐妹情谊的时候。玛格达莱娜能看出索尼娅光鲜外表背后的苦楚，是不是局外人她一眼就能看出。

与林奇一起走回停车场时，玛格达莱娜感觉到他们的推介没有打动门罗风投，他们不会拿到投资意向书。但不管什么样的困难玛格达莱娜都能应对。她能够适应移民美国的生活，能够一边打两份工一边拿到斯坦福大学的两个学位，即使今天被拒绝，她也肯定能够应付得了。

离开土耳其去美国上大学时，邻居、朋友和家人都跑来向她告别。依照当地传统，他们跟在她的车后倒了一桶又一桶的水，为她祈求好运。但如果回头看的话，这种祈求就不会灵验。她从来都不回头。

特蕾西娅

特蕾西娅有时候会到两位斯坦福商学院同学格雷格·桑兹和萨拉·桑兹的家里"沙发冲浪"。格雷格是网景公司的第一位产品经理。该公司最初的商业计划是他撰写的，就连公司名也是他想出来的。其他晚上，她住在另一位商学院的朋友安杰拉·图齐那里。在硅谷，很多人都抢着跟人合租，毕竟创业公司的员工收到的薪水往往是股份，而不是现金。在自家公司 Release 的一个重要会议的前夜，特蕾西娅来到图齐家。断断续续地睡了几个小时后，特蕾西娅收拾好东西，回到车里。她的东西都收拾得整整齐齐。她在生活中一直都井井有条。小时候，她会把物品分门别类放好，芭比娃娃放在密封塑料袋里，衣服放在一个袋子里，配饰放在另一个袋子里。她把车开上 101 号高速公路，向软件巨头赛门铁克的办公楼驶去，到那里进行融资推介。

在路上，特蕾西娅听着吉姆·罗梅主持的体育电台节目。罗梅曾在节目中多次故意把拉姆斯队的四分卫吉姆·埃弗里特叫成"克里斯·埃弗特"（女子网球传奇人物），以此激怒埃弗里特，诱使他卷入骂战。特蕾西娅切换电台，心想埃弗里特应该高兴才对。她看了看仪表盘上的时间，然后切换广播频道收听新闻。

主持人在报道 1995 年的俄克拉何马城联邦大楼爆炸事件，该事件造成 168 人死亡，其中包括 19 名儿童，另有 500 多人受伤。她调大了音量。她听到投弹者的名字叫蒂莫西·麦克维，但不管听了多少遍，她都无法把这起爆炸事件与她所认识的那个麦克维联系在一起。

在纽约郊区老家时，特蕾西娅曾和麦克维一起在汉堡王打工。他们都在高中参加过田径比赛，都是布法罗比尔队的铁杆球迷，都在1986年毕业。麦克维喜欢迷彩服和枪支。他的父亲常去教堂，是汽车工人工会的一员，在哈里森散热器（Harrison Radiator）的洛克波特工厂上夜班，特蕾西娅也在那家公司实习过一个夏天。每每想到麦克维，她都很震惊，因为他的成长过程并没有什么异常之处，和镇上的其他人没什么不同。

听到评论员问这次爆炸事件的出现以及它的罪魁祸首——土生土长的"纯美国血统"恐怖分子——是否意味着美国梦的终结时，她立即关掉了收音机。她今天可不想听到梦想终结之类的东西。她自己还有很多的梦想等着去实现呢！

特蕾西娅早早到达赛门铁克的会议现场。看到 Release 的创始人马修·克莱因后，她和他一起进去。克莱因穿着白色的运动袜搭配深色西装，但她不打算给他指出毛病。她欣赏克莱因的为人：极客中的极客，诚实，聪明，浑身散发着一种乌托邦式的乐观主义气息。她甚至不确定他是否注意到她是一个女人。性别问题只在一种场合出现过，在与风险投资家、银行家和企业高管的外部会议上，特蕾西娅经常被与会者当作实习生、秘书或者参会人员的女朋友，会被问到"咖啡在哪里""你是来做会议记录的吗"之类的问题。

就在几个月前，特蕾西娅在旧金山为贝恩工作时，有位洛杉矶客户显然觉得自己可以亲吻为他工作的女性。他先是说了一些暗示性的话，之后试图亲吻特蕾西娅的一位女下属。那位女下属告知了特蕾西娅这件事，两人一致认为该客户行为不当，但没造成什么伤害，而且她们与他的合作项目已经接近尾声，他是非常重要的客户，不容有失，因此决定不予追究。当合作项目完成时，特蕾西娅在那位客户的办公室，他握了握特蕾西娅的手，把她拉到身前，想要吻她。她微笑着闪开，假装他是要来一个欧洲式面颊礼，左右脸颊各亲了一下。

Release 内部让人感觉不存在性别歧视，组织扁平化，没有严格的等级划分，谁也不能以权压人。每一天，它的员工都心存忧虑，同时也充满希望。每一天都是撸起袖子加油干。

会议准时开始，不苟言笑的赛门铁克高管苏珊·布雷主持会议。她老练的气场把克莱因吓到了。看起来布雷显然不是那种会耐着性子听他做完推介的人。

克莱因想了想特蕾西娅之前给他的指导，然后开始说：“我们开发了一种技术，能够让任何可执行的程序，加入我们的支付工具。”特蕾西娅点了点头，向他表示鼓励。他接着说道：“看，你不必麻烦你的开发商。你不需要进行任何集成，也不需要了解任何 API（应用程序接口），甚至连一行源代码都不用修改。你只需要给我们提供你的正式版软件安装包，就是你发送给工厂做软件光盘的那个东西。我们可以帮助你把它打包起来，放到网上商店供人们下载，之后你只管收钱就可以了。”

克莱因感觉不对劲，但又不确定苏珊·布雷究竟喜不喜欢这个点子。他希望让特蕾西娅来接着推介。她懂得如何应对这种关键时刻——措辞、停顿、眼神交流、节奏，都得做得恰到好处。这次会议也正是特蕾西娅促成的，她向赛门铁克搬出实例，称他们的诺顿杀毒软件的定期更新可通过电子形式进行，而不是盒装软件。

克莱因看到布雷在看表，心一下子沉了下去。特蕾西娅也留意到这一肢体语言，于是她开始尽可能快速简练地进行讲解。之后，布雷站了起来。他们的推介时间结束了，会议也结束了。走出去时，克莱因一脸垂头丧气。他确信这次会议完蛋了。"没有，会议进行得很顺利啊。"特蕾西娅肯定地说道，然后带他回到车上。她说得没错，他们成功拿到了赛门铁克的投资，没多久也陆续与另外几家大公司达成合作，其中包括巴诺书店（Barnes & Noble）和网景。

当天行程的下一站是旧金山，他们要向投资者介绍公司的商业计划。投资者和科技行业的从业者在不同的会议室来回跑，听取他们感兴趣的创业公司的推介。当走进自己的会议室，看到一群人在等待时，克莱因非常高兴。他和特蕾西娅做过一些像这样的闪电速配式的融资推介，而这次是迄今为止观众最多的一次。然而，正当两人做准备时，观众却一下子跑光了。克莱因很失望，而后得知观众都跑去听在线图书销售商亚马逊的推介了。他望向特蕾西娅说："在线图书销售商？什么鬼主意！"特蕾西娅倒觉得那是一个好点子，于是也开始谋划拿下亚马逊这个客户。

在与其他公司和投资者的会面中，Release 多数时候都能有所斩获，尽管它总是处于亟须融资补充现金储备的状态。最终，它走到了准备上市这一步，承销商是美林证券公司。自网景1995年IPO以来，投资界开始变得不一样了。网景估值的急剧上升引发了一股投资热潮，进而催生了许多新经济公司，这些公司创立以后能轻轻松松拿到融资，而且上市或被并购的速度一家比一家快。一夜之间，创业公司的赚钱（实际的营收和利润）能力变得远没有吸引点击和眼球重要。多达数百亿美元的资金涌入风险投资基金，投资者们对互联网公司趋之若鹜。在此期间，美国公司每获得100美元的投资，就有40多美元落入互联网公司的口袋里。历史上，从来没有员工规模如此之小的公司能够如此快速地达到如此之高的估值。那些并不多见的没能让公司上市的创业者，被戏称为硅谷的处女。百万富翁也如雨后春笋般涌现，保时捷Boxster（双座敞篷跑车）变得跟iMac（苹果电脑）一样随处可见，各种配色的跑车在街上分外惹眼。

特蕾西娅和Release团队差不多填写好提交给美国证券交易委员会的S-1上市申请书，这是创业公司上市前必不可少的一步。他们的订阅收入接近1 500万美元。他们引进了新的首席财务官卡罗琳·罗杰斯，来帮助公司进行IPO前的准备工作。但出乎意料的是，罗杰斯接着在董事会的力挺之下取代克莱因成为CEO。

董事会告诉克莱因，这都是硅谷游戏的一部分，公司在这个阶段需要"成人监督"，需要一个有企业经营经验的人来领导。克莱因既伤心，又愤怒，但也不得不承认："我对经营公司懂多少呢？懂个鬼，我究竟懂些什么呢？我这辈子多数时间都是个学生。我的从商经验也不过是穿着睡衣写计算机代码。"

出人意料的另一幕是，罗杰斯认为现阶段 Release 体量太小，不宜上市，她告诉董事会要暂时搁置一切上市计划。特蕾西娅感觉罗杰斯不会在公司待太久，并认为现在正是公司上市的大好时机，不该听她的。罗杰斯告诉克莱因和董事会成员："我真的很享受上市的过程，但这一幕我见识过。我想我知道结局会怎样，我希望我是错的。你们想要留我多久，我就留多久，但是……"

对特蕾西娅来说，这意味着她所认识和信奉的那个 Release 已经走向终结了。是时候开启新的篇章了。

MJ

MJ 把车停在 IVP 大楼后面的停车场，走过那棵巨大的橡树时，她想到了太极练习者，因为这棵橡树枝干修长，延伸方向相当明确。她终于告别她那辆福特平托了，她通过 Craigslist（大型免费分类广告网站）将它卖掉了。在到处都是德国豪华跑车的硅谷，鲜少看到老旧的平托，但每每看到，她都会想起自己当年开着车底板生锈的平托第一次走上沙丘路的情景。

MJ 走进 2 号楼的大厅，上了楼梯，进入 IVP 的办公室。大厅里挂着一幅巨大的艺术作品，它叫"烧钱率"（Burn Rate），描绘的是一张有轻微破损和烧焦痕迹的 1 000 美元钞票。MJ 是历史上第一位成为风投公司投资合伙人的女性，她已经在 IVP 供职十多年了。她的职业生涯在 20 世纪 80 年代步入成熟期，此时风险投资行业正欣欣向荣。随着 IVP 的创始人里德·丹尼斯——以及皮特什·约翰逊、托马斯·帕金斯和比尔·德雷珀等其他几位风险投资家——成功游说华盛顿的立法者们降低投资销售收益的课税后，风投行业开始真正腾飞。在这段时间上市的大公司不在少数，包括基因泰克、康柏、苹果、甲骨文、微软等。

1982 年加入 IVP 以后，MJ 和丹尼斯携手拿下的首批项目之一，是一家名为 Sequent 的计算机公司。MJ 是在供职英特尔时认识 Sequent 的联合创始人斯科特·吉布森的。她给丹尼斯简单介绍了这家公司，并提到"很多风险投资家都在争着投资它"。丹尼斯看了看手表，打了几个电话来重新安排他的行程，然后对 MJ 说："我们一起去拜访这家公司吧。"于是，他们乘坐丹尼斯的塞斯纳双引擎飞机飞到俄勒冈州的比弗顿。几个小时后，MJ 和丹尼斯顺利达成交易：IVP 将向 Sequent 投资 520 万美元，给予其 1 500 万美元的投资前估值（即公司或资产在投资之前的价值）。双方没有落实任何书面协议，但吉布森从 MJ 在英特尔供职时便一直很信任她，也知晓丹尼斯的声誉。众所周知，丹尼斯一诺千金。1996 年，Sequent 实现 8 亿美元以上的年营收，先后与甲骨文、波音、西门子等多家知名公司建立了合作关系。

现在，IVP 旗下的第七只基金的资金管理规模超过 1.87 亿美元。这家风投公司已经帮助 80 多家公司成立、融资和上市，这些公司合计市值超过 200 亿美元，总共雇用了 10 万多名员工，创造了 100 亿美元的年营收。MJ 和丹尼斯也在不断地招兵买马，引进多位新的合伙人。他们确立了三个专门的投资领域：早期阶段的信息技术公司，后期阶段的信息技术公司，生命科学公司。

MJ 主要专注于软件、通信和计算机辅助工程领域，她为 IVP 的多只基金操刀投资了 Applied Digital Access（应用数字接入公司）、Aspect Communications（方位通信公司）、Bridge Communications（桥梁通信公司）、Frequency Software（频率软件公司）、Netrix（信息技术公司）、Red Pepper Software（红辣椒软件公司）、SuperMac（连锁餐厅）、SynOptics（生命科学公司）、Unify（通信公司）、Weitek（芯片设计公司）等一众公司。

MJ 和她的助理安迪·海因茨打了个招呼，拿了杯咖啡，走进办公室。她端着咖啡，静静地浅饮慢酌，这是她的太极练习，是她的悟禅时刻。办公室是唯一能让她喝完一整杯咖啡的地方。在这个地方，挑战总是一个接一个地向她袭来。

喝完咖啡，MJ 示意海因茨进来，就合伙人 8 点 30 分的推介会做一个简短的汇报。海因茨于 1984 年加入 IVP，MJ 是她的第一位女上司。合伙人当中，只有 MJ 严格按照日程安排行事，也只有她自己倒咖啡。

硅谷再一次进入经济繁荣期，这一次是由互联网的巨大潜力驱动的。就像电脑芯片一样，MJ 的大脑每天都要不停地处理多项不同的事务，从给孩子们做薄煎饼到听推介，再到睡前给小孩讲故事。她以前在英特尔的老板戈登·摩尔做出过一个非常有名的预言：计算能力，即可封装在硅片上的组件数量，将会每年翻一番。他的这一预言后来被称作"摩尔定律"。硅谷也正呈现出这样的指数级增长。这片地方起始于威廉·休利特和戴维·帕卡德在车库里创立惠普，如今已发展壮大成聚集数十亿美元的风投资金的创业中心。

在推介会开始前，MJ 对海因茨说："继续给我说说。"推介会往往不能准时开始，因为合伙人们有些散漫。MJ 是会议室内唯一事业家庭两头兼顾的人。当其他合伙人提出要花更多的时间去考虑某个项目时，MJ 通常会立刻予以拒绝。那些男性合伙人会同时应付 6~8 家创业公司的交易，而 MJ 则聚焦于少数几个前景比较好的项目。在一家新生公司长时间受困于某些显而易见的问题，必须解雇它的 CEO 或者创始人的时候，MJ 就是负责操刀"行刑"的那个人。风险投资家们一向以行事雷厉风行而著称，不过 MJ 所接触的这些风险投资家却恰恰相反，他们总是行动迟缓。每位风险投资家都希望他们投资的创业者成功。

MJ 等了很久才见到她投资的一位创业者，他是一家电子设计自动化公司的创始人。当时年仅 28 岁的 MJ 已经是 IVP 的合伙人了，她是这家创业公司的主要投资者。她让这位 40 多岁的创始人到她的办公室，讨论一下公司的种种问题，包括某些人事问题。创始人坐在那里，他的穿着总是无可挑剔，说话时带着浓重且悦耳的口音。他的目光习惯于往下游离。

MJ 开门见山。创始人在和手下的一位女性应用程序工程师交往。MJ 告诉创始人她所知道的一切，并谈到他的公司的其他问题。她直截了当地说："你被解雇了。"

创始人很震惊，并且愤愤不平。

"我不会被女人解雇的！"他说。

MJ 几乎忍不住笑出来。他愿意接受女人的投资，却不愿意被女人解雇。她回头看了看，又看了看旁边。"这里没有别的人啊，你有看到吗？"她说，"你被解雇了。"

MJ 最终以 139 万美元的价格将这家电子设计自动化公司出售，IVP 的损失超过 140 万美元。但这已经是及时止损了，所以大家都能接受。

事实上，MJ 快刀斩乱麻般解雇那位创始人的故事，多年来一直是圈子里津津乐道的话题，海因茨和其他公司的助理同行常常在聚会时谈起。这些助理称自己为"VVCA"，意指充满活力的风险投资助理（Vivacious Venture Capital Assistants）。每隔几周，他们都会在下班后聚在一起喝酒，聊聊八卦。他们会谈论各自公司的合伙人，谈论风流韵事，谈论房子，谈论出国旅行，谈论挑食的人，谈论需要叫助理到洗衣店取衣服的人。有个风险投资家曾在外面度假时打电话叫他的助理帮忙清理他家后院的狗屎，他们听了都目瞪口呆。

MJ 看了看表，推介会差不多该开始了。她走进会议室，海因茨则回到门厅的工位。海因茨身材娇小，金发碧眼，性格开朗，她看着大家陆续走进会议室。里德·丹尼斯穿着一身标志性的西装，佩戴着蝴蝶领结。

海因茨一开始对 MJ 并没有什么好感。MJ 总是穿灰色、海军蓝或黑色的套装，以及白色衬衫和尼龙袜，脚踩朴实的高跟鞋，给人一种铁娘子的感觉。但后来海因茨逐渐意识到，MJ 穿这身装束并不是为了显得强硬，而是为了避免显得娇柔。海因茨拥有在旧金山兰利·波特精神病医院和诊所的首席心理学家手下工作的背景，因而对 MJ 这位女强人以及性别因素在职场中的影响非常好奇。她发现，女性的成功和受欢迎程度往往是负相关的，女性越是成功，就越不受欢迎，反之亦然。

真正改变海因茨对 MJ 的看法的，是 MJ 成为人母的时候。海因茨原以为 MJ 事业心太强，不想要孩子。当听到 MJ 亲口说自己怀孕的那一天，她简直难以置信。作为 IVP 的第一位女性合伙人，MJ 开创了公司休产假的先例，她每次生孩子都休三个月的产假。尽管已经先后生了三个孩子，但她的职业生涯依然熠熠生辉。

此时，海因茨已经很了解 MJ 了，知道她其实生性敏感，只不过平常戴上了冷漠的面具，穿着一身盔甲，让人不容易看出她的真实性格。沙丘路每天都在上演弱肉强食的丛林法则，但在这场游戏中，MJ 完全游刃有余。海因茨瞄向会议室，默默为自己的上司加油助威。MJ 就像电影《上班女郎》（*Working Girl*）中的梅兰尼·格里菲斯一样，只是没有梅兰妮那种厚实而整齐的头发。

索尼娅

索尼娅在角逐另一种比赛。她很开心能够脱下那件在滑雪周末所穿的 Patagonia 夹克，换上自己平常的那套装备：定制夹克、衬衣、长裤以及珍珠项链。周围的公司一个个都"欲与天公试比高"。在网景 IPO 后的几年间，汇集几乎所有互联网公司的纳斯达克指数如火箭蹿升般飙涨了近 400%。互联网被誉为 20 世纪的革命性技术，与铁路、汽车工业、电力和核能的出现相提并论。创业者和风险投资家纷纷用淘金热和争夺地盘这样的字眼，来描述这百年一遇的致富机遇。各家银行围绕热门的 IPO 和并购交易的地盘争夺战也呈现白热化。风险投资家们对天真稚气的互联网创业者趋之若鹜。At Home（家庭装饰品零售商）、Real Networks（媒体软件制造商）等公司的 IPO 都令人惊艳，Verisign（智能信息基础设施服务商）、Exodus（工程服务公司）、CyberCash、UUNet、Inktomi（搜索引擎公司）等公司亦然。Priceline（旅游服务网站）、eToys（网络玩具公司）、Pets.com（宠物网站）、GoTo.com（在线沟通和协作平台）和 Webvan（网上杂货零售店）等公司，也都取得了让人惊叹的增长——具体体现在对人们眼球的吸引力、点击量和独立用户数量等非财务指标上。

索尼娅在工作的时候接到朋友金·戴维斯的电话，金在旧金山的 IDG 风投公司做风险投资家。金获得斯坦福大学的学士学位比索尼娅从哈佛商学院毕业要晚一年。两人在旧金山的住处只相隔一个街区。金告诉索尼娅，她发现了西雅图的一家前途光明的新互联网公司，需要一个投资合作伙伴。"这家公司可真了不起啊。"金说道。IDG 有一只规模 8 000 万美元的基金，单笔投资额通常在 100 万~200 万美元。而门罗风投第七只基金的规模为 2.5 亿美元。

金所说的西雅图公司叫 F5 实验室（F5 Labs，简称 F5），创始人是有债券交易员和投资银行家职业背景的杰夫·赫西。赫西一直密切关注互联网的发展，他提出自己发现互联网少了一样非常重要的东西。随着网络流量持续增长——有人说网络使用量每 90 天就翻一倍——网站即将到达不堪重负、陷入瘫痪的地步。超负荷的服务器正重现诸如 HTTP（超文本传输协议）错误 404 "未找到"、HTTP 错误 503 "服务不可用" 之类的信息。赫西知道，到最后，一旦基础设施有重要组成部分出现问题，互联网就将无法正常运转。

F5 构建了一个名为 BIG-IP（大型网际互联协议）的 "负载平衡" 软件系统，该系统的功能类似于机场警卫，引导乘客走最快捷且不会误机的那条安检通道。赫西有朋友和家人提供种子投资，还获得了来自旧金山顶级投资公司 Hambrecht & Quist（哈姆布雷特 & 奎斯特）的新投资要约。

索尼娅知道围绕这笔交易的竞赛已经打响。与金通完电话后，她迅速打了几个电话，了解到 F5 的律师和首席财务官正在蒙特利的一家酒店参加库利·戈德沃德律师事务所的会议，她离那里的车程大约是 90 分钟。她抓起钥匙，冲到车上，迅速出发前往蒙特利。蒙特利是一个海滨小镇，以世界一流的水族馆和见证约翰·斯坦贝克的许多故事而闻名。索尼娅需要让 F5 的团队相信，牵手风投公司比牵手银行更有好处。门罗风投在互联网和电信设备领域完成过多笔重磅交易，并且兼具广阔的人脉网络和出色的业绩记录，具备绝对的实力，可以成为处于发展初期的 F5 的强大盟友。

自从在波士顿供职于 TA 以来，索尼娅走过了一段漫长的征程。从 1994 年 7 月进入门罗风投开始，索尼娅领导投资了多个重磅项目，如 1995 年对弗米尔技术公司（Vermeer Technologies）的 75 万美元投资，这家公司为日益增长的互联网出版商市场开发工具。1996 年，在门罗风投入股一年后，弗米尔技术公司被微软以 1.33 亿美元的价格收归门下。索尼娅还作为第二投资者（第一投资者是她的合伙人道格·卡莱尔）投资了 Hotmail（免费的邮箱服务提供商），1997 年微软斥资 4 亿美元将其收购，这是当时对互联网创业公司规模最大的一宗纯现金收购。当皮克斯动画工作室被哈佛商学院评为年度最佳创业公司时，索尼娅见到了史蒂夫·乔布斯。晚宴上，索尼娅就坐在乔布斯旁边，希望能跟他聊上几句。只可惜，乔布斯那天晚上大多时候都在带着皮克斯的员工观赏他那辆新的银色奔驰座驾，并没有注意到索尼娅。

索尼娅最喜欢的项目之一是优先呼叫管理（Priority Call Management，简称 PCM），那是一家支持电话服务的网络开发商，由年轻的马萨诸塞州企业家安迪·奥赖创立。奥赖和他父亲晚上一起在金考快印店（Kinkos）撰写和打印 PCM 的商业计划书。两人凑了一些钱，奥赖的父亲还拿出了他的退休积蓄。他们在一个卡车停车场搭建了一个小办公室。在 4 年的时间里，奥赖共计筹集了 400 万美元，不管走到哪里，他都向人推销他的公司股份来换取投资——婚礼上、葬礼上、电梯里、成人礼上、地铁上、飞机酒店里等，任何场合他都不放过，足迹横跨 30 个州。索尼娅打来电话时，奥赖和父亲已经连轴工作了 107 天。那个时候，他们的公司快弹尽粮绝了。

索尼娅和奥赖互相开玩笑说，他们其实并不知道自己在做什么。但索尼娅相信自己的直觉，她看到了 PCM 以及不知疲倦、戴着眼镜的奥赖身上巨大的市场潜力。PCM 的目标客户是，那些拥有基站基础设施和设备来连通手机的移动运营商。PCM 向那些运营商出售增值功能，如语音邮件、电话卡、呼叫等待、来电显示、呼叫转移等。这些都是完整的现成解决方案，可为运营商带来一连串的高级功能，帮助它们在解除管制的电信市场保持竞争力。1995 年，索尼娅成功说服她的合伙人向 PCM 投资 300 万美元。1998 年，PCM 的估值达到 5 000 万美元，而且增长迅猛。

索尼娅很感激她在门罗风投的非正式导师汤姆·布雷特，他热衷于与创业者共事，帮助他们建立伟大的公司。布雷特曾在新泽西的贝尔实验室工作，在那里，威廉·肖克利和他的同事共同缔造了第一个晶体管，由此掀起了半导体革命。当索尼娅完成 PCM 的交易后，经验老到的布雷特出任 PCM 的董事。但他对索尼娅说："跟我来吧，看看我们能不能帮助这家公司取得成功。"他喜欢问创业者："是什么让你兴奋得睡不着觉？"索尼娅跟随他出席创业公司的董事会会议以及与创业者的一对一会面。他是一个富有耐心的倾听者，懂得如何简洁明了地总结问题和找到解决方案。

索尼娅希望，布雷特的悉心教导能帮助她在与 F5 团队的会面中有所收获，也希望自己能得到幸运女神的眷顾。

MJ

IVP 早上 8 点 30 分开始的推介会又一次延长到傍晚了，这种情况已经数不胜数。MJ 看了看手表。今天听到的推介，基本都没让她心动。那些创业者都是一味地谈论技术，只字不提市场。大多数企业家都是带着新技术来寻找问题的。而 MJ 会被那些发现了一个巨大的问题，并创造了解决问题的技术的企业家所吸引。

现在，由比她还年轻的合伙人杰夫·杨来主持会议，他是新信息技术领域的精英。他在 IVP 第六只基金的投资中的表现相当优异，因此合伙人们给予其"超级分成"待遇，即可从第七只基金中得到更多的未来投资收益分成。在有限合伙人（投资者）拿走分成后所剩下的收益蛋糕中，杰夫·杨将获得比其他合伙人更多的份额。

杰夫·杨上高中时就梦想成为一名风险投资家。他在普林斯顿大学获得经济学和工程学学位，在斯坦福大学获得 MBA 学位，曾供职于高盛，于 1987 年加入 IVP。他精力旺盛，曾形容在互联网行业工作就像打鸡血一样兴奋。许多公司来找他，希望他能赐教，以深入了解互联网行业，了解如何在互联网和实体行业之间穿梭游走。有的公司还提出与 IVP 一同成立合资公司，转型成创业孵化器。各种贸易展览会和行业会议上总是少不了他的身影，他几乎不怎么睡觉，社交活动极为活跃。杰夫·杨与 MJ 一样有三个孩子。不同于 MJ 的是，杰夫·杨有一个全职在家带孩子的妻子，因而他能一周七天都投入工作中。他晚上 11 点上床睡觉，凌晨 3 点便起床。

MJ 的生活变得越来越充实。丈夫，工作，房子，三个孩子，一条狗，一只猫，还有在家附近给父母买的一所房子……这是她当初为自己设想的生活。无论是面对"闭门羹"，还是面对似乎遥不可及的项目，她总有办法找到出路。

在一次合伙人会议上，杰夫·杨谈到"被动交易"概念，这是指使 IVP 的投资回报为 12~15 倍的交易。当权衡一个新的潜在投资项目的利弊时，他说："我想，我们能轻松地从中获得 10 倍回报，但我不确定它是否值得投资。毕竟，当我们能做有百倍乃至千倍回报的交易时，我们真的需要这种只有 10 倍回报的项目吗？"在正常的非繁荣时期，风险投资家们会试图得到 10 倍的投资回报。如果投了 10 个项目，他们会希望有两三个项目能带来巨大的回报。通常情况下，80% 的投资回报来自 20% 的项目，风险投资家们将这种情况称作"贝比·鲁斯效应"。贝比·鲁斯是著名的美国棒球运动员，职业生涯中出现过很多次三击不中，但也多次打破大联盟单赛季全垒打纪录。同样，风险投资家们在投资中也必须打出全垒打，才能弥补三击不中带来的损失。

MJ 认同杰夫·杨的观点。在他们所处的互联网投资泡沫时代，10 倍的投资回报的确"有点儿让人提不起劲"。MJ 不管走到哪里，都能碰到自称是风险投资家的人。她的发型师突然成了兼职风投，她朋友的庭院设计师也在做风投。街头巷尾都在讨论风投所投资的那些热门互联网公司。1998 年，亚马逊的股票回报率为 970%，AOL（美国在线）为 593%，雅虎为 584%。

下午 6 点，推介会终于结束了，大伙纷纷开始约定一起聚会喝酒。而 MJ 只想回家，她常常给家人做晚饭。她打电话给丈夫比尔，比尔说他至少还要一个小时才能下班——多半不止一个小时。比尔与他人合伙创办了一家叫基金会资本（Foundation Capital）的风险投资公司，上班时长跟创业公司没什么区别。MJ 是在普渡大学认识比尔的。比尔有一头浅褐色的头发，有一双她见过的最蓝的眼眸。他在普渡大学攻读工科专业，还担任啦啦队队长。事实上，他身上拥有一切她没有的特质：游历广泛，喜欢冒险，擅长运动。他也乐于奉献，似乎与 MJ 的父亲截然相反。

如今，比尔喜欢吹嘘自己拥有绝大多数男人没有的东西：一位做风险投资合伙人的妻子。他在外一直表示为 MJ 感到骄傲。但在家里，做完饭，带孩子们洗澡，检查凯特的作业，睡前给孩子读书——给汉娜读《晚安，月亮》，给威尔读《小塞尔采蓝莓》，给凯特读《吹小号的天鹅》——全都是 MJ 一个人搞定的。比尔回家晚了，MJ 还得给他热晚餐。实际上，MJ 多头兼顾，承担了大部分的家务活和照顾孩子的工作。

晚上 10 点 30 分左右，看完新闻后，MJ 对比尔说她要去睡觉了。比尔也说准备去睡觉。但他不知道的是，睡觉之前，MJ 还要洗衣服、洗碗、遛狗、收拾客厅。等她爬上床时，比尔已经呼呼大睡一个小时了。

索尼娅

到了蒙特利的酒店，索尼娅找到 F5 的首席财务官和律师，向他们讲解 F5 为什么更应该与门罗风投合作。会谈进展顺利，谈的时机也恰到好处。一周内，F5 的创始人兼 CEO 杰夫·赫西从西雅图飞到硅谷，会见索尼娅和其他门罗风投的合伙人。赫西此前从未来过沙丘路，神色颇为紧张。平常说话很快的他有意放慢了语速。他从未经营过一家公司，从未撰写过合同，也完全不懂如何为创业公司拿到融资。西雅图是一个不错的创业城市，但它并不具备硅谷那样的生态圈：既有风投社区，又有不断通过并购交易进行研发的大公司。

在门罗风投的会议室里，赫西给风投合伙人做了一个基本的 PPT（演示文稿）展示，但更多时候他还是用白板来讲解。说到公司的起源故事时，他把大伙都逗笑了。他说："那时候我有一种顿悟。我想，应该有人开发负载均衡器啊！应该有人给服务器开发当初给磁盘存储器开发的东西。"他指的是名为"独立磁盘冗余阵列"（RAID）的技术，这项技术将数据分散于各个硬盘，从而带来磁盘冗余和速度优化。"我想，哇，要是我们能给服务器开发出类似的技术，会怎么样？"

他潦草地画出示意图，列出数据，并在上面标出其公司营收高达 30% 的月增长率。他指了指负载均衡器的运行原理图解，然后转过身对合伙人说："看，地球上的一切都将连接到互联网。服务器经济方面必须随之调整。我认为，有朝一日，所有的互联网流量都将流经负载均衡器。没有负载均衡器，任何网络都将行不通。"

接下来的星期一，1998 年 7 月 6 日，索尼娅和金·戴维斯一同飞往西雅图向 F5 提出投资要约。索尼娅金发碧眼，传统保守，金是非裔美国人，身材高挑，两人看起来颇为合拍。索尼娅带了投资意向书，上面解释了投资要约的细节。她给予 F5 公司 5 500 万美元的估值，依据的是该公司的营收、业绩预测、市场状况、不同行业之间的相对估值水平、可比公司分析、其他公司的要约以及对赫西心理价位的猜测。这些年来她认识到，工作中很重要的一部分就是琢磨创业者的心理价位。门罗风投的目标是至少实现 10 倍的投资回报，按照这一回报率，可以得出 F5 的估值在 5 500 万美元。

"我们想要投你的公司，"索尼娅对赫西说，"你对公司的估值是多少？"

听到这个问题，赫西有些吃惊。根据他一直以来的观察，其他的互联网公司很多都能获得虚高乃至疯狂的估值。他所拥有的营收和客户，比他所有的直接竞争对手加起来都要多。F5 的客户包括微软、蒙哥马利证券、阿拉斯加航空、孟山都等数十家知名企业。尽管如此，他的钱总是没多久就烧完了。创业生涯的每一天，他都像坐过山车一样，情绪大起大落，令人眩晕。时而极度狂喜，时而绝望至极，这成了他的日常。

他在脑子里把那些数字过了一遍。"嗯，投资前估值是 6 000 万美元。"赫西说，他指的是他的公司在接受门罗风投和金的 IDG 公司投资前的估值。

"投资前估值我可以给到 5 500 万美元。"索尼娅说。

赫西摇了摇头说:"要 6 000 万美元才行。"

双方沉默了很长一段时间后,赫西说:"我想,你俩可能需要先给公司总部打个电话。我先走开一下,你们可以打电话。你们准备好后,我就回来。"

和金商量了一会儿后,索尼娅拨通了门罗风投总部的电话。当时已经很晚了,只剩下专注于医疗保健领域的年轻合伙人迈克·劳弗在公司。索尼娅告诉他:"劳弗,我们需要把估值提高到 6 000 万美元。"劳弗答道:"听起来不错。"这正是索尼娅想听到的回答。

赫西回到了房间,索尼娅向他伸出手说:"就这么定了。"赫西拿到 6 000 万美元的投资前估值,门罗风投投 570 万美元,IDG 则投 200 万美元。

在不到一年的时间里,F5 实验室〔后来更名为 F5 网络(F5 Networks)〕便从一个聪明的点子变成了一家上市公司——成立以来总融资额只有 1 200 万美元。没多久,不到 40 岁的杰夫·赫西手下的员工便增长到 600 人,公司估值更是达到 20 亿美元。也就是说,那笔 570 万美元的投资给门罗风投带来了超过 1 亿美元的回报。

特蕾西娅

告别 Release 的特蕾西娅在认真思考自己的职业前景,没想到这时有人找她咨询一些事情。Release 的创始人马修·克莱因又孵化了一家创业公司，但他面对风投的头几次推介都无果而终。于是他找特蕾西娅指点一二。他的新公司叫科技星球（Tech Planet），致力于提供家庭办公技术方面的部署和咨询服务。特蕾西娅给他提了一些意见，主要围绕推介时该说些什么，要做哪些调整。

结合了特蕾西娅的建议后，克莱因接下来与风险投资家们的三次会面都变得全然不同。他还没做完推介，风险投资家们便问："我要在哪里签字？我想现在就给你投钱。"与此同时，那个曾疯狂地从米德尔菲尔德路对面拉电线供电的创业者——Four11 的创始人杰夫·拉尔斯顿，作价 9 000 万美元将 RocketMail（火箭邮箱）卖给了雅虎。RocketMail 由此成了雅虎邮箱。

特蕾西娅与克莱因围绕科技星球的交流让她意识到，她是多么喜欢一家公司刚刚起步的那个阶段，多么喜欢那个混乱和秩序每天都发生碰撞的阶段。在 Release 供职期间，她也见识到了风险投资家所扮演的重要角色，不管是在投资方面，还是在提供专业意见方面。在进入 Release 前，她并不知道风险投资家们是怎么找到门路参与创业公司后面的融资轮次的。A 轮投资者，即那些在天使轮或创业者的亲人朋友之后入局的投资者，会主动联系其他公司的风险投资家，鼓励他们参与后面的融资轮次，如 B 轮、C 轮、D 轮等。A 轮是第一轮来自风投的融资，是创业公司第一次向外部投资者提供股份。随后的融资轮次则表明创业公司处于成熟期和扩张期。早期投资者对后续融资轮次的风险投资家的呼吁，给创业公司的发展带来了重大的影响。

特蕾西娅有几个朋友也在做风投。格雷格·桑兹离开网景加入了萨特山风险投资公司（Sutter Hill Ventures）。罗宾·理查兹·多诺霍（特蕾西娅在商学院认识的朋友）去了大名鼎鼎的风险投资家比尔·德雷珀手下工作，帮助他成立了全球第一只印度风投基金。多诺霍现在是合伙人了，也很热衷于这份工作。詹妮弗·方斯塔德比特蕾西娅早一年进入贝恩波士顿分公司，她在加盟德雷珀·费希尔·尤尔韦特森（Draper Fisher Jurvetson）公司一年后便成为合伙人。（史蒂夫·尤尔韦特森和蒂姆·德雷珀投资过 Release。）方斯塔德曾向特蕾西娅讲述米特·罗姆尼 1994 年向泰德·肯尼迪发起竞选挑战以竞选参议员时她为罗姆尼工作的故事。方斯塔德曾与贝恩公司的创始人罗姆尼一起旅行，听他讲述在他的帮助下成立的创业公司的故事，比如史泰博公司，他是该公司的第一位投资者。罗姆尼曾亲自在史泰博的第一家门店摆放货架。方斯塔德此前并不知道风险投资家除了出资以外，还能参与创业公司的实际经营。罗姆尼的政治竞选结束后，方斯塔德前往哈佛商学院进修。此时的她喜欢上了赋予本来没有定义的东西以定义的想法。

刚完成一些求职面试，特蕾西娅便收到了多份聘用邀请。有几份来自创业公司，更多的来自风险投资公司。Release 天使轮投资者格雷格·桑兹告诉她，加速合伙公司（Accel Partners）正在招聘一名有工科和互联网背景的新合伙人。该公司的合伙人布鲁斯·戈尔登给特蕾西娅的推荐人打了电话，其中包括克莱因。被问到特蕾西娅有什么与众不同之处时，克莱因说："我先说明一下，对于她我不会吝啬赞美之词。特蕾西娅是我这辈子遇到过的最出类拔萃的人。"特蕾西娅让风投大亨、加速合伙公司的合伙人吉姆·布雷耶印象深刻的是，她有多重专业背景，懂技术，也了解创业需要具备什么条件。布雷耶还觉得，特蕾西娅"有职业道德修养，并且拥有风险投资家不可或缺的求知欲"。布雷耶、戈尔登等加速合伙公司的合伙人得出的结论是，特蕾西娅"聪明伶俐，积极上进，善于分析，有良好的职业道德，能很好地与他人合作"。但这些合伙人还心存一点疑问：她能不能从数百个乃至数千个不同的投资机会中筛选出那些能带来超额回报的机会呢？这是个未知数。

最后，特蕾西娅以投资经理的身份加入加速合伙公司。她渴望与多家创业公司共事，而不是只专注于一家；她也渴望向几位前辈取经学习，比如两位行业领袖布雷耶和彼得·瓦格纳，以及加速合伙公司的两位创始人阿瑟·帕特森和吉姆·斯沃茨。入职加速合伙公司的前一天，特蕾西娅去香蕉共和国买了一套标准的风投服装：卡其裤和蓝色领尖扣衬衫。这种搭配对女人很不友好，但好在还可以穿知名设计师设计的鞋子。她很喜欢到尼曼百货物色打折的名牌高跟鞋。工作服她可以妥协，但鞋子绝不能妥协。

作为加速合伙公司的投资经理，特蕾西娅的职责是管理和创建"项目流"。合伙人每天直接给她转发数十封电子邮件，不做任何解释。她得一封一封地读完邮件，弄清楚里面讲述的项目，判断是否值得合伙人花时间去进一步了解。这需要她归纳整理一大堆的邮件——不能漏掉任何关键信息，并有条不紊地进行分析研究。在评估哪些项目和点子有价值的同时，她也被鼓励去挖掘自己的项目，开发自己的专业领域。

入职没多久，特蕾西娅收到通知要去会见两位创造了新搜索算法的斯坦福博士生，他们分别叫谢尔盖·布林和拉里·佩奇。特蕾西娅需要在他们向公司合伙人推介其新页面排名算法之前先拜会一下他们。

索尼娅

索尼娅邀请她在 F5 项目中的合作伙伴金·戴维斯一起去火奴鲁鲁的四季酒店，一起庆祝这个带来超额回报的项目。她也想借此感谢金介绍她去做这笔投资。两人都是单身，都 30 岁出头，每天都在泳池边度过，观看海浪，在附近的小淡水湖浮潜。工作、男人、家庭、金钱、为什么女人不能让别人知道自己喜欢钱……她们无所不谈。男人可以无所顾忌地追逐财富，女人则被劝诫不要总是追求财富。男人做慈善是为了提升自己，女人做慈善则是为了提升他人。换句话说，金钱对女人来说是一个棘手的问题，并且是一样需要学会巧妙驾驭的东西。

"女人在金钱问题上需要非常谨慎，"索尼娅说，"女人嫁个有钱人，就会被说拜金。赚的钱多了，也会引来非议。我喜欢钱是因为它能给我带来选择，比如选择单身，选择结婚，选择帮助父亲和其他人。我母亲的继父不让她上大学，她没的选。"

索尼娅露出微笑说："我一辈子只有一次发财的机会，我可不能浪费掉。"

金与其他朋友和同行的女性榜样也有过类似的讨论，如风投前辈安·温布尔德和企业家出身的风投家海蒂·罗伊森，两人在硅谷都颇有名气，也备受尊敬。海蒂向金分享过她对金钱和业内男人的粗俗言语与不良行为的一些看法。海蒂是软件公司 T/Maker 的联合创始人，有一次，她去与一家大型个人计算机制造商的高级副总裁吃晚饭，准备签署对她的创业公司至关重要的融资协议。就在他们为两家公司美好的未来举杯祝酒的时候，那个男人对海蒂说，他还给她带了一份礼物，就在桌子下面。他把她的手拉过来，放在他未拉上拉链的裤子上。海蒂随即离开餐馆，交易告吹，她转而寻找其他投资者——正是安·温布尔德。

"权力桌上总是坐满了白人男性，但我更欣赏那些了不起的女性。"金说着，举起酒杯。

索尼娅也很幸运，她也有一个举足轻重的女性榜样。在波士顿的 TA 公司，她能够从杰奎·莫比身上学到门道。莫比是美国最早成为风险投资公司合伙人的女性之一。她在 TA 的匹兹堡办事处工作，每隔几周来一次波士顿。她身穿浅色调的套装，索尼娅戏称她穿的是"复活节彩蛋"。两人会一起坐飞机上门拜访一些有趣的公司，会见它们的高管和创始人。莫比教导索尼娅，对于优秀的公司，即便它们没有在融资，也要定期拜访一下。她认为，在风投界，人脉比交易本身更加重要。在 TA，最早通过研究计算机杂志、商业性出版物和邓白氏报告，打推销电话，被拒绝后再接再厉等诸多方式寻找有潜力公司的人，正是莫比。告诫索尼娅要像猎鸟犬一样追逐投资项目的，也是莫比。索尼娅当初试图通过约翰·麦卡菲车上的电话联系他的时候，脑海里回响的就是"要像猎鸟犬一样向目标发起猛烈追逐"。

索尼娅把她知道的关于莫比的点点滴滴都告诉了金。在与这位导师一起出差期间，索尼娅得知，当莫比觉得到了想要从生活中获得更多的阶段时，她嫁给了一位成功的银行家，并生下了两个孩子。40 岁那年，莫比入读面向女性的西蒙斯管理学院，晚上上课。毕业前几个月，为了得到一份没有工资的实习工作，她接受了来自波士顿的佩因·韦伯公司（Paine Webber & Co.）的一位投资银行家的面试。经过一番似乎进展顺利的长谈后，银行家靠过来对莫比说："我们认为你会胜任这份工作，但你有两个年幼的孩子。"莫比还没来得及答话，他就接着说："你的丈夫在波士顿银行工作，他需要你在家里照顾家庭。"他还补充了一句："我妻子都兼顾不了工作和家庭。"

那番话，让索尼娅和金都觉得无语。

莫比于 20 世纪 70 年代末作为无薪实习生加入 TA，在那个时代，美剧《玛丽·泰勒·摩尔秀》中一名单身独立、有权势的职场女性的感人故事引起了不小的轰动。1982 年，莫比成为风投公司的合伙人，比玛丽·简·埃尔莫尔早一年。她会见了年轻的比尔·盖茨和拉里·埃里森，投资了多家早期的软件公司，其中包括数字研究公司（Digital Research）、麦科马克和道奇公司（McCormack & Dodge）、Capex 软件公司等。当时，投资软件公司被普遍认为风险很大。

索尼娅向金转述了莫比分享给她的一个故事，是关于与微软的联合创始人比尔·盖茨会面的故事。莫比一大早就到达位于西雅图的微软会见盖茨，但被告知盖茨正在从机场回来。每次上门造访一家公司，莫比都会仔细观察公司的办公环境。在她眼里，微软的总部简直是一片狼藉。电脑机箱和空的可乐罐到处都是。等了一个小时后，终于等来了一个戴着大眼镜的年轻人。他摇着头自言自语，显然是在为什么事生气。她反应过来，他就是盖茨。

他刚从得克萨斯州飞回来，他在那里的会谈"糟透了"，他失去了一单本以为能拿下的生意。他一夜未睡，开车回公司的路上还因为超速被警察拦下。Tandy［最早通过 Radio Shack（消费电子产品专业零售商）销售产品的个人电脑制造商之一］与微软之外的一家公司达成了交易，为此盖茨非常生气。Tandy 的 TR-1000 计算机需要软件编程语言 COBOL（面向商业的通用语言）的编译器。盖茨此前一直在努力说服 Tandy 与微软签约，尽管他手上还没有对方需要的编译器。

莫比向盖茨询问他的磁盘操作系统 MS-DOS 的情况，该系统定在 1995 年 8 月推出。盖茨说，他找了来自一家本地公司的蒂姆·帕特森来做该系统的编程工作。该系统将支持打开、浏览和操作电脑上的文件。两人接着讨论了一个小时，盖茨滔滔不绝，全程几乎没看莫比一眼。他们约定两周内再会面一次。

莫比没有投成微软这个项目，但见了比尔·盖茨以后，她还见了计算机科学家加里·基尔代尔。基尔代尔编写了被认为最早的连接计算机的操作系统 CP/M（控制程序 / 监控）。他从零开始编写该操作系统，并抢在微软之前将产品推向市场。他的公司就是数学研究公司。

索尼娅接着说："莫比和基尔代尔其实是在一个名叫坚果树的综合大楼附近的一家烤肉餐馆里会谈的，基尔代尔拿了一叠餐巾纸，然后开始在上面画图解。"基尔代尔向莫比展示他编写和控制的操作系统是如何成为一切的基础的。"应用程序是围绕操作系统而设计的。"他一边补充他的图解，一边解释。他边说边画，称任何计算机系统都是由三个基础层构成的：硬件、操作系统和应用程序（当时还没有被捆绑在一起）。他告诉莫比："谁能掌控操作系统，谁就能掌控整个计算机行业。"索尼娅说，被打动的莫比给数字研究公司投了钱，之后目睹了该公司和微软争斗白热化的整个过程——微软最终获胜。

索尼娅欣赏着夏威夷绚烂的日落，此时，她强烈地感觉到自己是在追随莫比的脚步。金从莫比的故事中获得了不少启发，她也钦佩索尼娅的职业道德和刻苦精神。事实上，那天在给索尼娅打电话告诉她 F5 的情况之前，金是先打给了另外两位风险投资家的。其中一位是杰夫·杨，在 IVP 与里德·丹尼斯和 MJ 共事的合伙人。

"你走得更快了。"金跟索尼娅说。等两人回到硅谷，价值数十亿美元的F5将迎来两位女性董事。

随着悠长的夏威夷周末假期接近尾声，她们出去购物了。她俩向来都会买一些"廉价饰物"，来纪念大获成功的项目。她们在酒店商店里看珠宝时，有位女售货员轻蔑地看着她们，问道："你们是在酒店工作吗？"

看她态度怠慢，金心想："你大错特错了。"那位女售货员显然不知道这两个女人有本事买下店里所有的饰物。索尼娅和金手挽着手走出了商店。

第三章
局内的局外人

1997—2000 年

玛格达莱娜

玛格达莱娜戴着墨镜和爱马仕头巾，有几分好莱坞传奇影星格蕾丝·凯利的味道。她开着 1958 年款科尔维特红色敞篷车，缓缓进入美国风险投资合伙人公司（US Venture Partners，简称 USVP）的停车场。这辆座驾是她送给自己的礼物，是典型的美国式的东西，它提醒着她，梦想确实会成真，即便是在一个曾在自己的祖国都被视作外人的土耳其女孩身上，也不例外。

20 世纪 90 年代末对玛格达莱娜而言可谓顺风顺水。CyberCash 于 1996 年上市，玛格达莱娜最近还创立了另一家公司——MarketPay（在线会计软件提供商），并且很快就成功将它卖了出去。短短几年间，她就从网上购物的布道者（追随者还没有批评者多）变身为电子商务领袖。著名 IT（信息技术）和风险投资杂志《红鲱鱼》（*Red Herring*）将她评为"年度创业家"。

如今，作为硅谷大红大紫的新商界人物，玛格达莱娜成了包括 USVP 在内的多家风险投资公司争相招募的对象，从连续创业者一跃变成投资人。这与她当初在沙丘路抓破脑袋为自己的公司融资的日子完全不可同日而语。

玛格达莱娜受到了 USVP 的合伙人史蒂夫·克劳斯的款待。USVP 本想投资 MarketPay，但收购要约来得更快，这家公司还只是个雏形便被买下了。

"来加入我们吧。"克劳斯对玛格达莱娜说。USVP 成立于1981 年，该公司的创始人——风投先驱比尔·鲍斯是同一时代的里德·丹尼斯的朋友，还是安进公司的创始股东。

玛格达莱娜摘下墨镜和头巾，坐了下来。她身穿深色套装和粉红色的盖璞 T 恤。"我知道你们是做投资的，但我真的不清楚投资合伙人具体是做什么的。"她说道。她为 CyberCash 拒绝过风投公司的投资，转而选择与英特尔、思科等公司合伙。[UUNet 作价超过 20 亿美元卖给 MFS Communications（通信公司），因此她的 UUNet 持股也获得了回报。]

与玛格达莱娜一样，克劳斯也拥有斯坦福大学的电气工程学位。他向玛格达莱娜讲述了风险投资家所扮演的角色：创业公司 CEO 的教练和导师；有魄力的优秀领导者；利用新技术解决"老大难"问题，帮助打破行业格局。他还谈到风险投资家可以帮助建立能让世界变得更美好的伟大公司。

创业的时候，玛格达莱娜曾亲身体会到权力的天平是明显倾向风投这一边的。在她看来，风投的工作既轻松又容易赚钱，毕竟他们投的是别人的钱，而不是自己的钱。她不确定自己是否准备好放下创业的热情。她说："某些时候，我还想再创办一家公司。"

接着，她如往常一样直言不讳："风投这种工作纯粹就是为了赚钱，对吗？赚钱就是唯一的目标。投资者给钱让你去投资，并不是让你去改变世界。你的职责就是给有限合伙人创造收益。"

克劳斯笑了。他说，玛格达莱娜说的没错，但他也没说错。是的，风险投资家的职责就是，琢磨如何通过投资高风险的新生公司持续获得高额回报。但做风投也关乎如何让这个世界的生活变得更美好，这就是它的价值所在。

在与 USVP 团队的其他成员会面后，玛格达莱娜回家后考虑是否加入他们，她好好地权衡了一番。她也考虑了其他向她抛出橄榄枝的创业公司和风投公司，但最终决定到 USVP 试一试。她觉得这家公司很适合自己。

一入职，她就开始参加各种会议，与合伙人、助手和创业者等人进行业务交流。没多久她就与 USVP 的普通合伙人兼向导欧文·费德曼熟络起来，她觉得他更像犹太"拉比"*，而不是硅谷风投家。（比尔·鲍斯不再参与 USVP 的日常运营，但仍是公司不可或缺的名誉领袖。）费德曼身材高大，声音洪亮，性格宽宏洒脱，对永恒的真理有着孜孜不倦的追求。他身穿西装，佩戴领带，非常守时，总会礼貌地站在门口为别人开门，也总是主动买单。玛格达莱娜觉得，她可以向这个了不起的人好好学习。

一方面，玛格达莱娜随即被合伙人会议的幕后戏码迷住了。

---

* "拉比"，犹太民族中的阶层名称，是老师和智者的象征。——编者注

虽然心胸宽广，但费德曼也会将公司的推介或者合伙人的想法贬损得一文不值。六位普通合伙人各有各的独特个性，各有各的表达和辩论方式。玛格达莱娜环顾着会议桌，心想，这就像一个不和睦的家庭，只不过他们有金钱这块遮羞布。他们中似乎有法定继承人，有害群之马，有沉默寡言的智者，有面红耳赤的、非得按照自己那套来的合伙人。

另一方面，她也被这种知识的碰撞与交锋深深迷住了。她意识到，这是一个辩论社啊！她觉得，辩论既融合了艺术和科学，又融合了情感与智慧，如此美妙。就像电气工程，它们有逻辑也有盲点。合伙人必须事先做好功课，拿出令人信服的论据，为每一个数字、每一个大胆的论断据理力争，才能赢得其他人的支持。风险投资家们每个星期都要学习零售、生物技术、网络安全等多个不同领域的新东西。

在玛格达莱娜刚进入风投业不久的一天，当下午的多个会议进行到一半时，她环顾了一下会议室，看看有什么吃的。从座位上起来，她走向旁边的自助餐台，盛了一盘饼干，然后绕着会议桌，给每一位合伙人都递了一块饼干。接着，她给他们分别递了一杯咖啡。房间里一片寂静。会议室外的助手们也隔着玻璃看到了这一幕。玛格达莱娜知道，许多职业女性都忌讳做太"秘书性的"事情。但对她来说，给别人倒咖啡、拿食物只是出于礼貌，她从小就是这么受教育的。

她知道，自己可以做那个穿着褶边裙、戴着白手套的伊斯坦布尔女孩，也可以做她父亲的那个喜欢锤子和钉子胜过玩具与玩偶的女儿。没有人会为她给别人递了些什么而感到一头雾水。

特蕾西娅

　　特蕾西娅重返桌上足球台，准备虐翻对手。比起在布朗大学时，她的技术有些生疏了。但专注起来后，她的竞争本能就回来了。她仍旧很犀利：旋转射门！出其不意的折射球！就在要终结对手的一瞬间，她却突然手下留情了。

　　看着站在她对面的黑发小伙子，她心里暗暗咒骂自己：你到底在干什么呢？对手不是喝得醉醺醺的兄弟会男生，也不是蓝领工人。谢尔盖·布林可是出生于俄罗斯的数学天才，毕业于斯坦福大学计算机科学专业。他之前亲自上门拜访加速合伙公司，介绍他的创业公司谷歌。和他一同创立谷歌的拉里·佩奇相对比较内向，一直站在一旁静静地看着。

　　特蕾西娅没有使出旋转射门，尽管没有放开去玩很不好受，但她还是抑制住了使出自己标志性的拉射动作的冲动。作为加速合伙公司的合伙人，她此时此刻唯一要做的就是，让谷歌的两位小伙子玩得尽兴，与他们搞好关系。硅谷的每一个人都想要投资谷歌。因此，在桌上足球台上赢了布林，就等于宣判特蕾西娅在投资谷歌的竞赛中输了。

　　1999 年春天，布林和佩奇想出了一种更好的网络搜索方式。两人几年前在斯坦福大学计算机科学系攻读博士学位。他们所在的网络搜索领域竞争非常激烈，竞争对手包括 Excite、雅虎、

WebCrawler、Lycos、Ask Jeeves 和 Alta Vista 等搜索引擎公司。但引起加速合伙公司两位合伙人米奇·卡普尔和吉姆·布雷耶注意的是，谷歌搜索得到了早期使用者、工程师和软件开发者的一致好评。卡普尔和布雷耶听那些人说："谷歌做的搜索引擎要好于任何其他的同类产品，我们所有人都在使用谷歌。"

谷歌增长迅猛，日搜索量超过 1 万次。布林和佩奇一开始是在他们的斯坦福大学宿舍里创立谷歌的，后来搬到苏珊·沃西基租给他们的车库里，现在则迁到大学路一家自行车商店楼上的一间小办公室里。特蕾西娅留意着时间，合伙人会议预计要很晚才能进行。

加速合伙公司位于帕洛阿托大学路 428 号建筑的二楼到四楼，距离汇集各种风投公司的沙丘路大约 3 英里。它的二楼有几张桌上足球台和乒乓球桌，一间小厨房，还有一处俯瞰停车场的小露台，与联合银行共用。加速合伙公司的行政助理们喜欢到小露台上看停在五号和六号访客停车位的法拉利和保时捷豪车。二楼还充当加速合伙公司的"创业孵化器"，用于为少数有前途的创业者提供免费的办公空间，让他们孵化或者开发新的创业点子。三楼和四楼是投资合伙人与普通合伙人的办公室，他们包括吉姆·布雷耶、彼得·瓦格纳、巴德·科利根、布鲁斯·戈尔登和米奇·卡普尔。四楼还有加速合伙公司两位联合创始人阿瑟·帕特森和吉姆·斯沃茨的办公室，所有的重大项目都是在这里谈的。这里的地毯和墙壁是白色的，木头是白金色的，门是玻璃门，墙上的画作是现代派的水彩画，桌子是用白色大理石做成的。

　　面对小自己 5 岁的布林和佩奇，31 岁的特蕾西娅绞尽脑汁地找话题搭话，聊到斯坦福大学、创业公司以及 1983 年由帕特森和斯沃茨创立的加速合伙公司。穿着牛仔裤和 T 恤的布林和佩奇为人友好，但有些躁动，就像特蕾西娅在斯坦福遇到的许多不善社交、喜欢吃墨西哥卷饼、热衷于钻研电脑的研究生一样。

　　特蕾西娅事先做了功课，深入了解过布林和佩奇。布林以幽默风趣、痴迷运动、对女人很有一套而著称。他曾在斯坦福大学的计算机科学大楼周围滑旱冰，现在则是在午餐时间和谷歌的员工玩激烈的旱冰曲棍球。佩奇则寡言少语，但手势和肢体语言比较丰富，他一皱起眉头，压低声调，或者避免眼神接触，员工就会感到忐忑不安。众所周知，两人常常像亲兄弟那样争吵斗气，但他们其实志趣相投。两人都是深谙计算机科学的天才。布林着迷于数据挖掘，即通过分析大量的数据来发现模式；佩奇则着迷于下载网页。

　　特蕾西娅也研究了一番谷歌。布林和佩奇最初给他们的公司取名为"BackRub"（网络爬虫），把网站网页排名的过程叫"PageRank"（网页排名），排名依据的是网站网页连接了多少其他网站页面。但这两个名称都没有使用多久。他们认为，"googol"（古戈尔，表示 1 后面有 100 个 0 的数字）更能反映出他们在试图筛选的数据数量。之后，他们敲定了更容易让人记住的"Google"（谷歌）作为名字。

　　布林和佩奇在攻读博士学位期间所做的项目的美妙之处在

于，利用自己开发的网络爬虫，摸索如何计算浏览网页的人聚集在特定页面的趋势，进而返回相关性最高的页面，而不仅仅是相关的页面。其他搜索引擎则是将相关性的概念定义为页面和搜索查询之间的关系。如果搜索词在该页面上出现的频率高于平均值，那么该页面即与查询的问题相关。相比之下，PageRank——以拉里·佩奇的名字命名，申请了专利——是页面本身的一项特性。PageRank 不仅是抓取网页，它首先会返回最热门的页面结果。特蕾西娅喜欢它极客的一面：通过求解一个包含 5 亿个变量和 20 亿个项的方程，计算出网页的重要性。她知道，诸如雅虎的多数其他搜索引擎仍然在依靠人工来帮助建立本体。

在四处寻找融资前，谷歌的两位小伙子追随前辈的足迹，登门拜访了律师拉里·松西尼。从 ROLM 到苹果，再到网景、皮克斯乃至数百家其他大型科技公司，松西尼几乎参与了每一家大型科技公司的成立、发展和上市进程。1998 年的一个周六，布林和佩奇拜访了松西尼，向其请教组建谷歌和融资的问题。两人告诉松西尼，他们的目标是"让信息变得普遍存在"，还一起讨论了谷歌发展起来需要多少钱。三人得出的结论是，大约需要 2 000 万美元。接着，松西尼给出该找哪些风投公司投资的建议。

几年前，布林和佩奇曾考虑以不到 100 万美元的价格将他们的技术卖给一家搜索公司。但是，除了 Excite 以外，没有人对他们的搜索方法感兴趣。

特蕾西娅把他们带到会议室所在的四楼。加速合伙公司有自己的投资代表作，比如 RealNetworks（播放器制造商）、

Macromedia（互动多媒体公司）、Portal Software（门户软件公司）、Polycom（宝利通）和 UUNet。1999 年它的投资回报更是超过 100 倍。但加速合伙公司的投资组合中并没有那种超级明星般的创业公司——像苹果、网景、雅虎或亚马逊这样鹤立鸡群的公司。布雷耶认为，寻觅"独角兽"公司好比发现艺术天才。旧金山现代艺术博物馆的策展人说："我每挑选 10 位艺术家，就有 9 位会失败。但剩下的那一位会成为下一个毕加索。"加速合伙公司的团队希望谷歌成为他们的"毕加索"。

在加速合伙公司四楼的会议室又聊了几分钟后，特蕾西娅把布林和佩奇交给了合伙人。关上门后，她回到楼下。她在加速合伙公司供职还不到 6 个月，就迫不及待地想要在那张白色大理石桌子旁占得一个合伙人席位。一如她十几岁时的工作经历：在汉堡王后台做汉堡包，但目光一直放在前台收银台的工作上。

她为合伙人筛选项目，亲身会见创业者来进行深入的了解，也时常打电话给在斯坦福大学和 Release 公司认识的朋友，看看有谁在做有趣的项目。她选定网络安全作为她的专业领域，毕竟从供职 Release 时起，她就已经对加密技术非常熟悉。她跟随阿瑟·帕特森出席他投资的两家网络安全公司 Counterpane 和 Arcot Systems 的董事会会议。她参加网络安全培训认证课程，在那些班上她总是唯一的女性。她也在物色自己的热门项目，其中包括 Sameday 和 PeopleSupport。前者是一个在线配送服务平台，获得过工程师出身的、帕萨迪纳市的 Idealab（创业公司孵化器）的创始人比尔·格罗斯的种子投资。后者则通过聊天软件和电子邮件向互联网公司提供网页式客户管理外包服务，这家公司发展迅速，拥有 100 多个客户和 400 名员工。

后来，在与谷歌的会议结束之后，走过加速合伙公司的接待区时，特蕾西娅听到一个熟悉的问话："小姐，能帮忙查一下我们公司的会议时间吗？"大学毕业 10 年，在贝恩工作 4 年，在研究生院学习 2 年，在一家初创公司工作 2 年，这么多年了，特蕾西娅却仍然被误认作助理或实习生，被人要求倒咖啡，被询问去洗手间的路和会面的时间。

她以前就认识到，职场中的女性有利也有弊。在家乡米德尔波特郊外的通用汽车的哈里森散热器工厂实习时，曾有一段时间，在全是男人的机械车间里，她身为唯一的女性多少能得到一些好处。她当时的职责是测试一种不使用氟利昂的新型空调压缩机。许多男人把她当女儿一样看待，不让她干粗活儿，只让她操作简单的机器和工具，把她有关替代制冷剂的原型项目列为最高优先级事项。相较之下，男实习生受到的待遇就差远了。

当特蕾西娅还是布朗大学的大三学生，在扫描电子显微镜实验室做研究助理的时候，她遇到了身为女性不利的一面。她的研究工作是，准备硅复合材料样品，并在价值上百万美元的显微镜下研究。一开始，年长的女学生便提醒特蕾西娅，有个"技术员毛手毛脚"。那些时常窃窃私语的女性告诉她："任何时候都要穿裤子，任何时候都要穿跑鞋。这样就算遇到不好的状况，你也能够快速逃脱。"特蕾西娅自己则确信，那个技术员其他时候并没什么恶意，遭到别人拒绝时似乎总会退缩。但特蕾西娅听了那些女生的建议，穿了裤子和跑鞋。那个技术员还真的对她下手了，偷偷摸她的背。她立刻瞪了他一眼，拨开他的手，然后装作没事似的接着工作。他再来的话，她还是会那样做。她不会让自己因为一个伺机吃豆腐的、满脸粉刺的技术员而失去实习机会。

特蕾西娅学会了好坏都能承受。入职加速合伙公司不久后，她获邀加入一个风投座谈会讨论互联网的最大好处。她坐在台上，旁边是一位男性风险投资家。主持人问他："你最喜欢的网站有哪些？"主持人接着将问题抛给特蕾西娅，他说："特蕾西娅，你最喜欢的烹饪或购物网站是什么？"特蕾西娅想了想，暗暗跟自己说，别那么敏感，别那么暴躁。她笑了笑说："你显然不了解我，我其实从不进厨房……"

周围都是有急躁易怒性格的男人，日复一日，特蕾西娅不知不觉也染上了一些男人的坏习惯：经常打断别人说话，说话很大声。但她也从成功的女性身上学了不少东西。曾经有一位女高管告诫她开会时要早点发言："在会议中，作为女性如果你半天没发言，别人会把你当成透明的。太晚发言于事无补。"贝恩高管奥里特·加迪什（后来成为贝恩公司董事长）建议特蕾西娅："开会时别做笔记，不然别人会以为你只是来做笔记的。脑子记住就行了。"对于遇到男性客户只向其他男性提问，即便他们只是你的下属的情况，加迪什也分享了她的策略："会面之前我会告诉我的同事，如果出现那种情况，他们该看着我，询问我的看法。你也可以让你的男性团队成员帮你一把。"

特蕾西娅认为，女性必须加倍努力才能让男性相信她们对数字够敏感。如果有人问："CAC（用户获取成本）是多少？ LTV（贷款价值比）是多少？利润率是多少？"她总是能够一一说出CAC、LTV以及利润占公司净营收的百分比方面的数据。

在与佩奇和布林会面后的几天里，加速合伙公司为谷歌准备了一份投资意向书。但谷歌没多久便宣布，它已从KPCB和红杉资本那里获得了一轮2 500万美元的股权融资。红杉资本的迈克尔·莫里茨和KPCB的约翰·多尔这两位风投明星也由此加入了谷歌的董事会。由唐·瓦伦丁创办的红杉资本，早期投资过雅达利、苹果、思科、LSI、甲骨文、艺电、雅虎等公司。多尔在职业生涯初期担任英特尔的工程师时成名，曾与MJ一同参与该公司的"粉碎行动"。他后来加盟KPCB，这家风投公司投资过亚马逊、WebMD（互联网医疗健康信息服务平台）、Intuit（财务软件科技公司）和太阳微系统公司。

拉里·佩奇在宣布谷歌的融资消息时表示："我们很高兴有两位如此优秀的风险投资家帮助我们打造这家公司。"布林补充说："完美的搜索引擎会处理和理解世界上所有的信息。这正是谷歌的发展方向。"莫里茨称："谷歌应该会成为互联网搜索的行业标杆……这家公司有能力把世界各地的互联网用户变成谷歌忠实的终身用户。"

加速合伙公司上上下下没有人愿意失败——而且他们错过的是一家很有潜力的公司，但合伙人手头跟进的项目多到应接不暇，因而他们没有因为错过谷歌而沮丧太久。寻觅"毕加索"的行动仍在继续。就在特蕾西娅被聘用之前，加速合伙公司为旗下的第七只基金完成了 4.8 亿美元的募资。令人惊叹的是，那只基金里的资金不到十个月便全投出去了——平常的话，往往要两三年才能投完。加速合伙公司在 11 个月内疯狂投资了 39 个新项目，而且这背后只有少数几个人推动，其中就包括特蕾西娅。

没多久，特蕾西娅就被任命为投资合伙人，成为加速合伙公司成立 17 年来的第一位女性合伙人。加速合伙公司联合创始人阿瑟·帕特森送给她一块带有加速合伙公司标识的手表，布雷耶向她表示了祝贺，特蕾西娅也向丈夫蒂姆和家人朋友分享了这则好消息。一如往常，她母亲还是担心她工作太辛苦，父亲则担心她工作不够努力。但是，在听说他告诉朋友他的女儿跟一群男人共事的那一刻，特蕾西娅便知道父亲很为她感到自豪。

MJ

IVP 宣布了一项内部竞赛，看看谁能从单笔投资中获得 1 亿美元或以上的回报。获胜者将得到梦寐以求的座驾，由其他的合伙人买单。MJ 志在必得。

她争强好胜的性格是在贫困环境中养成的，而不是在体育运动中练就的；是在初中时第一次看到富人区的人是如何生活时培养起来的。当特雷霍特富人区的一所中学被烧毁后，住在附近的学生被送到 MJ 所在的初中学校。MJ 和新同学成了朋友，开始见识到他们所住的房子和生活方式。她永远不会忘记那一天：新同学大老远开车带她到印第安纳波利斯吃午饭，还到电影院看《乱世佳人》。MJ 家从来没有下过馆子。

MJ 猜想，那位喜欢玩扑克的创业者戴夫·斯塔姆将会帮助她赢得 IVP 的内部比赛。他创立的公司叫 Clarify，是一家致力于帮助全球各地的企业告别过时落后的客户服务模式的公司。

与 MJ 一样，斯塔姆也上过普渡大学，也在英特尔开展"粉碎行动"期间为它效力过。斯塔姆曾经通过使用自己编写的 21 点扑克游戏，以及将一个柠檬用作电源，向英特尔的三位高层——安迪·格鲁夫、戈登·摩尔和莱斯·沃达斯展示了他和别人新开发的 8048 芯片。这款斯塔姆不眠不休开发了两年的芯片，后来被用于千千万万的设备和键盘上。

1980 年离开英特尔后，斯坦姆与他人共同创立了黛西系统公司（Daisy Systems），这是一家开创性的电子设计自动化公司。维诺德·科斯拉是创始团队成员之一，他后来还成为太阳微系统公司的联合创始人。在黛西系统公司与另一家公司合并，继而又被收购后，斯塔姆开始琢磨下一个创业点子。一旦有了好的想法，他就需要融资。

几年前，他就是这样第一次接触到 IVP 的。走进 IVP 的豪华办公室，斯塔姆想到自己已经好几年没见过 MJ 了。他仍然记得他们在普渡大学的第一次碰面，那时他上大四，MJ 则是淡定自若的大一新生，周围都是傻里傻气的 18 岁兄弟会小伙子。在英特尔，她是一个优秀的团队合作者，专注而聪明。进入 IVP 办公室，斯塔姆看到 MJ 和另一位 IVP 合伙人诺姆·福格松坐在会议室里。她看上去很镇定，一如他对她的印象。借助幻灯片和投影仪，斯塔姆开始讲解他的创业点子。他想要帮助企业有效管理和自动化处理与原有客户及潜在客户的沟通互动，称市面上还没有这样的产品。

"大家都有打电话叫美泰克的人来维修电器，或者打给微软、联邦快递或其他公司客服的经历吧？"斯塔姆问道，"你今天联系上一个客服，第二天联系上另一个，但他们却没有你与前一个客服的对话记录，对吗？"他看着 MJ 说道："我已经想到该怎么解决这个问题了。"

MJ 想到了家里时不时出问题的洗衣机和烘干机，也想到种种让人沮丧的打电话给客服的经历。斯塔姆的想法引起了她的注意。这听起来像是一个能解决重大问题的方案。"多讲讲你的点子是怎么来的。"她说。

斯塔姆解释说，他在公共图书馆泡了几个月，专门研读存储在微缩胶片（在互联网早期阶段）上的企业记录和年度报告，寻找企业内部的增长领域。

MJ 心想："哇，他甚至做了市场调查。"

"我查看了每个部门每年员工人数的变动情况，"斯塔姆说，"我看到客户服务部门呈现爆炸式增长。以思科为例，如果当前的趋势持续下去，那么这家公司客户服务部门的员工数占比将攀升到 80%。这显然不利于公司的持续性发展。"他发现各行各业的客户服务部门也出现了类似的招聘趋势。

"现在，当你打电话寻找技术支持的时候，基本上都不会得到什么帮助。"斯塔姆说道。他曾亲眼看见客户服务部门是怎么记录客户的情况的：写在黄色便利贴上，然后贴在大屏幕上。"Clarify 软件会让客户服务人员在电话打来的时候马上就能调出客户过往的销售和服务信息记录。它也会让公司跟踪客户问题的解决情况，同时了解问题是如何解决的。这是一种非常高效的客户关系管理方式。"

在研究企业内部的趋势时，斯塔姆想到了企业的各种职能：财务、工程、市场营销、销售和客户服务。他问自己：这些部门有软件帮助它们更好地完成工作吗？答案是肯定的，但客户服务、市场营销和销售部门是例外。

MJ 很喜欢这个点子，但还是想听听斯塔姆的想法。"你为什么会认为这种软件有销路呢？"她问道。

"有五个人说会购买，是五家大公司，"斯塔姆回答说，"我去找了在黛西系统公司工作时认识的五位客户服务副总裁，跟他们说：'我接下来要开发这样一款产品，我打算这么定价。我开发出来以后，你们会买吗？'他们无一例外都给出了肯定的回答。"

MJ 被斯塔姆的研究方法所折服。创业者通常都是推介技术，而不是推介市场前景。一行代码未写，斯塔姆便已经找到一些客户。MJ 跟他要了那些客户服务副总裁的联系方式。

斯塔姆做完推介不久，MJ 便给 Clarify 投了将近 300 万美元。这家创业公司在整个 20 世纪 90 年代不断发展壮大，拿下了从微软和思科到多家大型电信公司的一连串客户，彻底改变了企业的运营方式。其早期竞争对手有客户关系管理软件公司 Vantive 和 Scopus；西贝尔系统公司在 1993 年加入战局，但只专注于市场营销领域。Clarify 于 1995 年 11 月成功上市，客户关系管理这一新软件类别也随之被简称为 CRM。Clarify 也成了第一家上市的 CRM 公司。

当 Clarify 因为季度业绩不及市场预期，股价一夜之间从 20 美元急挫至 7 美元时，IVP 趁机从公开市场上又买入了 300 万美元的 Clarify 股票——也可以说是在紧急关头扶了它一把。1997 年底，Clarify 遭遇诸如西贝尔系统公司等竞争对手的猛烈冲击，市场地位面临威胁。因此，MJ 帮忙找来曾供职于英特尔和黛西系统公司的托尼·津盖尔担任 Clarify 的 CEO，重组公司上上下下的运营，从产品到目标宣言，再到高管团队。MJ 对斯塔姆说："我们都希望重组能顺利进行。我们需要公司的团队尽可能变得强大。"

她还充当津盖尔和斯塔姆之间的和事佬。津盖尔来自西西里，性情暴躁；斯塔姆则说话温和，条理清晰。有一次，在与斯塔姆发生激烈争吵以后，津盖尔对 MJ 说："斯塔姆是一位杰出的工程师，但你聘我来肯定是有原因的。你必须听我的，否则就是死路一条。我来这里是为了跟汤姆·西贝尔争抢市场份额的，而不是为了跟戴夫·斯塔姆吵架的。"斯塔姆最终承认，自己属于只擅长工科和想点子的创业型人才。当他的公司里的员工规模扩大到 500 人以上时，他意识到自己并不是当经理人的料。

在津盖尔的领导下，Clarify 从只做客户服务中心自动化发展业务，转变为针对客户服务提供多种产品，涵盖市场营销、业务分析、销售与支持等领域。它成了一个一站式的服务平台，让企业客户可以在上面添加字段、图表、屏幕和其他工具来定制修改界面。

到 20 世纪 90 年代末，津盖尔和斯塔姆学会了如何很好地共事，Clarify 也成了一项抢手的资产。CRM 行业在快速整合：PeopleSoft（协同合作企业软件供应商）以 4.22 亿美元的价格收购了 Clarify 的竞争对手 Vantive；西贝尔系统公司作价 4.6 亿美元收购了 Scopus。而且，PeopleSoft 和西贝尔系统公司都想将 Clarify 收入囊中。PeopleSoft 曾出价约 10 亿美元，一度离与 Clarify 签署收购协议只有一步之遥。

MJ 的 IVP 从 Clarify 退出套现只是早晚的问题。正如 MJ 所预想的，要想赢下 IVP 的内部比赛，没有什么比让 Clarify 被高价收购更好的方式了。但还有一点要考虑：她将不得不进行她职业生涯中最大的一次押注。

索尼娅

与硅谷所有其他风投公司的工作人员一样，索尼娅也忙个不停，疲于应对各种来自电子商务公司的推介，从狗粮配送到家居销售，什么公司都有。她研究了后勤以及仓储和送货成本的问题，发现鲜少有公司能够摸索出成本效益高的库存和配送解决方案。她投资了一家名为 Bravanta 的电子商务公司，该公司专营企业礼品赠送，但它到目前为止的销售额并不亮眼。索尼娅不停地问自己："天啊，什么才是好的商品品类呢？"

1999 年，当瓦尔沙·拉奥和马里亚姆·纳菲西走进门罗风投的会议室，开始为第一家在线美容与化妆品商店做推介时，索尼娅非常心动。该网上商店名为 Eve.com，获得过互联网时代富有远见卓识的投资者比尔·格罗斯 25 万美元的种子投资。在格罗斯的公司 Idealab 孵化 Eve 期间，拉奥和纳菲西在几个月的时间里一直提着手提箱东奔西走。格罗斯深信不疑的是，忙碌的女性不仅会欣然接受在网上购买化妆品、香水和护肤品——这些都不算大额商品，用完以后还会出于品牌忠诚度和便利性继续在网上补购这些美容产品。

对于 Eve，索尼娅喜欢它的商品包装小、价格相对实惠，而且化妆品利润高等特点。她尤其钟爱它是基于重复购买模式运作的，而不是一次性购买模式。该公司初期的目标顾客是 25~34 岁的女性，这个市场潜力巨大。当时电子商务市场最热销的两个品类是图书和电子产品。在索尼娅眼里，Eve 将成为新的品类领跑者。她参加过亚马逊 1997 年在斯坦福红谷仓举行的 IPO 路演活动。她没有参与该公司的 IPO，但认为图书是个不错的市场，因为消费者在买书前并不需要先上手体验一番。同一年，她也目睹了另一家在线商店 eBay 从标杆资本（Benchmark Capital）那里获得了 500 万美元的融资。当这家公司于 1998 年上市时，标杆资本的持股价值达到 4.17 亿美元。

索尼娅对拉奥和纳菲西的资历也印象深刻。拉奥曾被波士顿以外的公立学校录取，在宾夕法尼亚大学获得数学、经济学双料学士学位，在纽约著名的投资银行瓦瑟施泰因·佩雷拉（Wasserstein Perella & Co.）供职两年，从哈佛商学院毕业后进入麦肯锡公司。纳菲西成长于中东，曾在高盛担任投资银行家，1998 年获得斯坦福大学的 MBA 学位。亲身目睹女性缓慢而艰难的职场升迁之路以后，拉奥和纳菲西决定闯入创业世界。她们想要创立公司，想要自己发号施令。她们认为，消费者市场无关性别：谁的产品质量好，谁就拥有市场。

纳菲西在斯坦福上学时便着迷于创业世界；拉奥是在麦肯锡供职时对互联网产生兴趣的，当时她经常与客户一起展开新数字营销工作。两人大学毕业后成了室友，她们一起看《纽约时报》周日版，一起吃百吉饼，她们有着相似的移民背景，很谈得来。拉奥的父母从印度南部移民到美国，父亲来自马德拉斯（1996 年更名为金奈），母亲来自班加罗尔。她的母亲拥有物理学硕士学位，父亲则是一位颇有成就的化学家。纳菲西的父母分别来自伊朗和中国，1979 年伊朗国王政权被推翻那年，他们举家从伊朗逃离到美国，那时候纳菲西只有 9 岁。

纳菲西的第一个创业点子是做营销自动化软件公司。拉奥没有被打动。"虽然那个点子听起来挺有意思的，但也有点没劲。"她说，"我听说 90% 的创业公司都失败了，我们应该做自己就是目标受众的，有趣又有意思的产品，以及我们身为女性的独特视角能带来加成的产品。"

Eve 就是这样诞生的——她们也就这样出现在门罗风投的会

议室里，在索尼娅和其他风险投资家面前做推介。拉奥和纳菲西告诉他们，她们已经和一系列高端品牌达成了在线分销协议，其中包括范思哲、宝格丽、Calvin Klein（卡尔文·克莱恩）、伊丽莎白雅顿、Urban Decay（衰败城市）、Club Monaco（摩纳哥会馆）、Hard Candy（硬糖彩妆）等。两人也已聘请了包括《魅力》（*Glamour*）时尚杂志美容部前主管查拉·克虏伯在内的数名行业领袖，来就女性必不可少的产品提供专业意见。她们还记下了谈生意的各种注意事项，例如，拜访香奈儿的高层时，她们只用香奈儿的产品化妆和涂指甲。会见不同的公司，就相应地在自己身上使用对方的产品。

在纳菲西谈到高档化妆品、高端香水、沐浴乳和香薰的市场规模达到 70 亿美元的时候，拉奥观察了一下索尼娅和其他几位合伙人的神情。纳菲西从早前的几次推介中了解到，大多数男性不明白为什么女性会在网上选购和补充化妆品与护肤品。这不是她们的直觉，是银行家和风险投资家们曾亲口跟她们说："女人不会到网上购物。"

到拉奥讲解时，则轮到纳菲西去扫视一下在场人的反应。纳菲西在创业的世界里学到了两件事：每天都会有人拒绝你，认知偏差左右了决策。94% 的投资合伙人是男性，98% 获得投资的创业公司是由男性创立的。相似性偏差——受捷径思维影响，以为熟悉的、与自己相似的人就是靠得住的——潜藏在人的思维中。纳菲西在大学里研究过捷径思维和动物行为，她对这一点确信无疑：人们会认为，与自己相似的人更有可能保护自己避免被野兽吃掉。

推介结束，到了提问的时间，门罗风投的合伙人齐刷刷地看着索尼娅。索尼娅是怎么看 Eve 的呢？

索尼娅微笑着说："我喜欢这家公司。"尽管她还需要去做尽职调查。门罗风投给 Eve 的第一笔投资为 150 万美元，另一家风投公司查特风投（Charter Ventures）也投了 150 万美元。此次融资过后，Eve 的估值达到 950 万美元。

在投了 Eve 并成为它的董事几个月后，索尼娅对该公司的信心得到了验证——只不过验证方式有些奇怪。这件事要从索尼娅和一位女性朋友边喝红酒边看电视那天说起。当时，著名主持人芭芭拉·沃尔特斯在用她那标志性的软硬兼施套路审问莫妮卡·莱温斯基。

几个星期前，美国总统比尔·克林顿由于在和莱温斯基于白宫椭圆形办公室内偷情一事上撒谎，而被控做伪证和妨碍司法公正。当时莱温斯基 22 岁，是白宫的一名实习生。"莫妮卡，你被说成是轻浮的女人，骚扰有妇之夫，是狐狸精。"沃尔特斯在开始采访莱温斯基时直言。

在观看这期长达两个小时的《20-20》特别节目期间，索尼娅一直觉得很难堪。"莱温斯基备受羞辱，"索尼娅跟她的朋友说，"这是一种权力滥用，都是他说她怎么怎么样，他说了算。"

然而，这次万众瞩目的采访却引发了意想不到的影响。它被标榜为自 20 世纪 80 年代风靡一时的美剧《豪门恩怨》第三季最后一集《谁开枪打死了 J. R.？》以来最具轰动性的电视节目。此前还怒斥莱温斯基不检点的女性，都纷纷想要购买莱温斯基在电视采访中所涂的那种口红。一夜之间，该口红在全美大大小小的商店被抢购一空，为了抢到这款来自 Club Monaco 品牌的浆果色口红，女人们都争着进入长长的等候购买名单。

那时候，只有一家网站拥有这款口红的分销权，它就是 Eve.com。这家网站由此迅速跻身十大电子商务网站的行列。

在纳菲西和拉奥看来，口红不仅仅是口红。妇女参政论者走上街头为争取投票权而斗争时，涂的就是红色口红；第二次世界大战期间，女工人涂的就是红色口红，当时还分"战斗红""爱国者红""掷弹兵红"等。女铆钉工人罗茜就是通过涂红色口红来搭配她的红色头巾、工作服和鼓起的肱二头肌的，兼具美与反抗精神。

更多的风险投资涌向了 Eve。纳菲西和拉奥顺势招兵买马，给公司在多家报纸杂志上刊登整版的广告。两人还获得时尚杂志《Vogue》的邀请，参加著名摄影师安妮·莱博维茨的新书《女性》（*Women*）的发行派对。该著作中含有包括希拉里·克林顿在内的著名女性，以及从煤矿工人到工程师的众多无名女性的肖像照片。在华盛顿科克伦美术馆的摄影展览结束后，白宫将举行一个小型派对，美国总统克林顿和第一夫人将出席。

到了白宫，纳菲西和拉奥听克林顿洋洋洒洒地发表了关于女性力量的演讲，当时希拉里就站在他身旁，仿佛"莫妮卡门"——另称弹劾丑闻或者总统偷情事件——没有发生过一样。当然，莱温斯基和她那浆果色的嘴唇，大家都只字未提。

索尼娅觉得，莫妮卡·莱温斯基在很大程度上是遭到了媒体和公众的不公平对待。但不管怎样，Eve 的大获成功让她更加坚信，在比特和字节的世界里，美的东西也是有一席之地的。

玛格达莱娜

在风险投资家的岗位上越来越驾轻就熟的同时，玛格达莱娜开始对一些事情见怪不怪。比如，会议上男性的人数远远超过女性，她的一些想法会被 USVP 的"拉比"费德曼无情击碎。业内项目的竞争激烈而残酷，大家经常会争个你死我活。她母亲塞尔玛问她："好端端的一个土耳其姑娘，怎么就落到要在风险投资行业拼死拼活呢？"

刚开始做风投时，玛格达莱娜犯了像创业者一样思考的错误。在最初的那些会议上，她在帮助创业者时自己也表现得像个创业者，总是试图站在局内人的角度解决问题，而不是站在旁观者的角度提出想法和解决方案。后来她才渐渐意识到自己扮演的角色其实是顾问和教练，就像史蒂夫·克劳斯所说的那样。她不再是什么都包揽在自己身上的牛仔，而是成了牛仔身边可信赖的助手。

即便在这个纳斯达克指数一路飙升、互联网热潮高涨的时期，玛格达莱娜也将目光聚焦于基础设施型公司，而不是互联网创业公司。她只投自己熟知的领域：互联网基础设施和互联网安全性。她的一笔初期投资投向了一家为电子商务、商业和政府应用提供安全服务的公司，投了 200 万美元。

玛格达莱娜定期会见创业者和工程师，当中包括一位有名的密码专家和一位计算机科学家。这两位公司领导者一位是来自埃及的阿拉伯人，另一位是美国犹太人。两人看起来相处得很好，因而玛格达莱娜把这家公司称为"中东和平公司"。但有一天，在玛格达莱娜的办公室谈论日常的业务事宜时，两人忽然吵了起来，还胸贴着胸对峙了起来。玛格达莱娜本能地冲过去将他们拦开。万万没想到，那位犹太工程师朝埃及人挥了一拳。没打中，却正好打在玛格达莱娜的眼睛上。

他们都吓呆了。玛格达莱娜勉强挤出一丝微笑，摇了摇头。她眼前似乎冒着星星，但依然显得十分镇定。

"我没事，真的。"她说着，然后慢慢坐了下来。平常在家里，她没少训斥 10 岁和 8 岁的儿子，但她没想到在工作中也得训斥成年男性。那两个男人尴尬地站着，神色还带着几分轻蔑，直至玛格达莱娜要求他们握手言和。"握手的时候，要看着对方的眼睛。"这听起来像是母亲在教育孩子。最后，看他们似乎冷静下来了，玛格达莱娜宣布"中东和平公司"重新开门营业——尽管和平协议并不牢靠。

那两人离开后，玛格达莱娜坐在办公桌前，看着小镜子，检查自己被打到的那只眼睛。她要有黑眼圈了。虽然她平常并不讨厌男人，但有时候仍然会觉得他们很不可理喻。

与合伙人出差时，她只带了几件衣服，却带了几条爱马仕围巾。晚餐前她换了条围巾，她的合伙人却以为她换了整身衣服。

有一次，她剪了头发回到办公室，有位合伙人居然没认出她来。她告诉自己，也许，男人们不会注意到她那只瘀青的眼睛。

玛格达莱娜把打架的事抛在脑后，一如既往地把注意力集中在接下来的事情上。没多久，她就和 USVP 的男人们一起去参加她的第一次外场活动。他们去了加州美丽的海滨城市蒙特雷，不料却在开了空调、关上百叶窗的会议室里闷了几天。在会议室里，他们进行了一场头脑风暴，共同商讨接下来该关注哪些细分市场，如何成为一家更好的风投公司，如何抢在竞争对手之前发现趋势。

漫长的一天结束了，这群人离开酒店去吃晚饭。他们一起走着，玛格达莱娜在一旁听着这些男人闲扯。

谈起 USVP 的领袖费德曼最近看了一部有性感探戈舞表演的音乐剧时，有位年轻的合伙人说："我敢打包票，费德曼肯定看得勃起了！"

他们嬉笑不止，直到他们意识到玛格达莱娜就在身边。

"噢天啊，我不能再说了！"那位合伙人很不好意思，"现在有女人在啊！"

大家的目光齐刷刷地落在玛格达莱娜身上。

"听着，"玛格达莱娜说，"你们想说什么就说什么。我们都是动物，这是科学事实。我并没有觉得被冒犯了。"

她真的没觉得苦恼。她并不介意性和人类生理学方面的讨论。她知道的美国习语并不多，通常都是按字面意思去理解语言的，就像《星际迷航》中的斯波克。在办公室被打到眼睛的那天，她想要做出像斯波克在"进取号"遭遇强烈气流，机组人员人仰马翻时所做出的那种回应。当被问到有没有受伤时，斯波克若无其事地回答说："我的后头骨区域似乎被我的椅子扶手撞到了。"

与此同时，玛格达莱娜来到了又一个分水岭时刻。从蒙特雷的外场会议回来没多久，之前一直挂着"投资合伙人"头衔的玛格达莱娜获邀成为"普通合伙人"。这一新头衔意味着她将会有更多的权限，有更多的职责，更多的利润分成奖励。普通合伙人可以享受到更多的投资收益。有限合伙人先拿走他们的分成，剩下的利润就分配给普通合伙人，分成比例由过往表现、当前表现、资历、潜力等因素综合决定。这些分成比例是讳莫如深的行业机密，即便在公司内部也不得讨论。

欧文·费德曼向玛格达莱娜提供 6% 的利润分成奖励。她根据 USVP 合伙人的数量算了一下，得出平均的分成比例大概是 15%。她没期望能拿到像 1985 年加入 USVP 的资深合伙人史蒂夫·克劳斯那样高的分成比例，但 6% 实在太低了，完全不匹配她的价值。

她对费德曼说："我很荣幸能获邀成为普通合伙人，但我无法接受这个分成比例。"她面带微笑走出费德曼的办公室。作为投资合伙人，她干得无可挑剔。她亲身经历过不少谈判，因此她知道费德曼能看出她并不是在虚张声势。

那天下午晚些时候，费德曼走进她的办公室，关上了门。他说，公司愿意提高报价，一开始她将拿到 8% 的利润分成奖励。她朝这位"拉比"笑了笑，说非常愿意加入普通合伙人的行列。

玛格达莱娜不接受 6% 的报价，并非出于贪心。正如她经常说的："我在硅谷能赚到钱，也愿意接受在硅谷丢掉钱。"她想要的其实是公平，是拿到自己应得的那一份。

接下来的周五，玛格达莱娜第一次以普通合伙人的身份走进四面玻璃的会议室。她没有想过会有庆祝仪式，但看到大家如潮般的支持，她颇为感动。

当初，玛格达莱娜把咖啡和饼干端给合伙人，助理们都很诧异。她招来聪明的年轻女性当助理，告诉她们："这份工作只是垫脚石，我不希望你们一辈子都干这个。"这也给助理们留下了深刻的印象。她还带她的助理参加会议，这开了先河。当被告知不可以带助理参加会议时，她说："她们都是我的助理，我有权让她们去做我想要她们做的事情，包括让她们出席会议。对了，你们也应该这么做。"当得知只有合伙人受邀参加为 USVP 创始人比尔·鲍斯举办的生日派对时，她提出异议，称助理们比大多数人都更努力工作，没理由不邀请她们参加。大家没理会她。于是她放话："我不参加了，除非助理们也能参加。"最后，所有人都获邀参加。

当玛格达莱娜在她的第一次普通合伙人会议上落座时，助理们都在心里默默地为她欢呼鼓掌。她的胜利，就是她们的胜利。

特蕾西娅

在特蕾西娅成为加速合伙公司的合伙人不久后，该公司举办了一季一次的户外"团队建设"活动。联合创始人阿瑟·帕特森引述法国化学家及微生物学家路易斯·巴斯德的名言:"机遇青睐有准备的人。"他喜欢召集团队一起讨论未来的投资趋势。此次活动在旧金山北部的纳帕谷举行,来自加速合伙公司其他办公室的合伙人从各地飞来。帕特森对所有人说:"你们一起参加的社交活动越多,就越有助于你们一起共事,也越有助于你们相互了解和相互尊重。人际交往是职业合作的基础。"而联络感情的一个重要部分就是,一起打一场"有趣而友好"的比赛。

在早春一个美丽的日子里,特蕾西娅收拾好东西,朝扬特维尔附近的球场走去。她把衬衣塞进短裤里,把带有三条腰旗的腰带系在腰上。她的助理安杰拉·阿泽姆在一旁看着,朝她礼貌性地笑了笑,并竖起大拇指。阿泽姆之前见识过加速合伙公司"有趣而友好"的比赛。她担心特蕾西娅毫无心理准备,会措手不及。

特蕾西娅所在队伍的队员全都是男性,包括满头银发的阿瑟·帕特森和吉姆·戈茨。戈茨是一名工程师和企业家,最近刚刚以合伙人的身份加入加速合伙公司。每队各有六名队员,五名上场,一名替补。阿瑟出生于纽约的一个成功家庭,父亲埃尔莫尔·帕特森曾担任摩根大通公司董事长兼 CEO。阿瑟有四个兄弟,他入读过哈佛大学,在哈佛时是橄榄球校队的一员。吉姆·斯沃茨比他早两年进哈佛,也曾为橄榄球校队效力。斯沃茨是这场比赛另一队的队长。

经过大概两个回合,特蕾西娅才意识到这场比赛并不有趣,也不友好。那些腰旗是用来诱导对手进行接触和阻挡的。特蕾西娅在进攻时当跑卫或者接球手，在防守时则当角卫或者自由卫。而吉姆·戈茨在见识到特蕾西娅抛长传的本事以后，就把她安排到了四分卫的位置。戈茨对她说："你的抛传和接球比这里一半的人都好！"特蕾西娅是在高中的时候学会如何把球抛出完美的螺旋线的，并且曾与后来成为西点军校队首发球员的人一起练习过。

帕特森队一开始取得领先。特蕾西娅将球抛传给帕特森，戈茨跑去阻挡防守球员，却不知怎么跟对方迎头相撞了。在一个激烈的回合中，特蕾西娅的肚子被人用胳膊肘重重地撞了一下。安杰拉·阿泽姆在场边看得心惊肉跳。特蕾西娅若无其事，阿泽姆则低声咒骂："浑蛋！"

几分钟后，特蕾西娅叫暂停。因为斯沃茨队的布鲁斯·戈尔登拉伤了腿筋，帕特森也耳朵出血。特蕾西娅对帕特森说："情况不妙啊。"看到附近有一个女子队在踢足球，她立马跑过去看看她们有没有急救箱。她坚持要给帕特森包扎伤口。

比赛继续进行，帕特森队领先一个达阵。球权在斯沃茨队手里，比赛时间所剩无几。最后时刻，斯沃茨队的四分卫抛出一记绝妙的长传球，队友接到球，成功达阵。他的球队顿时欢呼雀跃，仿佛赢了超级碗一样。

这个时候，耳缠绷带的帕特森开始在球场上跳来跳去，大喊大叫："他们犯规了！斯沃茨从替补席进了场内！他们多了一名队员。"斯沃茨队以多打少，因此帕特森队获得罚球机会。最终，帕特森队赢了，尽管伤痕累累，甚至付出了流血的代价。

其他公司则通过烹饪比赛、寻宝游戏或者棋类游戏来拉近团队成员之间的关系。但在充满风险的风投世界里，荷尔蒙才是王道。

回到圣卡洛斯，特蕾西娅感觉自己因为在比赛中被撞到而有点瘀伤。回到家里，她进入了另一个团队成员角色。她的丈夫蒂姆·兰泽塔于1999年辞去在波士顿的工作，回到硅谷。夫妻俩在圣卡洛斯的一幢房子后面的小屋里住了一年，然后买了一套房子。蒂姆现在与别人在盐湖城一起经营一家碎纸公司，一周回一趟家。他从企业客户那里回收废旧纸张，切碎后再转售出去。特蕾西娅亲切地称他为她的"白色垃圾收集家"。

随着特蕾西娅不断做成大项目，开始赚到更多的钱，两人之间的婚姻状况发生转变。她大学毕业后梦想迁到硅谷，有朝一日挣到数十万美元的年薪，如今这个梦想已经超额实现。特蕾西娅和蒂姆的关系开始变得紧张起来，也没有为此进行什么沟通。夫妇俩赚的钱都由蒂姆来保管，这是他俩唯一协商好的一件事，他们是学其他夫妇那么做的。

但是，特蕾西娅已经厌倦了蒂姆拿她的"购物疗法"来说事——她偶尔会去奢侈品百货商店尼曼百货购物，挑选漂亮的鞋子。因此，她与蒂姆协商，她将把她奖金的10%存入自己的银行账户，由她自己保管，自由支配。为了避免争吵，她甚至开始有意等到蒂姆出门之后才从她的汽车后备厢取出买好的新鞋子，放到自己的衣橱里。

MJ

MJ 引领 Clarify 走过了一段跌宕起伏的历程，也亲身见证了该公司是如何彻底改变客户服务行业的，一如戴夫·斯塔姆当初的预言。之后，她听到一个既令人振奋又令人不安的消息。

为互联网铺设光纤网络的网络设备巨头北电网络（Nortel Networks）向 Clarify 提出收购要约：以换股方式完成交易，每 1.3 股北电网络股票换取 1 股 Clarify 股票。这是一个富有吸引力的报价，Clarify 的估值达到 15 亿美元左右。北电网络的高层称："我们拥有基础设施，现在我们也想拥有运转于基础设施之中的资产。"

不过，让MJ头疼的是，Clarify 的董事会，以及 CEO 托尼·津盖尔和创始人戴夫·斯塔姆都强调，这笔交易究竟怎么样，是要看它完成时北电网络的股票值多少钱，交易可能历时六个月。

MJ 说："要是北电网络的股价下跌一半呢？"

"要是翻倍呢？"斯塔姆说。

MJ 和 Clarify 的董事会提议，给这笔交易设置上下限，以对冲可能的损失风险。董事会希望有 10% 的上下限，即如果北电网络的股价上涨 10%，那么交易额为 16 亿美元；如果股价下跌 10%，那么交易额为 14 亿美元。

"别设置上下限，"斯塔姆坚持说，"科技市场太火爆了。我不想给这笔交易设置上下限。交易结束时北电网络的股票是什么价，我们就得到什么价。我们赌一把吧，看看到时它的股价会怎么样。它翻一倍，我们的钱就翻一倍。它腰斩，我们的钱就腰斩。"

斯塔姆指出，北电网络拥有多元化的国际客户基础。"我们的波动性要比它们大。"他还坚决主张这笔交易不设股票禁售期。"交易一完成，每个股东都能自由出售股票。"

MJ 没怎么玩过这种高赌注的游戏，但她很欣赏斯塔姆的热情。他是董事会主席，而且 Clarify 是他的心肝宝贝。正是在他数年来的努力之下，一个诞生于公共图书馆的微缩胶片的点子变成了一家价值 10 亿美元的企业。只能干等北电网络的股价谜底揭晓，主动权没有掌握在自己手里，确实是一场风险不小的赌博，有可能让 Clarify 损失数亿美元之多。但 MJ 向来都站在创业者那一边。"我们需要相信斯塔姆。"她对董事会说。

于是，这笔交易达成了。六个月后，股价谜底揭晓，斯塔姆（以及 Clarify 董事会）赌赢了，而且赢得满堂彩。自收购谈判开始以来，北电网络的股价飙涨了 50% 以上。那份 15 亿美元的报价现在价值 21 亿美元。

MJ 对 Clarify 的 600 万美元投资，给 IVP 带来的回报远远超过 1 亿美元。她赢下了 IVP 的内部比赛。但对于奖品——梦寐以求的座驾——MJ 并不想要，而是选择将买车的钱捐赠给斯坦福商学院新成立的创业研究中心。除了自己心爱的那辆平托，MJ 对车并不感冒，但能在男人主导的游戏中击败他们，确实感觉很美妙。IVP 的合伙人一共向那所创业研究中心捐出了 12.8 万美元。

玛格达莱娜

在圣马特奥的半岛高尔夫球乡村俱乐部，玛格达莱娜在与甲骨文公司的新生代明星马克·贝尼奥夫共进午餐。在这家数据库巨头开始使用 CyberCash 的加密软件时，两人便结识成为朋友。贝尼奥夫是甲骨文的高级副总裁，是一贯咄咄逼人的亿万富翁、甲骨文联合创始人拉里·埃里森信赖的朋友。他时常向玛格达莱娜寻求建议，对她百分之百信任。

贝尼奥夫说话轻声细语——乡村俱乐部的开阔庭院是科技行业人士常去的地方，也是他喜欢的地方，因为谈事情不会被打扰和听见。"汤姆·西贝尔和我讨论了一件事，即中小型企业负担不起西贝尔系统公司软件的价格，而该公司根据功能性设计出的子产品可以很好地为中小型企业提供服务。中小型企业无法先拿出 100 万美元购买西贝尔系统公司的产品，再花 100 万美元部署产品，所以最好有一种托管服务。但是汤姆担心这会阻碍企业的发展。"

贝尼奥夫补充道："将商业应用程序作为一种服务在互联网上交付的主意非常好，如果不需要数百万美元和一年的时间来实现，即使是大公司也愿意这样做。"过了一会儿，他问道："你觉得怎么样？"

"我认为这是一个好主意。"玛格达莱娜毫不犹豫地答道。很长一段时间以来，她一直确信，"又大又笨的"网络化软件公司将很快被更加灵活的、现收现付式的软件即服务取而代之。也就是说，企业可以只在需要的时候购买它需要的软件。"我们需要像买饮料那样简单的购买软件的方式。"她说。

贝尼奥夫问道："我应该去做这种产品吗？"他还问："我一个人能做吗？"

玛格达莱娜笑了，她看到他眼中闪烁着创业者的那种灼热的光芒。"能的，能的，"她说，"我会给你提供投资方面的帮助。"

贝尼奥夫最近刚从甲骨文休了六个月的假，去夏威夷练习正念冥想，并前往印度拜访印度教徒的静修处，向灵性大师们学习。值得一提的是，他在印度见到了著名的灵性大师玛塔·阿姆里塔南达马伊。她被称为"拥抱圣人"，因为她拥抱过大约 2 500 万人。回到美国和甲骨文后，贝尼奥夫心里十分渴望创立自己的公司。他相信互联网就是未来发展的趋势，打算将自己对技术的热爱与新发现的服务理念结合起来。

玛格达莱娜知道，创业精神一直以来都是贝尼奥夫生活的一部分。十几岁时，他和几个朋友创办了自由软件（Liberty Software）公司，为雅达利的游戏机开发冒险类游戏。为了赚外快，他还上门维修天线和对讲机。在南加州大学上大三前的夏天，他到苹果公司实习，独自开发了一款有关突袭 IBM 总部的游戏。苹果公司的经理告诉他这款游戏的题材不合适，后来建议他考虑到甲骨文工作。他听说甲骨文拥有世界上最好的销售人员。入职甲骨文的第一年，贝尼奥夫便被评为年度最佳新人。26 岁那年，他成为该公司有史以来最年轻的副总裁，年薪超过 30 万美元。

午饭后，玛格达莱娜与贝尼奥夫和帕克·哈里斯通电话。哈里斯在经营一家软件编程和咨询公司，贝尼奥夫想招募他，但没能说动他。哈里斯认为，以他这些年在客户关系管理领域的经验来看，贝尼奥夫所说的那种软件太简单了。

哈里斯问玛格达莱娜："你为什么会觉得这家公司能成功呢？有哪些入行门槛呢？"

"没有入行门槛，"玛格达莱娜说，"就是你得跑得比别人快，执行得比别人好。"

很快，一个小团队组建了起来，成员包括帕克·哈里斯、弗兰克·多明格斯和戴夫·默伦霍夫。贝尼奥夫的公寓位于科伊特塔附近的电报山山顶，他和其他团队成员租下旁边的单卧公寓，开始动工。他们用小折叠桌和折叠椅当办公桌，并在手边放了一大堆红藤牌甘草糖。壁炉上方挂着一幅喇嘛画像。贝尼奥夫有个奇怪的癖好：在所有的来往邮件中都使用"aloha"（夏威夷问候语）作为签名。他白天在甲骨文上班，晚上和周末经营他的创业公司。玛格达莱娜也是如此，白天在 USVP 工作，晚上投身到创业的狂热中。

在家里，她要同时应付母亲、丈夫吉姆（他有时似乎不知道她在做什么工作）和两个儿子——11 岁的贾斯廷和 9 岁的特洛伊。她的姐姐、外甥女和外甥也时常来她家串门。当她发现两个儿子力气大到能够对抗女保姆时，她找来了一个男保姆。

吉姆在家里扮演"猫爸"，玛格达莱娜则扮演"虎妈"。吉姆时常和孩子们一起玩耍，他们会去吉姆的农场小屋玩，照顾那里的动物，开沙滩车，操作重型机械，弄得浑身脏兮兮的。玛格达莱娜则唱黑脸，严厉管教孩子，检查孩子的作业，督促他们认真学习。夫妻俩很少吵架，但两人个性迥异。吉姆生性随和；玛格达莱娜一丝不苟，生活很有条理。有一次，玛格达莱娜结束一周的法国商务旅行回到家，走进厨房，发现烤箱开着。她问吉姆是不是给孩子们做了比萨饼当午餐。他说："我上周六给他们做了比萨饼，就是你走的那天。"现在是第二周的周日了，她惊恐地睁大眼睛问："这段时间烤箱一直都开着没关吗？"

她会参加学校家长会，以及学校举办的拍卖会和筹款活动。她对待筹款 15 美元给教练买礼物，就像对待一笔 100 万美元的投资一样认真。她把所有的预算和规划都打理得井井有条。学校的装修问题则让其他的家长去讨论，比如墙壁背景用橙色、紫色还是别的闪亮的颜色。

两个儿子对于妈妈是做什么工作的并没有清晰的概念。一个周末的下午，在帕洛阿托，玛格达莱娜带着贾斯廷、特洛伊和贾斯廷的朋友去了一家咖啡店。她在柜台排队点餐时，坐在她孩子旁边的一位女士探过身来问道："那是玛格达莱娜·耶希尔吗？"这位女士曾在电视上看过玛格达莱娜讨论电子商务。贾斯廷的朋友立马答道："不，那是贾斯廷的妈妈。"

孩子们上床睡觉后，玛格达莱娜会到她的书房或者餐桌加班几个小时。一天晚上，有传真发来，吉姆拿给她，是贝尼奥夫发来的。传真最上方写着拉里·埃里森和玛格达莱娜的名字。"你和这些人在一起干什么？"吉姆仔细看了看传真后问道。

"我们在创建一家公司，"玛格达莱娜开心地答道，"它叫Salesforce.com。"

索尼娅

2000 年初，在线化妆品巨头 Eve 的发展超出了索尼娅的预期，其规模几乎达到丝芙兰线上业务的两倍。这家互联网宠儿开始引来一些大名鼎鼎的追求者。

其中一位狂热追求者是种子投资者比尔·格罗斯。他创立的创业企业孵化器 Idealab 有 40 多家互联网公司，包括 eToys、GoTo.com、Pets.com、Friendster（社交网站）、NetZero（互联网服务提供商）和 CarsDirect（在线品牌汽车销售平台）。eToys 上市时估值达到 78 亿美元，Idealab 最初的 20 万美元持股价值随之暴涨到15 亿美元。GoTo.com 上市时估值达到 50 亿美元，持股 20% 的Idealab 在它身上也取得了令人瞠目结舌的回报。

不过，比尔·格罗斯并不是唯一密切关注 Eve 的人。来自巴黎的世界顶级奢侈品集团 LVMH（酩悦·轩尼诗－路易·威登）于 1997 年收购了香水和化妆品公司丝芙兰，1998 年在纽约开设第一家美国门店。LVMH 此前曾出价收购 Eve，邀请后者的两位联合创始人瓦尔沙·拉奥和马里亚姆·纳菲西在旧金山共进早餐。作为见面礼，他们给两位女士送了精美别致的钢笔。"为什么不加入我们呢？我们一起来做这个项目吧。"拉奥和纳菲西觉得 LVMH 的人很友好，但还是想独自建立自己的在线化妆品事业。

但是，调研了一番后，索尼娅认识到，商业环境已经发生了翻天覆地的变化。Eve 现在有 200 多家合作品牌，风险融资额也高达 2 600 万美元。没多久，纳菲西和拉奥再次获邀与 LVMH 的高层会面。这一次，LVMH 表态想要收购 Eve，作价 1 亿美元。纳菲西和拉奥感到非常兴奋。她们十分尊敬 LVMH 和她们会见的高层，也觉得 Eve 将成为这家国际集团的一部分。两人已经实现了最初的目标，建立起了一流的化妆品电商网站。对方的报价也完全超乎这两位创始人的想象。钱能改变一切。拉奥的父亲跟她谈起过，他小时候出去都不穿鞋子，因为家里买不起。纳菲西一家则是在伊朗闹革命期间带着两个手提箱逃出去的。

LVMH 提出收购的时机也算得很准。一些经济学家预测市场将会下行。索尼娅认为，那份报价极具吸引力，以这种方式退出对于 Idealab 来说也是大获全胜。

但比尔·格罗斯并不这么看。他刚刚从机构投资者那里募资超过 10 亿美元，并计划将 Idealab 上市。对于 LVMH 的收购要约，他在一次仓促召开的董事会会议上直言，不想失去 Eve 这个至宝。经过一次次磋商，格罗斯同意考虑这笔交易，但前提是他能继续持有 Eve 的股份。其持股比例为 22%，是 Eve 的第一大股东。格罗斯和 LVMH 进行了一次会面，看看能否达成一致。但最终，LVMH 不接受只收购 Eve 的部分股份。

双方僵持不下，索尼娅对这一状况很是担忧。纳菲西和拉奥心里没底，不知道下一步该怎么办。格罗斯在 Eve 发展初期给她们提供过宝贵的支持和愿景，但她们也不希望与一笔价值 1 亿美元的交易失之交臂。仔细想了想两边的立场后，索尼娅跟纳菲西和拉奥说，她会找格罗斯谈一谈。

第二天，接到比尔的电话，一番闲聊后，索尼娅直奔主题。

"格罗斯，我想提醒你，作为董事会的一员，你代表的是全体股东，而不仅仅是你自己。"索尼娅说，"LVMH 的出价让人十分心动，包括纳菲西和拉奥在内的所有其他股东都想要接受这笔交易。如果你提出否决，后来 Eve 也没能成功，那么你会背负很大的心理负担。"

格罗斯沉默不语。索尼娅不知道他是怎么想的。

一天后，格罗斯采取了行动。Idealab 将以 1.1 亿美元的价格收购 Eve 公司 80% 的股份。不仅如此，他还保证，Eve 的员工持有的股票期权在 18 个月内将至少价值 5 000 万美元。无论 Eve 发生什么，持有期权最多的纳菲西和拉奥都将在一年半内各自获得 1 750 万美元。

不出所料，两人同意接受格罗斯的收购要约。拉奥对纳菲西说："索尼娅推了一把，然后比尔站了出来。"纳菲西则说，是索尼娅保护了她们，让她们的公司避免被外人吃掉。她帮助拉奥和纳菲西在一夜之间变成富豪。

索尼娅也大赚了一笔。她拿风险投资的利润分成买下了一座可以俯瞰旧金山海湾的豪宅，这座豪宅坐落于一个陡峭的山坡上，距离有"亿万富翁区"之称的太平洋高地黄金海岸区仅一个街区之遥。它占地 3 400 平方英尺（约合 316 平方米），最早建于 20 世纪 40 年代，之前挂牌出售了好几个月，有点华而不实。每当索尼娅同时打开电吹风和电视机时，电路就会过载。房子很大，但没放多少家具，她关了里面的几个房间。有个朋友在走离婚程序，没地方住，索尼娅邀请她过来一起住。她们都很享受旧金山少有的温暖夜晚，在这样的夜晚里，海湾的水远远看去犹如完美无瑕的紫色板岩，夕阳把天空染成了粉红色。此情此景，让索尼娅想起知名记者 H. L. 门肯刚到旧金山时写的一句话："这种逃离美国的感觉，不易察觉，却又明确无误，让我激动不已。"

索尼娅 33 岁了，在和一位作家认真交往。但这位南方美女依然热爱硅谷的工作，她跟朋友们说："我可以打一整天电话，我可以花别人的钱！"

没多久，一群上流社会的女士邀请索尼娅共进午餐，欢迎她来到"贵族区"。女士们刚开始问的问题，她觉得很有趣，但这也提醒她，尽管已经突飞猛进，但旧金山仍然是一个藐视新经济的地方。首先，一身香奈儿的打听者问索尼娅的父亲是做什么的。当然，她们心里认定这座豪宅是她父亲为她买下的。

"我爸爸是土木工程教授。"索尼娅说。接着，她们又问她丈夫是做什么的。"我还没有结婚。"她答道。现场顿时寂静无声。她们心里猜想，那么房子肯定是靠家族信托基金买下来的。索尼娅笑了笑，告诉她们，她有工作，房子是她自己买的。

午餐结束，步行回家的路上，她停下脚步，静静地欣赏旧金山海湾的美景。索尼娅开始觉得，生活是如此美好。

第四章

适者生存

1999—2002 年

MJ

MJ 身穿一套看起来很严肃的套装，一到达 IVP 的办公室便关上门，与两位合伙人里德·丹尼斯和诺姆·福格松一起商量着什么。IVP 正在迷失方向，这家备受赞誉的风险投资公司似乎在一步步地、不可避免地走向解体。

身为自组的活力风投助理组织 VVCA 的领头人，安迪·海因茨察觉到大事不妙。合伙人们窃窃私语，闭门紧锁，时常突然离开办公室数小时之久，没有按照日程安排行事，种种苗头浮出水面。她感觉到，公司将要分崩离析了。而她不知道的是，这将不仅仅牵涉到其中一位合伙人，而是牵涉到所有的合伙人。

这场危机几个月前就悄然开始出现端倪。当时，MJ 和里德·丹尼斯 12 年前招来的风投奇才杰夫·杨开始觉得，会议室里的人越多，"工作乐趣"就越少。会议桌上讨论的人越多，就越无趣。对他而言，IVP 已经不再有乐趣可言了。

在杰夫·杨看来，IVP 的大家庭壮大起来了，但成员们相互之间变得越来越疏远。公司内部表面上风平浪静，既没有正面的对峙，也没有争吵后摔门而出之类的愤怒之举。但 IVP 现在有三大部门：由杰夫·杨领导的科技创业公司部，由丹尼斯、MJ 和福格松共同领导的后期阶段科技公司部，以及由萨姆·科莱拉和贝奇·罗伯逊领导的生命科学部。合伙人众多，而且专长、目标、技能、兴趣和收益分成各不相同，要在项目投资上全体达成一致并非易事。

杰夫·杨已开始害怕周一的合伙人会议，会上他得一五一十地把科技公司的业务模式解释清楚，生怕生命科学部的人听不懂。同样，科技创业公司部的人也听不明白生命科学部的讲解。各部门之间的投资收益差异明显：1994—1999 年，后期阶段科技公司部的回报率达到 68%，生命科学部则只有 12%。杰夫·杨持续不断地打出"全垒打"，完成一个又一个的高回报项目。

"生命科学不在我的知识范畴之内，"杰夫·杨告诉 MJ，"我能搞懂医疗设备，但生物技术太专业了。他们跟我说话时总是摆出一副高高在上的样子，反过来我也那样跟他们说话。这种沟通完全无法带来额外的价值。因为我接下来要做的事情，我不能再给我的团队增加合伙人了。为了正常进行普通合伙人会议，我们还是应该另外租赁场地。"

杰夫·杨觉得是时候自立山头了。他成立了一家名为红点创投（Redpoint Ventures）的新公司，从布伦特伍德风险投资公司（Brentwood Venture Capital）招来了一些生力军——全都是男性，并且年纪相仿。杰夫·杨声称，他们是在延续 IVP 和布伦特伍德的优良传统，而不是创立一家全新的公司。科技创业行业如火如荼，投资者们纷纷向他投钱。杰夫·杨将红点创投标榜为 IVP 和布伦特伍德这两家老牌公司的结合体。

他还提出，IVP 生命科学部的人也可以自立门户。"既然科技创业公司部有了自己的公司，那他们也可以这么做，"杰夫·杨说道，"没必要非得一个部门扛着另一个部门走。"

起初，MJ 和其他一些合伙人支持杰夫·杨另立门户，甚至还给红点创投提供投资。但最终，MJ、丹尼斯和福格松这几位后期阶段科技投资的领军人物，显然都不在杰夫·杨的合作人选范围之内。没多久，多位来自 IVP 的合伙人，包括汤姆·戴尔、艾伦·比斯利和蒂姆·黑利，以及来自布伦特伍德的合伙人——杰夫·布罗迪、布拉德·琼斯和约翰·瓦莱卡，都加入了红点创投。后期阶段投资——针对年营收达 1 000 万美元或以上，但仍需要进一步增长融资的公司——不在红点创投的计划当中，尽管这类投资在 IVP 那里能带来相当强劲的回报。

酷爱影视的杰夫·杨很喜欢引用电影《壮志凌云》中的一句台词："你不过快节奏的生活是不会快乐的。"而现在 MJ 和她的搭档越来越不快乐了，他们觉得自己仿佛成了局外人。

眼看着 MJ、丹尼斯和福格松又要闭门开会，MJ 的助理心想："这桩'婚姻'是不是已经走到尽头了？所有人都是时候直面自己的处境了。"互联网的繁荣让硅谷享受到了巨大的红利，就连风投助理也能从中得到不少好处。海因茨记得，自己 1984 年刚进 IVP 的时候，创业者第一次到公司推介时，一个个都穿戴整齐，手里捧着厚厚的资料，之后几周还要再过来会谈几次。而近年来，创业者们几乎第一次过来就能拿到 IVP 的支票。整个行业相当火爆，令人兴奋不已。在一块喝酒聚会时，海因茨和其他的同行助理会兴致勃勃地议论自己参与了哪家公司的 IPO，议论买到了哪些准上市公司的股份。他们一个个都说个不停："这只股票我每股 15 美元买的，现在已经升到每股 200 美元了！"到下一次聚会时，会有人说："那只股票涨太高了，要拆股了！"

但现在 IVP 的内部开始分裂，她敬重的上司杰夫·杨要单飞了。杰夫·杨联合其他几位合伙人迅速募得数亿美元，同时他们一直强调红点创投延续了 IVP 和布伦特伍德的优良品质。杰夫·杨出走成立红点创投，也引来 IVP 生命科学部的贝奇·罗伯逊和萨姆·科莱拉的效仿，两人成立了医疗保健投资公司维尔桑特创投（Versant Ventures）。

转瞬之间，IVP 成了弃儿。在众人为潜在的解体而神经绷紧几个月以后，局势开始日渐明朗：一旦 IVP 目前的第七只基金全部投资完毕，丹尼斯基本上就宣告出局，福格松和 MJ 也一样。

MJ 为此坐立不安。尽管近年来已经减少工作时间来更多地陪伴家人，但她并不想自己的职业生涯就这样惨淡收场。

特蕾西娅

2000 年初，在纽约四季酒店的地下室，特蕾西娅与加速合伙公司的团队成员进行全天会议。他们在准备为加速合伙公司的下一只基金——第八只基金募资。午饭由服务员送来。地下室里没有 Wi-Fi（无线网络），会议结束后，他们上楼，发现手机不断传来短信。他们的家人、助理、创业者、高管、同事、投资者一整天都联系不上他们。

"市场已经疯了。"特蕾西娅的一位合伙人惊呼道。

2000 年 3 月，节节攀升的股市突然一落千丈。2 月，美联储主席艾伦·格林斯潘宣布了大幅提高利率的计划，致使市场出现波动。《巴伦周刊》随后火上浇油，刊登了一篇耸人听闻的封面文章，标题为"烧起来了：互联网公司的钱正在快速烧尽"。尽管一些市场分析师认为股市下挫是暂时的，但事实上，股市的市值在短短一个月蒸发了近 1 万亿美元之多。2000 年，从春季到夏季，互联网繁荣时期的宠儿——互联网公司——转眼间就沦为弃儿。各家公司的财富遭到无情摧毁，甚至蒸发殆尽。就连像英特尔和思科这样的老牌公司也受到重创，市值跌幅达到 90%；亚马逊更是可能面临破产。

特蕾西娅和她的合伙人在加速合伙公司召开紧急会议，就已投资的项目进行分类。她不再接听电话，也不再研究新的项目。她要做的是，判断哪些投资组合公司会存活下来，哪些会消亡。她心里只想着两点：留住摇钱树；以及砍掉烧钱的公司，也就是说，砍掉那些正在快速消耗现金流的公司。那些公司要么需要利用现有资产取得盈利，要么以其资产价值出售，要么悄悄关闭，退出历史舞台。

　　她研究了一番她投资的 Sameday 的财务状况，这家公司是比尔·格罗斯孵化的，致力于为电商包裹提供当日送达服务。这是特蕾西娅在 1999 年投的一个项目，但现在，随着一大波电商公司结业倒闭，Sameday 也受到了波及。它不得不卖给别的公司。

　　每天晚上回到家，特蕾西娅都身心俱疲。她跟丈夫蒂姆说："外面就像是末日决战。"她感觉自己困在人生的最低谷。她投身风投行业已经一年半了，但还是无法摆脱对失败的恐惧。她害怕的并不是拖欠房贷或失业，工作总是能够找到的。她害怕的是，自己不够聪明机敏，无法胜任风投工作。她听说过有些风险投资家把车停在投资组合公司的停车场，人却离奇"消失"的故事。风险投资家如果无法让自己更上一层楼，就会被排挤出这个行业，沦为摇摇欲坠的创业公司的市场营销员。

　　特蕾西娅还投资了另一家互联网公司 PeopleSupport，它有两条路可走：要么沦为废墟，要么从废墟中重生。她找到了该公司的联合创始人兰斯·罗森茨魏希。这家公司开了通过在线聊天和电子邮件提供外包网页端客服的先河。罗森茨魏希在约见特蕾西娅的那封电子邮件中写道："现在该怎么办？"

　　PeopleSupport 在 1998 年一经成立便迅速走红，半年间员工规模从 30 人扩大到 400 多人。特蕾西娅在 1999 年与标杆资本的鲍勃·卡格尔一同向它提供投资。2000 年初，PeopleSupport 公司的客户数量突破 100 家，全年营收从 1999 年的 50 万美元暴涨至600 万美元。

罗森茨魏希为人风趣幽默，善于与人沟通——大学时曾在辩论比赛中赢得冠军。在联合创办 PeopleSupport 之前，他有一家出售塑料购物袋的公司，主要供应给沃尔玛、凯马特等连锁店。20世纪 90 年代中期，他的客户纷纷转投中国公司的怀抱，因为后者的塑料购物袋售价比他的低得多。但在此期间，他注意到了网上购物的兴起。于是，他跑去研究电子商务具体是如何运作的，后来发现零售商和购物者之间存在一种脱节现象，零售商将其称作"购物车遗弃"问题。这一问题的根源在于，人们是通过家庭电话使用拨号调制解调器接入互联网的，而大多数美国家庭都只有一部电话，因此要想向卖家咨询（如询问送达时间、配色、发货情况、退货等事宜），顾客得先断开网络，才能使用电话拨打客服电话。

罗森茨魏希携手 PeopleSupport 的联合创始人戴维·纳什为在线零售商开发了第一款聊天软件。两人在洛杉矶开设了一个客户服务中心，并发出一些独树一帜的招聘广告，比如，"有胆量就把你的简历发给我们，我们可是城里最火的互联网创业公司"。他们的客户服务中心位于洛杉矶的韦斯特伍德，员工大部分都是加州大学洛杉矶分校的学生或毕业生。互联网公司一窝蜂似的把它们的客服工作外包给 PeopleSupport，并调派自家员工到韦斯特伍德向该公司的团队提供培训。然而，顷刻之间，PeopleSupport 的客户却开始不断流失，冰火两重天。

互联网繁荣时期的宠儿们纷纷陷入水深火热之中。在豪砸120 万美元买下超级碗广告，烧掉 3 亿美元风投资金以后，1999

年 2 月成立的 Pets.com 宣告关闭。曾引来红杉资本、高盛、标杆资本等知名公司追捧的网上杂货零售店 Webvan 申请破产，它也前前后后烧掉了数亿美元的融资。

"一切都在崩溃，我们所有的客户都要倒闭结业了。"罗森茨魏希对特蕾西娅说。他此前也找过标杆资本的鲍勃·卡格尔，希望能得到指点。卡格尔跟他说："那些说这一切只是暂时现象的人是错的，这不是暂时的，这是持久的转变。做好最坏的打算吧，你可能再也融不到资金了。"

特蕾西娅和罗森茨魏希一起商量并谋划该如何让PeopleSupport存活下来。特蕾西娅是该公司的董事会观察员，而不是董事。董事拥有人事权，而董事会观察员的角色则更像是创业者的盟友，而不是创业者的老板。以特蕾西娅的经验来看，创业者面对董事会观察员时会比较坦诚。

在美股开始崩盘之前，特蕾西娅和罗森茨魏希正在寻求从后期阶段风投公司 Meritech 的保罗·马德拉那里拿到新一轮融资，已经连续奔波了好几个星期。当市场下挫时，罗森茨魏希拼了命地想要赶紧锁定这笔融资。双方最终在 4 月 14 日达成协议。第二天，市场又一次倾泻而下，道琼斯指数暴跌 616 点，纳斯达克指数重挫 10%。纳斯达克指数在短短一周内蒸发了 1/4 的市值。罗森茨魏希确信，要是融资晚一天完成的话，PeopleSupport 就要破产了。

在这次围绕"现在该怎么办"进行讨论的会面期间，特蕾西娅对罗森茨魏希说："首先，我们需要先争取一些非互联网公司的客户。你需要拿下那些不会消失倒闭、有财力的大公司。"

罗森茨魏希点头表示认同。他也有一个想法，那就是在网上聊天和电子邮件服务的基础上增加电话客服。"客户想要用什么方式进行互动，我们就提供什么方式。"

特蕾西娅觉得他的想法很好，但也担心那会在公司收入直线下降期间增加成本负担。不过，罗森茨魏希提前想到了应对之策。他想把客服从韦斯特伍德转移到海外运营成本较低的地区。

"我在从事塑料购物袋行业时学到了很重要的一课，"他说道，"只要能够在亚洲获得成本优势，那么你就能击败任何人。一旦我们增加了电话客服，我们就将成为一家综合型客户关系管理外包商。"

PeopleSupport 成为首批在菲律宾设立办事处，为美国企业提供支持的外包公司。罗森茨魏希之所以选择菲律宾，是因为这里的文化和美国相仿，当地人的英语水平较高，而且它的基础设施能降低电话成本。得益于电信公司 Global Crossing（环球电信）斥资数十亿美元铺设了海底光缆，再加上朗讯公司开发的压缩技术，路由到菲律宾的呼叫通话成本大幅下降。这方面的成本节省效果立竿见影，PeopleSupport 的服务运营成本大大低于它的竞争对手。

特蕾西娅心里清楚，PeopleSupport 仍然没有走出深深的泥潭，但它至少算是少数几家还有一线生机的互联网公司之一。接下来，她的生存策略是，竭力"拯救"一些公司，同时物色新的投资机会。但在这个经济干涸期，甘露仍不会轻易觅得。

索尼娅

在互联网泡沫破灭之时，索尼娅依然能够保持乐观。她坚信比尔·格罗斯收购初创公司 Eve 的交易将会顺利完成。收购要约是在泡沫破灭之前提出的，交易尚未完成。周围的同事和悲观主义者都说现在基本上什么交易都打水漂了，索尼娅则不以为然。她再次向 Eve 的两位创始人马里亚姆·纳菲西和瓦尔沙·拉奥保证，格罗斯对 Eve 的收购将会继续推进下去。

"我们有一个收购要约，我们在推进交易，"索尼娅说道，"你觉得会失败，它就会失败。你觉得不会失败，它就不会失败。"

比尔·格罗斯也是一个乐观主义者。几个月前，也就是 2000 年 1 月，他通过私人融资募得 10 亿美元。4 月，他的 Idealab 向美国证券交易委员会提交文件，宣布上市计划。通用电气董事长杰克·韦尔奇是该公司的董事会成员。格罗斯相信，互联网行业的发展会只进不退，市场的下行只是一个烦人的反常现象。

然而，随着经济衰退加剧，这位精力旺盛的、永远不知疲倦的创业大王也不得不接受这一残酷的现实。他需要开始整顿旗下的公司，该出售的出售，该关闭的关闭，该重组的重组。即便如此，他也依然坚信自己能够让 Eve 获得盈利。

正如索尼娅所预料的，格罗斯完成了与纳菲西和拉奥的交易，他以超过 1 亿美元的价格收购了 Eve。门罗风投从中获得了数百万美元的收益，纳菲西和拉奥也分别拿到了当初约定的 1 750 万美元。

与此同时，化妆品巨头雅诗兰黛宣布，将斥资 2 000 万美元把 Eve 的一个竞争对手收归门下。另一家在线化妆品零售商 Beauty-jungle 解雇了 60% 的员工。另一个竞争对手美妆网站 Beauty.com 则卖给了 Drugstore.com（在线药店）。

格罗斯引入了一些零售业专家，他们建议将 Eve 打造成一家巨大的电商门户网站。后来，格罗斯意识到，只做化妆品的话，公司无法实现"可观的盈利增长"，于是他着手将他旗下经营珠宝和家居的几家小电商公司合并到 Eve，形成一家大型百货商店。

到 2000 年 10 月，纳斯达克指数再一次跌至新低。Eve 这一格罗斯眼中的皇冠之珠已经远没有 Idealab 收购它时值钱。由于客户获取成本高企，Eve 的每个订单都在赔钱。不仅如此，在互联网行业还红红火火之时，格罗斯曾向 Eve 员工保证，他们持有的股票期权在 18 个月内将至少价值 5 000 万美元。

与此同时，纳菲西和拉奥想方设法让 Eve 继续存活下来。10 月中旬，拉奥到达公司的旧金山总部，准备与同事再进行一天的头脑风暴，谋求变招来挽救公司。然而，眼前却是一个个被解雇的员工，他们搬着装有个人物品的箱子，从俯瞰市场街的七楼办公室走下来。工人们则在搬设备。当天，有 164 名 Eve 员工被开除，其中包括纳菲西和拉奥。原来，比尔·格罗斯将 Eve 卖给了与其竞争的 LVMH 子公司丝芙兰。LVMH 之前曾两次提出收购要约，几个月前的一次报价达到 1 亿美元。如今，它终于如愿以偿，交易金额不详。丝芙兰将获得 Eve 的客户数据库、品牌和 URL（统一资源定位系统）。

带着愕然而悲伤的心情，拉奥走进办公室，看它最后一眼。她看着墙上的大屏幕，上面是熟悉的 Eve 主页，还有公司最新的化妆品、化妆技巧、香水、时尚照片和故事。她在社交媒体上感慨万千地写下一句话："我们希望，大家在我们这里的购物经历会是一段美好的回忆。"访问 Eve 网站的用户被重新定向到丝芙兰的网站 Sephora.com。

索尼娅看到了这笔交易积极的一面。她说，比尔·格罗斯信守诺言，她非常钦佩。"事情本可能朝着完全相反的、糟糕透顶的方向发展，"她对纳菲西和拉奥说道，"对我来说，Eve 得以继续在丝芙兰上面活着，是一件幸事。"

MJ

MJ 无法不去想红点创投和 IVP 的分裂，即便她已经在傍晚匆忙离开沙丘路的 IVP，赶往儿子威尔的橄榄球赛现场。接着，她奔赴女儿凯特的科学竞赛现场。到了家，她要安抚最小的女儿汉娜——他们家的拉布拉多犬辛迪得了心脏肿瘤，活不了多久了。

接着，她父亲打来电话。MJ 早些年就让父母从特雷霍特搬过来，给他们在附近的圣克拉拉买了一套房子。父亲在电话中说，他想去商店退回他不喜欢的那块肥皂，想要回 1.5 美元。

几分钟后，MJ 接到"妈咪圈"一位友人的电话，获邀共同主持学校的一项嘉年华活动。最后，她丈夫回到家，说需要工作一会儿。

在卧室准备换上舒适的家居服时，MJ 看到了镜子中的自己。她几乎认不出自己了。一头短发，一身乏味的深色套装，裤子和腰带里塞着一件白衬衫，脚上穿着一双朴实无华的高跟鞋。刚到 IVP 工作那会儿，有人跟她说，她看起来像年轻时的杰奎琳·史密斯——热门美剧《查理的天使》中的主演明星之一。那时候，MJ 有一头棕色长发，身材曼妙，婀娜多姿，笑容甜美。当初开着平托西行到加州时，她的无线电对讲机用户名叫"火辣到爆"。

但是，她很快意识到，她的外表引来了不必要的注意。每次走进全是男人的会议室时，别人都会对她说"你很漂亮""你的衣服很好看"之类的话，因此她感到越来越不舒服。没有人会赞美在场的男人穿得好看。于是，MJ 决定改变造型。她剪短了头发，拍工作照时不再微笑，还改穿毫无特色、令人乏味的套装。这一切的目的只有一个：进入会议室时能受到正常看待，不再有人评议她的外表或穿衣打扮。她成功了。正如她的合伙人诺姆·福格松所言："MJ 成了我们这群男人中的一员。"

她减少了在 IVP 的工作时间，以便更多地陪伴孩子。凯特现在 13 岁，威尔 10 岁，汉娜 6 岁。她这么做也是为了改善自己的婚姻状况。上普渡大学时认识的那个比尔积极乐观，充满冒险精神，还是一名游泳好手，身材健硕，皮肤黝黑。而现在的比尔似乎变得悲观消极了，至少可以从他对两人婚姻问题的态度上看出来。他还是会在别人面前夸奖 MJ 很能干，但私底下则抱怨她没有时间陪自己。他希望周末偶尔能够一起过二人世界，但 MJ 很清楚，自己需要留在家中，照顾和陪伴孩子，把家里打理得井井有条。忙碌一天终于回到家时，她发觉，自己是在为工作时间过长而做补偿。

那天晚上，大家都去睡觉了，MJ 自己坐在客厅的沙发上，伸手去拿她的软糖。有的人喜欢借酒消愁，MJ 则喜欢吃糖调节心情。

对 MJ 来说，兼职反而比全职工作更加疲惫。她试图强行在三天的时间里完成一个星期的工作量。刚开始在孩子的学校做志愿者时，看到"妈咪圈"里的人做了大量的志愿者工作，她感到十分震惊。她报名成为班级的家长代表，还成了学校嘉年华活动的共同主持人。但她还是觉得自己可以再多做一些事。她心想，为什么男人没有同样的家庭压力呢？尤其是夫妻双方都有工作的家庭。比尔从未主动帮忙操持家务，当然，MJ 也从未向他寻求过帮助。她付出太多，另一半则没付出多少。她想，她妈妈也是那样，也经常用吃软糖来解压。她看着学校为庆祝她 45 岁生日而画的一幅漫画，主题是："三头六臂的 MJ！"画中的她身穿办公套装，戴着珍珠，同时玩耍五个球。每个球都有名字：凯特、威尔、汉娜、比尔和 IVP。对话气泡框上写着："我的灵巧技能点满了。"她想，这话也许没说错。毕竟，她操刀投资的 Clarify 绝对是一次全垒打，比那些全职风投的任何一项投资都要成功。

MJ 的思绪还是离不开杰夫·杨和 IVP 的分道扬镳。她没有因为杰夫·杨出走创立红点创投而生气。她喜欢他这个人，觉得他是风投界的"摇滚明星"。他有很好的想法，而且正在付诸实践。他让她恼火的是，他在向别人介绍她时总是说："这是我们公司年长的合伙人。"就一个聪明人而言，如此介绍一个女人显得很目中无人。

过去，每次碰壁她都总能找到解决办法。MJ 从事的是解决问题的行当，她从中学到，最好的解决办法往往是最简单的。坐在静悄悄的家里，她想到了一个办法。她感觉自己找到解决 IVP 和红点创投之间的问题的办法了。

她把她的软糖藏到别人找不到的地方，然后上床睡觉。

特蕾西娅

为了在美国经济这片沙漠中找到甘露，特蕾西娅开始到处打听网络安全领域的消息，经由阿瑟·帕特森和同事兼朋友吉姆·戈茨介绍的人，她都一一打电话问了个遍。她还打给以前认识的一些人，并特意参加了一些行业会议。她发现，作为会议室里唯一的女性，她比较容易引起注意。要是能建立起信誉，她就能引起更多人的注意。她不断地给人递上名片。在叫吉姆的人（布雷耶、戈茨和斯沃茨）比女性投资者还多的加速合伙公司，她不放过一切能抓住的机会。网络安全称不上什么热门市场，但特蕾西娅认为这个发展相对停滞的领域有潜力可挖。

自从进入风险投资行业以来，特蕾西娅总是能听到各种各样的体育隐喻被用在风投领域，比如篮球中的"火力全开"和强力扣篮，棒球中的打全垒打。业界的人也总是拿棒球中的击球率与投资回报率来做类比。但在她看来，更重要的问题是，你是一个有实力打出全垒打，但同时也经常三振出局的选手吗？又或者，你能够像卡尔·里普金那样持续稳定地上垒、打出一垒安打和二垒安打吗？最优秀的击球手懂得如何去适应投来的球。1999 年和2000 年初，风投界的每个人都在奋力打出全垒打，也确实成功了很多次。但现在，是时候要收一下，转成保守打法了。是时候多寻求打出一垒安打和二垒安打了。

特蕾西娅希望，能在一个由以色列前军事人员组成的团队身上成功完成一次安打。他们有一个关于保护计算机免受黑客攻击的新点子。当他们在硅谷打听寻找顶级风投公司时，听说了加速合伙公司。特蕾西娅的两位合伙人吉姆·戈茨和彼得·芬顿提出让她去看一看这家叫 ForeScout 的网络安全公司。

在加速合伙公司举行的会面上，ForeScout 的联合创始人海兹·耶舒伦表示："我们的基本理念就是利用障眼法。"他称他们的策略类似于以色列国防军的做法，即抓住对方的软肋，出其不意地夺得战术优势。他说："我们不同的地方在于，假定一心想要侵入网络的黑客总会找到办法侵入。因此我们将专注于误导攻击者，故意放出数据'烟幕弹'。"

ForeScout 有软件能够了解组织机构网络上的终端设备数量。相配套的传感器会听取原始信息，来发现网络上的每一个设备。

"我们可以在不给设备安装任何东西的情况下完成所有操作，"耶舒伦说道，"正因如此，我们更难被发现，能够变得更有迷惑性。"

特蕾西娅了解"无代理"安全产品的潜力，它不需要企业或员工给所有要保护的技术安装软件。作为对比，第一代杀毒软件依靠的是识别恶意软件中留下的数字足迹。数字足迹一经发现，网络安全公司就能在软件更新时传送有关该足迹的详细信息。这种模式的问题在于，只有在攻击事件发生并造成伤害以后，才能做出漏洞补丁，另外，必须要在每一台联网设备上更新软件。

经过数周的尽职调查和研究，特蕾西娅决定投资 ForeScout。她估计，如果一切按计划进行，那么 ForeScout 将会在几年后被收购。网络安全领域的大公司的收购活动相当活跃。经耶舒伦的介绍，特蕾西娅认识了另一位以色列人什洛莫·克雷默。克雷默被普遍认为是网络安全教父，他于 20 世纪 90 年代在祖母位于特拉维夫的公寓里与他人共同创建了 Check Point（软件技术公司）。Check Point 建立了市面上的第一个商用防火墙，并发展成为一家市值 10 亿美元的公司。克雷默现在担任 ForeScout 的顾问。

特蕾西娅觉得，克雷默还很年轻，他终将会对投资感到厌倦，会想要再创立一家公司。当克雷默准备好那么做时，她肯定会向他提供投资。

耶舒伦是一位连续创业者，还是特拉维夫大学的计算机科学教授。金融投资和网络安全领域能遇到的女性少之又少，为此他感到很失望。他自己的 ForeScout 公司所遇到的投资者，倒让他喜出望外。他的第一个以色列投资者是一位女性——皮坦戈风投（Pitango Ventures）的莎伦·格尔鲍姆－什潘，如今他在美国拿到的第一笔投资也是来自一位女性。

他和 ForeScout 其他清一色的男性创始人自豪地给他们的公司起了一个绰号：美女安全公司（The Babes Security Company）。听到这个名字，特蕾西娅忍不住笑了起来。

MJ

在与 IVP 的合伙人诺姆·福格松的会面中，MJ 直奔主题。

"我们不应该让 IVP 就这么死去，"她说道，"不该是这样。我们应该自己募集资金，继续维持 IVP 的运转。"

这番话让福格松受到了鼓舞。他彬彬有礼，传统保守，钟情风投是因为它一半是工科，一半是市场分析。他也一直为 IVP 可能要走到尽头而感到十分难过。两人聊了一会儿，然后一起前往里德·丹尼斯的办公室。

丹尼斯从风投行业发展初期便入行，其他的早期从业者包括汤米·戴维斯、阿瑟·罗克、比尔·德雷珀、汤姆·帕金斯、尤金·克莱纳、比尔·鲍斯、迪克·克拉姆里克、唐·卢卡斯和皮特什·约翰逊。一开始，他自掏腰包，向一家叫 Ampex 的数字存储系统供应商投资了 1.5 万美元。该公司发明了一种存储电脑数据的磁带，这种磁带后来成了相当流行的消费品，叫录像磁带。丹尼斯的 1.5 万美元投资因而一下子变成了 100 万美元。

MJ 也非常清楚，丹尼斯以前就遭受过团队散伙的苦楚。1974
年，他携手伯特·麦克默特里和伯吉斯·贾米森共同创立了 IVP
的前身 International Venture Associates（国际风险联合公司）。三人
募得 1 900 万美元。他们最早的全垒打之一是对 ROLM 的投资，
这家公司是数字电话行业的先驱。后来，麦克默特里想要成立属
于自己的基金公司，贾米森亦然。两人都不希望丹尼斯继续使用
International Venture Associates 一名。因此，丹尼斯说："好吧，我
改一改。我们将改称 IVP（全称 Institutional Venture Partners）。"

近几周，杰夫·杨进一步奠定了创办属于自己的风投公司的
梦想。IVP 在沙丘路的办公室变成了红点创投的办公室。丹尼斯
最初以为自己会接着在红点创投工作，但他也明白这是不可能
的，他、MJ 和福格松都会被剔除出局。他对妻子佩姬说："我不
想退出这个行业，我不想 IVP 就此湮灭。"

所以，当看到 MJ 和福格松走进他的办公室，提出让 IVP 维
持运营的想法时，他顿时热泪盈眶。"我极为激动。"他轻声说道。

那一刻，MJ 知道，她将不得不离开其所在城镇的"妈咪圈"。
她需要将全部身心投入到拯救 IVP 上。

在人人都说女性不适合从事风险投资时，丹尼斯给了 MJ 机
会。他非常信任她。她常常想，这是不是因为他自己是被两个坚
强的女性抚养成人的：他的母亲和他家的爱尔兰厨师玛丽·奥布
莱恩。丹尼斯的父亲在他 7 岁那年离世。在斯坦福大学读大二的
时候，他与妻子佩姬相识，后来与她结婚，佩姬当时在马林学
院就读。两人育有三个儿子和一个女儿。IVP 也是丹尼斯一家的

遗产。

然而，MJ、福格松和丹尼斯在为新基金募资时遇到了挑战。此时，美国经济陷入有史以来最萧条的时期之一。三人需要招募新的团队以及寻找新的办公室。

不过，面对挑战，MJ 毫不畏惧。她引用了电影《壮志凌云》中她最喜欢的一句台词："目标太近，不能使用导弹攻击，我要换用手枪。"

玛格达莱娜

午饭时间，在沙丘路的肯·普雷明格健身房，还没做完 20 分钟的有氧运动，玛格达莱娜便开始担心接下来的 10 分钟腹部运动了。她的教练是一名奥运赛艇运动员，对学员的训练相当严格。她环顾了一下这个小小的健身房，心想，今天会碰到谁呢？

她看到了一张熟悉的面孔，一个非常健壮的男人，金发蓝眼。她一时想不起他的名字。他是来 USVP 做过推介的创业者吗？

"我认识这个人。"玛格达莱娜对教练说。不知何故，那个男人可以在没有教练指点的情况下锻炼，毕竟健身房明确要求会员锻炼需要有教练的指导。"他难道不是创业者吗？"

"你说他向你做过推介？"她的教练目瞪口呆地说。

玛格达莱娜迟疑地点了点头。

"那可是乔·蒙塔纳。你是说旧金山 49 人队的四分卫，那个带领球队四次夺得超级碗冠军的家伙向你做过推介吗？"

　　玛格达莱娜不禁笑了起来，嘲笑自己满脑子只想着创业者。

　　做完腹肌和核心训练，玛格达莱娜和教练接着进行下一项训练——30 分钟的举重。她满脑子都在想着下午的安排：与她的 USVP 合伙人开会，为一个董事会会议做准备，最重要的是给马克·贝尼奥夫打个电话，谈谈他们的创业公司 Salesforce 出现的一个状况。

　　这时，甲骨文的首席执行官拉里·埃里森走了过来，后面跟着他的教练——健身房老板肯·普雷明格。

　　玛格达莱娜和埃里森是 Salesforce 的第一批外部投资者，两人关系颇佳，有不少共同语言，如野营、徒步旅行和约塞米蒂国家公园。她觉得埃里森很好说话，但她也听说他这个人会瞬间变脸。他于 1977 年创办甲骨文，在他的领导下，甲骨文已成为全球第二大软件公司。他也顺理成章地成为全球第二大富豪，仅次于微软的比尔·盖茨。

　　但这一天，气氛有点紧张，两人不会像往常那样聊户外运动了。

　　玛格达莱娜直视着埃里森的眼睛说："你必须离开董事会，也别再抄袭我们了。"埃里森此前凭借 200 万美元的投资成了 Salesforce 的董事会成员。

　　现场陷入沉默，两人的教练看着有些坐立不安。玛格达莱娜接着说："这简直是胡闹，对我们来说一点儿都不公平。"作为数据库巨头，甲骨文推出了一款 CRM 服务，与 Salesforce 正面竞争。玛格达莱娜还愤怒地指出，埃里森派来代替他参加Salesforce董事会会议的那个人，现在正在负责领导甲骨文新成立的CRM部门。

玛格达莱娜向来都不怕说出让自己觉得愤愤不平的事情。她父亲从她小时候起就教她要自立自强，要敢于为自己争取利益。

Salesforce和甲骨文之间的摩擦就像大卫对抗巨人歌利亚一样，备受瞩目，引发了媒体的狂热报道。埃里森指责贝尼奥夫这一老练的销售员利用这次争议炒作，为自己的公司提高媒体曝光率。正如埃里森指出的，甲骨文正在从一家数据库公司转型成一家软件服务在线提供商。但如今情况有些微妙，毕竟也牵涉到他和贝尼奥夫之间的私人关系。埃里森称得上是贝尼奥夫的良师益友。身材高大（约1.95米）的贝尼奥夫却时不时被称作"迷你版埃里森"。不管是休长假还是创办Salesforce，埃里森都给予贝尼奥夫支持，还给他的公司投了数百万美元，并允许他弹性工作，从而有更多的时间让他的公司起步。当贝尼奥夫宣布要离职的时候，埃里森开玩笑似的跟他说，从甲骨文挖角不能超过三人。

贝尼奥夫已经请求过让埃里森离开Salesforce的董事会。现在，玛格达莱娜向他重申这一要求。埃里森是个习惯于像捕食鸟那样眯着眼睛来打量别人的人。他直截了当地答道："不行。"

特蕾西娅

当食物的味道传来时，特蕾西娅正在加速合伙公司的全透明玻璃会议室里开会。她的嗅觉非常灵敏。她感觉到自己开始冒汗，肚子里有东西在翻滚。她看了看角落里的废纸篓、白色的地毯和白色的家具。她不想在透明的办公室里呕吐。她按下手机的静音键，接着像当年明星般驰骋田径赛场那样冲向卫生间。

她刚怀孕不久，还没有准备好对外公布这个消息。她和蒂姆结婚已经快十年了。她一直尽可能地推迟要孩子，因为她想先让自己的职业生涯安稳下来。她还处于风投生涯的初期阶段，她决心一步步晋升成为普通合伙人、执行合伙人乃至平等合伙人。

加速合伙公司之前从未有过女性投资者，所以没有前人的足迹可供特蕾西娅追寻。她在风投行业认识两个生过孩子的女性同行，一个是詹妮弗·方斯塔德，她是特蕾西娅以前在贝恩公司的同事，她现在在德雷珀·费希尔·尤尔韦特森公司做普通合伙人；另一个是罗宾·理查兹·多诺霍，比尔·德雷珀的合伙人。不过多诺霍已经在事业上站稳了脚跟，入行时也很幸运能够遇上一位拥护女性的完美合伙人。方斯塔德则跟特蕾西娅一样，仍在奋力地往上爬。她打算找方斯塔德谈谈，了解一下在全是男人的公司怀孕是一种怎样的体验。

在早年的求职面试中，她曾被问及是否打算要孩子。事实上，面试官真正想问的是，她是否会投入足够多的时间来取得成功。对于是否要孩子的问题，不管给予肯定还是否定的回答都有风险。如果在面试中说不愿意谈论私人生活，可能会被视作事业心太强。1990 年通过的《美国残疾人法案》可为遇到这类问题，以及与国籍、性别、种族和宗教有关的其他问题的女性提供保护。然而，这些问题还是会在面试中出现。特蕾西娅曾得到一些年长女性的建议，她们说不要回答那种问题，如果真要回答，就说诸如"无论我的个人生活发生了什么，都不会对我的职业道德造成影响"的话。

怀孕是个喜讯，但特蕾西娅向来容易多虑。她想知道自己能不能在成为一个好母亲的同时成为一个好的合伙人。她想知道自己能不能为家庭创造一个完美的环境。在成长过程中，她担心不能取得最好的学习成绩。在贝恩公司和加速合伙公司，她担心不能拿下项目，不能给自己树立声誉。现在，她担心自己怀孕的时机不合适。此时，股市崩盘，科技公司市值足足蒸发了 5 万亿美元。此外，美国在 2001 年 9 月 11 日遭遇恐怖袭击。整个国家都被恐惧不安的气氛笼罩着。

除此之外，特蕾西娅还忧心产假问题。她听其他行业的女性说，她们在生完孩子休息一段时间后回到工作岗位，却发现自己的一些优质客户被其他同事占为己有了。如果她在怀孕 8 个月的时候想要操刀投资一个项目，该怎么办？都快要生孩子了，还能那么干吗？在职场中，针对孕妇和母亲的歧视是切切实实且普遍存在的。她看到过不少相关的报道，也跟朋友谈过。在职妈妈被认为能力不行，也不够投入，尽管有研究表明事实并非如此。据悉，适龄生育的女性从未能够恢复到生育前的收入水平，她们的丈夫则不一样。在职爸爸不会受到这样的歧视，事实上，他们的收入比没有孩子的同龄男性还要高。

罗宾·理查兹·多诺霍与特蕾西娅分享了自己的一个警示故

事，是关于某位知名风险投资家在 KPCB 年度圣诞派对上的言论。当时，多诺霍刚生完第二个孩子，但还是决定出席派对。多诺霍与一群男性同行站在一块的时候，那个爱开玩笑的著名风险投资家走过来说："你们都认识多诺霍吧？她以前是一位重要的投资人，现在则成妈妈了。"

多诺霍觉得很心寒。但她早在 35 岁生完第一个孩子后就意识到，自己无法同时拥有一切，必须有所取舍。她将每周的工作时间从 5 天缩减到 4.5 天。生完第二个孩子后，则是缩减到一周 4 天。她还做了另外一个艰难的决定。在即将做一笔重磅交易，并且比尔·德雷珀在为此四处奔波的时候，她跟德雷珀说："我无法再在周末加班了，也无法在晚上抽出时间进行尽职调查了。我们需要找第三个合伙人。"她觉得，为了继续留在这场游戏里，那么做是对的，尽管那意味着她得放弃部分收益分成，放下自己作为比尔·德雷珀唯一合伙人的一些尊严。她很感激自己在有孩子之前就成了合伙人，很感激自己出差印度多次，最终成功在那里建立基金，很感激有一个支持她发展事业的丈夫。她的丈夫是一位歌手兼作曲家，工作时间比较灵活。尽管自己还算幸运，但对多诺霍来说，有了孩子后兼顾工作还是像一场危机四伏的探险一样。

听了多诺霍的故事，特蕾西娅辗转反侧，彻夜难眠。

玛格达莱娜

玛格达莱娜和贝尼奥夫自信能为 Salesforce 筹得融资。当然，玛格达莱娜在 USVP 工作，贝尼奥夫也认识不少硅谷风险投资家，包括刚刚加入 KPCB 的甲骨文前总裁雷·莱恩。玛格达莱娜安排了多场会面，让 USVP 的几个投资合伙人会见 Salesforce 的高层，包括分两天分别会见该公司的创始人兼董事长贝尼奥夫、首席执行官约翰·狄龙和系统工程主管吉姆·卡瓦列里。

这些会面逐步升级，到最后是玛格达莱娜和贝尼奥夫一同在 USVP 的全体合伙人面前进行推介。贝尼奥夫状态好时魅力十足，但其他时候则给人一种冷漠的感觉。他喜欢强调 Salesforce 面向销售人员的软件如何能够以一种全新的方式销售——通过网络和作为服务出售，而不是作为一个体积庞大的软件包出售，后者价格高昂，安装流程复杂，而且充斥着太多大多数客户都用不上的功能。Salesforce 拥有"多租户架构"，在这种架构中，同样的软件能够服务于不同的客户，让资源分配变得更加高效。它的 CRM 软件是通过网络访问使用的，无须安装在设备上，因而不会产生高额的前期授权费用。

帕克·哈里斯、戴夫·默伦霍夫、弗兰克·多明格斯、保罗·中田以及其他编程和技术开发团队成员在 1999 年 3 月加入 Salesforce，一个月内便开发出了产品原型。（到工作日，多明格斯从波特兰飞过来，晚上在办公桌底下的日式床垫上睡觉。）那年 7 月，玛格达莱娜说服贝尼奥夫离开甲骨文全身心投入 Salesforce 中。她跟他说："你是时候成为全职创业者了。" Salesforce 当时有 10 名员工和 1 个只有两页的网站，其中招聘页面上写着让求职者发送简历到 cooljobs@salesforce.com 邮箱。

Salesforce 向小公司（主要是创业公司）提供免费试用，发展势头不俗。几个月后，它的员工规模翻了一倍，因此需要将办公室从贝尼奥夫在旧金山电报山的公寓旁边迁到位于市中心的林孔中心的新办公楼里。搬迁以后，员工们可以在宽敞的新办公室内打高尔夫球，还可以玩遥控氦气飞艇。他们用从家得宝买来的材料自制办公桌。他们发起由贝尼奥夫亲自构思的、相当出彩的营销活动，举办隆重的派对，邀请摇滚乐队 B-52's 来表演，还举行集会和恶搞抗议活动来扰乱竞争对手的活动。他们吸引了大量媒体竞相报道，大多数公司都只有羡慕的份儿。贝尼奥夫有这么一句座右铭："媒体喜欢的东西，我也喜欢。"

贝尼奥夫对 USVP 的合伙人团队说，Salesforce 标志着"软件时代的结束"，公司基于网络的服务"使用起来跟使用亚马逊一样简单"。Salesforce 设计了一个电影《捉鬼敢死队》式的公司标志：一个红色圆圈内是黑色的"SOFTWARE"（软件）字样，字样上划过一条红色的斜杠。该公司的电话号码是 1-800-NO-SOFTWARE，贝尼奥夫和团队成员也都佩戴着带"NO SOFTWARE"（没有软件）字样的徽章。

听了推介，USVP 的欧文·费德曼心想，好吧，他们大概是在说，客户不用买下一整根意大利香肠了，可以按片来买了。这位自称"精打细算的账房先生"（职业生涯初期做过会计）的布鲁克林人觉得，这种产品是有市场的，但贝尼奥夫对 Salesforce 的 1 亿美元估值太高了。贝尼奥夫想要用 10% 的股权换取 1000 万美元的投资。费德曼看着他心想："他脑子有病吧！简直是疯了。"

费德曼是通过汤姆·西贝尔认识贝尼奥夫的。西贝尔的职业生涯之初在甲骨文度过，而后另立山头，创立西贝尔系统公司。费德曼是该公司的早期投资者，贝尼奥夫也是。两人都从这笔投资中赚得盆满钵满。

轮到玛格达莱娜为 Salesforce 做推介时，她向 USVP 的合伙人表示："我们将要向西贝尔系统公司发起挑战。大体上，我们将只做西贝尔系统公司 10%~15% 的功能，也就是西贝尔系统公司的客户真正用得上的那些功能，但定价将会比西贝尔系统公司低出很多。"她指出，西贝尔系统公司会收取 100 多万美元的软件授权费用，客户往往还要找安达信、埃森哲等外部公司来安装部署，这一流程可能需要长达一年的时间，而且又得耗费 100 万美元。

费德曼仔细听着玛格达莱娜的讲述。玛格达莱娜投资过不少企业软件公司，对这个领域非常熟悉。但他还是没有被打动。"我听不下去了，"他后来跟他的合伙人说，"说这么多都是为了得到高估值。"

最终，USVP 拒绝提供投资，玛格达莱娜颇为震惊。当初，在圣马特奥与贝尼奥夫共进午餐后，她便答应自掏腰包向 Salesforce 投资 50 万美元。然而，在向几家公司（包括特蕾西娅所在的加速合伙公司和 KPCB）进行推介以后，她却意识到 Salesforce 有两个主要问题。风险投资家并不确信企业愿意将自己最机密的数据（专有的客户名单）存放在别人的服务器上。另外，风险投资家对贝尼奥夫本人缺乏信心，被称作"迷你版埃里森"的他给人一种"你爱投不投"的印象。得益于埃里森的提携，贝尼奥夫的职业生涯可谓一帆风顺。两人亲密无间，一起工作，一起游玩，一起到日本冥想，一起乘坐埃里森的豪华游艇邀游地中海。但自立门户以后，贝尼奥夫尚未证明自己。作为销售员，他的实力毋庸置疑，但作为创业者，他的能力还有待验证。

拒绝玛格达莱娜和贝尼奥夫后不久，费德曼接到汤姆·西贝尔的电话。西贝尔告诉他："听着，Sales.com 网站域名我已经拿到手了，我决定做 Salesforce 正在做的事情，而且肯定会比它做得更好。"

西贝尔提醒费德曼，他很早就萌生了将软件按需销售给中小企业的想法。当时，西贝尔将这一想法分享给还供职于甲骨文的贝尼奥夫，邀请他来西贝尔系统公司领导这项新业务。但后者没有答应，西贝尔随即放弃了这一想法。贝尼奥夫其实也一直在考虑围绕销售团队创办一家基于互联网的创业公司，等到西贝尔改变主意的时候，贝尼奥夫已经成立了 Salesforce。

听了汤姆·西贝尔的一番话，费德曼立刻对该概念好感大增。西贝尔对他的 Sales.com 估值合理，他本人也称得上科技界的超级明星。他没有搞诸如口号、徽章、邀请摇滚乐队表演之类吸引眼球的噱头，但他已经建立起一家庞大的公司，身边还有绝佳的商业搭档——西贝尔系统公司的联合创始人帕特利夏·豪斯。在费德曼眼里，西贝尔是台前的主角，做事轻松自如，豪斯则是幕后功臣，一直兢兢业业。

费德曼告诉西贝尔，USVP 将投资 Sales.com。西贝尔的新公司还吸引了红杉资本创始人唐·瓦伦丁的跟投。

得知消息时，玛格达莱娜感到难以置信。"你拒绝了我，转过头却投资了我的竞争对手？"玛格达莱娜对费德曼说道，"我真的完完全全被打脸了。"

玛格达莱娜并不总是认同费德曼的看法，但心里对他充满敬佩。与玛格达莱娜一样，费德曼当初只身来到加州，身无分文，也没有人脉。他参加了 CPA（注册会计师）考试，考到整个州的第一高分，之后一路摸爬滚打，从会计师一步步晋升到总会计师、首席财务官乃至首席执行官的位置；他曾力挽狂澜，带领一家叫 Monolithic Memories 的单片存储器公司绝地重生。在这一征程中，他遇到了汤姆·帕金斯，两人成为朋友，后者后来成为顶尖的风险投资家。在费德曼看来，风险投资不能以非黑即白的眼光去看待。"正如《圣经》所说的，不要评判他人，否则你也会被评判。并不是什么都能用成绩单去衡量的。风投行业有它存在的意义。它所产生的东西有的好，有的不好，就这么简单。"

接着，费德曼又给玛格达莱娜提出了一个让她始料未及的主意。他希望她去助西贝尔钦定的 Sales.com 新部门负责人一臂之力。

"你想让我给竞争对手出谋划策？"玛格达莱娜问道。

"Sales.com 是我们的投资组合中的一家公司，"费德曼说道，"而 Salesforce 是你个人投资的一个项目。我相信你不会将我们对 Sales.com 的了解告诉 Salesforce 那边，也相信你不会将 Salesforce 的情况告知我们。"

作为 Salesforce 的董事会成员——更不用说它的第一个外部投资者——玛格达莱娜实际上是马克·贝尼奥夫的老板。她在助力 Salesforce 的发展。与此同时，她还是 USVP 的一分子。USVP 数十亿美元的投资遍布各行各业，但主要集中于估值很高的几家电信公司。随着经济每况愈下，这些公司的估值也在不断下滑。玛格达莱娜也拿出个人资金参与 USVP 的投资。她是家里的经济支柱，一直背负着成功的压力。此外，每个合伙人都大手大脚地花钱在沙丘路租住超大的豪宅。在经济衰退，公司必须不断裁员以收紧开支时，他们被那些豪宅租赁合同锁死了。Salesforce 在成立之初发展颇为顺利，但现在也跟所有其他的创业公司一样在苦苦挣扎。玛格达莱娜一直都担心 Salesforce 的现金储备支撑不了多久。现在的光景和前些年相比不可同日而语。

费德曼十分欣赏玛格达莱娜的业务能力和项目甄别能力。她不是那种总要出风头的空想家，而是那种实事求是、以数据为导向的实干家。费德曼相信，在 USVP 投资 Sales.com 一事上，她会展示出务实的一面，搞清楚谁才是给她发薪水的老板。

玛格达莱娜意识到，她必须要给自己的大脑"分区"。她觉得这好比是要让她变得跟她认识的那些有很多风流韵事的有妇之夫一样，那些人能够妻子和情人两手抓，同时也能够讨得所有人的欢心。她得在处理好与"丈夫"USVP 的关系的同时，也处理好与"情人"Salesforce 的关系。

第五章

女性的力量

2002 年

2002 年秋季末

　　玛格达莱娜通常都不会参加仅面向女性的行业活动，并把这种活动称作"牢骚大会"。但她很喜欢那个组织女性风险投资家去夏威夷进行年度聚会的女人，而且她也跟该活动的赞助商硅谷银行经常有业务来往。另外，她想要借此机会出去散散心，隔绝市场接踵而来的负面消息，如安然和世通公司的财务丑闻。透过飞机的窗口，她看着闪着微光的、一片灰蒙蒙的太平洋，惦记着丈夫，希望他这一次给孩子们加热比萨饼以后会记得关掉烤箱。

　　事实上，对于此次周末活动，她并不抱什么期望。首先，她一直都搞不明白为什么女性会自称"少数群体"。她是以亚美尼亚基督徒的身份在穆斯林占多数的伊斯坦布尔长大的，她这种身份当时在土耳其总人口中所占的比例不到 1%，那才是她所理解的少数群体。其次，她觉得，相比与女性共事，女性在与男性共事时通常更有竞争力。她看过的一些研究也显示，女性（以及男性）更愿意投资由男性经营的公司，尤其是外表英俊的男性经营的公司；2/3 的女性投资者认为，由男性做推介的项目要好于由女性做推介的项目，哪怕是同一个项目。

她觉得，参加纯女性团体或者在仅面向女性的座谈会上发言，对女性反而有害无利，毕竟没有人会倡导举行"只有男性的座谈会"。她在土耳其认识的一个女人曾跟她说："我母亲是一个针织高手，因为她经常会与女性朋友三五成群地坐在一起，一边织毛线，一边发牢骚。那是她的'毛线牢骚俱乐部'。"但在玛格达莱娜看来，性别不只是女性的问题，性别平等对男女都是个问题。话说回来，是谁组织 20 位女性风险投资家免费到瓦胡岛的海滨豪宅里度过一个周末的呢？

此次年度聚会是由硅谷银行的高级副总裁西尔维娅·费尔南德斯提出的，而这个主意是她在听到她的老板谈论他为硅谷男性举办的种种外场活动之后想到的。由于觉得业界面向女性的社交聚会太少了，所以她在 1999 年与索尼娅、多诺霍以及金·戴维斯共同组织了第一次夏威夷之旅。金·戴维斯曾与索尼娅一起投资负载平衡技术开发商 F5 网络。

经过有意的安排，西尔维娅让此次周末活动变得跟男性的聚会全然不同。她没有提供威士忌、高尔夫球和雪茄，而是提供美甲服务、按摩服务以及烹饪课程。早在参加女童子军的那些年，她就见识过女性团结起来的威力。那时候，她学会了组织活动，她会精心设计寻宝游戏，会与人打好关系。那时候，她明白了众人拾柴火焰高的道理。

在 5 个小时的飞行中，玛格达莱娜赶完手头的工作。到了机场，她被接送到硅谷银行首席执行官约翰·迪安漂亮的私人豪宅里，那里距离电视节目《夏威夷神探》的拍摄地只有两个门之隔。迎接她的是索尼娅，索尼娅像见到久违的朋友一样热情地拥抱了她。两人第一次见面是在 1996 年，也就是 6 年前，当时玛格达莱娜在索尼娅供职的门罗风投为自己的公司 CyberCash 做推介。自那以后，她俩的交集就只有美国风险投资协会举办的一些活动。接着，索尼娅介绍大家相互认识。

规模风投（Scale Ventures）的合伙人凯特·米切尔半开玩笑地说，她来夏威夷纯粹是出于好奇，"是想见识一下另外 19 位从事风险投资的女性"。

在多诺霍看来，女性风险投资家这个词有些自相矛盾，因为她们这个群体并没有多少人。

傍晚时分，所有的参与者都到齐了。玛格达莱娜手里端着鸡尾酒，环顾四周，心想：这个活动还不算太糟。

西尔维娅让大家先相互熟悉一下。有位女士开玩笑说，来到这里，感觉就像一只被关在笼子多年的动物重新回到大自然一样。喝过酒，吃过晚饭，西尔维娅说她有一些"营造气氛"的游戏让大家一起玩。她们重新斟满酒杯，西尔维娅开始分发纸张，纸上左边一列是大家的名字，右边一列是趣事。这个游戏是要她们依靠猜测将左边的名字和右边的趣事匹配起来。这是西尔维娅及其硅谷银行团队悉心准备的一个游戏，为了收集那些个人趣事和职场趣闻，他们给参加此次活动的女性风险投资家的助理逐个打了电话，还在谷歌上搜索了一番。

"热心敏捷的渔民，猎鸭者，有两条猎狗，在麻省理工学院教经济学本科课程，课程总是申请人数过多（多数是男学生）。"凯特·米切尔大声说道。这些描述的是Canaan（早期风险投资公司）的合伙人玛哈·易卜拉欣。"能流利地说两种汉语方言，每周教三节动感单车课，参加过波士顿马拉松比赛，有三个10岁以下的孩子。"这是查尔斯河风投（Charles River Ventures）的萨拉·里德的简介。

索尼娅是通过某次年度聚会结识西尔维娅的，对后者的履历仍旧记忆犹新："曾顶着暴风雪爬上巴基斯坦北部地区一个2万英尺高的山峰，曾在猎头部落居住过的村庄里度过假期，有个'乔叔叔'在20世纪50年代当黑帮大佬，青年时期有段踢足球的经历，曾在足球场上将球射进自家球门。"

夜色渐深，大家换上睡衣，彼此接着交谈。由于有床的房间不多，所以她们将气垫拿出来，充气以后当床来用。聊到午夜过后，她们才回到自己的房间和床上。

第二天早上，她们张罗着做早餐：炒鸡蛋、吐司、大块菠萝、夏威夷科纳咖啡、含羞草鸡尾酒等。她们先是进行晨间远足，接着是浮潜和水疗，傍晚时回到屋里，上一节私人烹饪课。看到行程安排时，索尼娅开心得不得了，毕竟上面没有需要拳打脚踢的比赛，没有黑钻难度的滑雪道，也没有关卡重重的障碍滑雪赛。

周六晚上，西尔维娅让大家继续玩前天晚上的游戏。首先，她让大家分享一下自己的风投生涯中最难以忘怀的一些推介。

与索尼娅一样，多诺霍也是南方人——索尼娅就读于弗吉尼亚大学，多诺霍就读于北卡罗来纳大学教堂山分校。多诺霍谈起了几位创业者来推介一种新型安全套的经历。

"我的合伙人比尔·德雷珀心动了，"多诺霍说道，"他敦促我去跟进这个项目，还叫我让我的丈夫参与产品测试，事后提供使用反馈。"德雷珀名声赫赫，他早在1959年便开启风险投资生涯〔他的父亲创办了西海岸的第一家风投公司，名字叫德雷珀·盖瑟 & 安德森（Draper Gaither & Anderson）〕。但他这个人也喜欢搞怪。"开会时，根本无法若无其事地讨论安全套。"多诺霍说，"我试图指出，这个项目不在我们的投资范畴之内，我们更多地专注于软件公司。我这么说，还是引来了笑声。"

"我遇到过一个来自圣昆廷监狱的囚犯的推介，"凯特·米切尔说，"他说他有一个打造新型的马桶座圈和马桶盖的主意。他寄来了一封手写信，字写得相当漂亮工整，也毫无语法错误。他显然对马桶有很深的了解，在被关到圣昆廷监狱之前从事过这一行。他把新型马桶座圈的设计图画了出来，展现它是如何旋转的，每转一下都会换成新的座套。我们没有给他提供投资，但我颇受触动，因而给他写了回信。"

玛格达莱娜回忆起自己在USVP遇到的一次推介。"有一个领域我一无所知，它就是女性尿失禁。"玛格达莱娜说，"这个推介大概是讲一款无线电遥控设备。要把这个设备嵌入你的膀胱开口，然后通过遥控器来控制它，就像车库门遥控器一样。当你准备小便时，你就通过遥控器打开膀胱开口，接着尿就会出来，完事了就把膀胱关上。"

"不管怎么样，我还是认真听他说完了，还想着怎么展开尽职调查。"玛格达莱娜说道，引来一片笑声，"我曾试过不小心用车库门遥控器打开了别人家的车库门，所以我很清楚这种问题会带来多大的麻烦。于是我问那几位发明者：'如果你在公共卫生间里，假设是在一个有 20 个相邻隔间的机场卫生间里，有好几个人植入了这些设备，你不小心打开了别人的膀胱，那该怎么办？'"

大家都捧腹大笑。索尼娅却没有笑，看着玛格达莱娜说："我想我们投那家公司了！"

特蕾西娅和 MJ 都获邀参加此次活动，但都抽不出身来。特蕾西娅快要生孩子了，MJ 则一门心思投入工作和家庭中，无暇顾及其他事情。

在随后的几年里，凯特·米切尔很喜欢说起自己第一次参加西尔维娅组织的行业活动的故事。她在圣何塞登上飞机，在飞机起飞前，玛哈·易卜拉欣从包里拿出一个电动吸奶器，然后举起它向身后隔了几排的朋友、风投同行阿曼达·里德挥手。接着，里德也拿出她的吸奶器，把它举得高高的。女人们顿时都笑成一团。

多年来，米切尔在夏威夷年度之旅中遇到了许多杰出的女性，如詹妮弗·方斯塔德、卡伦·博埃齐、帕特里夏·纳卡什、卡拉·纽厄尔、凯瑟琳·梅里戈尔德、辛迪·帕德诺斯等。她们相互分享凯蒂·罗丹等女性企业家的故事。罗丹是毕业于斯坦福大学的一位皮肤科医生，由于没能拿到男性风险投资家的投资，她自己出资创办了两家创业公司。两家公司分别叫 Proactiv（高伦雅芙）和 Rodan+Fields（药妆品牌），都取得了巨大的成功。前者革新了痤疮治疗方式，后者涉足皮肤护理领域。罗丹的父亲在她小时候就对她说："凯蒂，你要自己当老板，自己做主。要自己赚钱，这样你就能自食其力了。"

周末的夜幕渐渐降临，这些女人开始分享一些私密的东西。她们谈起自己最喜欢的歌曲，谈起经历过最疯狂的做爱地点。西尔维娅建议大家说说各自最尴尬的经历。

于西尔维娅而言，结婚当日真是尴尬至极。一开始她享受着生命中的一个大喜之日，载歌载舞，喝酒吃肉。她穿一身复古的婚纱，相当迷人，但不大合身。正当她沉浸在自己的欢喜之中时，她低头一看，发现自己的无肩带裙子掉下去了，胸部暴露无遗。

"你们猜之后我是怎么处理的？"西尔维娅对大家说道，"我拉起裙子，继续跳舞啊！"

她们还谈起了工作中接触到的一些男人的粗野行为。海蒂·罗伊森回忆起在风险投资家面前为她早年的软件公司 T/Maker 做推介的经历。那是她和她弟弟联合创办的一家公司。罗伊森在四面玻璃的透明会议室里做着推介，却发现隔壁房间的男人在对她做出性暗示的手势。一做完推介，她便直接离开，去找别的风投公司了。

不过，大家互相讲述的故事背后通常都有一定的寓意。"那个时候，我 20 多岁，在旧金山的第一洲际银行上班，公司几乎全都是男人。"西尔维娅开始讲述，"24 岁那年，我意外地被晋升为副总裁，我觉得自己还不足以胜任。我四处拜访《财富》世界

500强企业，如柏克德和全美人寿，洽谈信贷额度问题。有一天，我得知我们银行的总裁要来了，那时是20世纪80年代，当天我要和他一起去见客户。我低头看了看，发现我的连裤袜上破了个大洞。当时诺德斯特龙连裤袜非常流行。我在想：'糟了！'匆忙之下，我把玛丽拉到卫生间，跟她说：'我需要换上你那条连裤袜。'她随即脱下来，给了我。"西尔维娅停顿了一下说："我想我们已经不再处于那个连裤袜时代了。但我想说的是，你需要你的人脉关系。你需要有愿意脱下自己的连裤袜给你穿的女性朋友。"在很大程度上，这就是夏威夷年度聚会的核心要义。

临睡前，西尔维娅让大家分享各自在风投战场前线学到的经验和技巧。凯特·米切尔说，每次去参加董事会会议之前，她都会特别注意听早间新闻，或者找来《今日美国》报纸，至少仔细阅读一篇重要的体育新闻报道。

她说："我这么做的目的是，到了董事会会议室能跟大家说：'你们对罗德里格斯被交易怎么看？'当然，我不知道具体是怎么回事，但这并不重要。这种体育话题，男人肯定比我懂得多，而且总是抢着发表自己的看法。"

"职业生涯之初，"多诺霍说，"我也认识到，很多生意都是在高尔夫球场上谈成的。当时我在想：'我该投入时间练好高尔夫球技术吗？不，我网球水平挺不错的，就约我想要交好的人打网球好了。'要用自己擅长的事情去交际。"她还给大家分享了自己这些年在前线积累的另外一些经验教训：头十年要非常努力地工作；养成储蓄的习惯；利用通勤时间工作；最好成为合伙人以后再生孩子；不要在晚上单独和男人会面，但一定要多参加业界的协会活动和聚会。她指出，最重要的一点是，要知道你的另一半对你事业发展的影响会甚于任何其他的事情。

在夏威夷的最后一天，大家乘坐包下的一艘帆船，在帆船周围游泳、浮潜，还坐在一起分享企业软件、网络安全以及新兴的社交网络领域的最新创投消息。几个小时后，她们意犹未尽地回到岸边。回去的路上，有个船员听到女人们所讨论的东西，很是好奇，便问她们是不是来瓦胡岛参加那个大型的银行业会议的。她们给出否定的回答。船员接着问她们的丈夫是不是在银行工作，得到的还是否定的回答。

最后，他问："那你们都是做什么的啊？"

"我们是一个女性智囊团。"多诺霍答道。

对于那些平时工作家庭两头忙，完全没有时间结交新朋友或参加社交活动的人来说，这个周末是一次很好的休息放松机会。这次聚会就像回到一个轻松愉快的家，一个她们很久没有体验到甚至毫不自知的家。

在回家的航班上，玛格达莱娜想着那些显示女性投资者更倾向于投资男性创业者而非女性创业者的研究。她想，也许是因为那些女性投资者没有任何的女性前辈，也许她们都没有结识到像她在夏威夷遇到的那样的女性投资者。玛格达莱娜想到她朋友说起的妇女们一起织毛线发牢骚的故事。如果说在夏威夷的聚会是"毛线牢骚俱乐部"的惬意度假版本，那么她愿意成为它的终身成员。

第六章

婚姻、母亲与事业

2002—2004 年

MJ

MJ 铁了心要挽救 IVP，她决定与里德·丹尼斯和诺姆·福格松亲自出马为下一只基金募资。他们为公司的第十只基金共计募得 2.25 亿美元，三人各自都投了不少钱进去。

在杰夫·杨等人相继出走到红点创投和维尔桑特创投以后，IVP 元气大伤，苦苦支撑着当前的局面。

正当 MJ 的募资计划迅速展开之时，她和其他合伙人一起招募了一个新团队，成员包括托德·查菲、丹尼斯·菲尔普斯和史蒂夫·哈里克。他们把投资重点放在成功的、三年到五年内有望带来三到五倍回报的后期阶段公司上面，单笔投资额平均约为700 万美元。IVP 的合伙人团队还投资于他们所熟知的上市公司，延续对里德·丹尼斯毕生热衷的股票市场的关注。

即使在互联网行业崩盘的至暗时期，在公司的小团队成员纷纷怀疑他们所熟知的世界是否在走向终结的时候，里德·丹尼斯也依然保持乐观。他很喜欢说："我认识的有钱人中，没几个是悲观主义者。"

IVP 的第十只基金的部分早期投资包括：网络安全公司 ArcSite；搜索引擎 Business.com；以及几位苹果前员工联手创办的 Danger（手机集成开发商），其中一位创始人安迪·鲁宾开发了第一部可以上网的智能手机 Sidekick。在公开市场的投资则包括半导体公司 Artisan Components，流动劳动力在线管理软件提供商 @Road，差旅和费用管理软件开发商 Concur Technologies 等。

虽然花了些时日，但 IVP 总算重新站稳了脚跟，MJ 也得以回到兼职模式，将更多时间放在家庭上面，家里不再需要保姆了。她的女儿凯特忙于足球、水球、网球等体育运动，平常也很喜欢看书。14 岁的儿子威尔是帕洛阿托高中橄榄球队的一员，块头长得很快，与身材娇小的 MJ 站在一起要高出一大截。每周五晚上，橄榄球队的队友们都会来威尔家做客，围坐在一起享用 MJ 一手烹调的晚餐。虽然威尔的体育运动成绩一流，但他对学习没什么兴趣，每次的考试成绩都惨不忍睹，MJ 为他的学业而发愁。10 岁的小女儿汉娜则要应付戴牙箍、青春痘、焦虑之类的事情，她的焦虑情绪大多是因为妈妈，两人争吵不断。他们家有一只名叫克鲁兹的搜救犬，它一半是黑色拉布拉多犬血统，一半是德国牧羊犬血统。

尽管事业危机已解除，但 MJ 与丈夫之间的隔阂依旧没有消失，反而更加严重了。几年前，为了制造惊喜，比尔给她买了辆新车，一辆手动换挡的白色保时捷敞篷车。当所有人看到这个奢华的礼物时都惊呆了，MJ 也不例外。不过，MJ 并不是好车之人。

看着那辆漂亮的跑车，她心里想的是，要怎么接送孩子上下学呢？跑车的引擎响声很大，并且孩子们进出后座也很不方便。在感激比尔送她礼物之余，她也不禁在想：比尔是不是认为她是那种咄咄逼人、热衷于开保时捷的高管呢？事实上，比起保时捷，她更需要一辆面包车。

特蕾西娅

临近生下女儿萨拉时，特蕾西娅一直感觉良好，在被送往医院的路上和在病床上都还能手捧着黑莓手机给加速合伙公司的同事发短信。然而，到了分娩的时候——她才放下她的手机——萨拉的心率忽上忽下，特蕾西娅的体温也在飙升。分娩过程漫长而缓慢，到晚上 9 点 45 分，医生决定进行紧急剖宫产手术和实施脊髓麻醉。由于医护人员给从未做过麻醉的特蕾西娅注射了太多麻醉剂，所以这非但没有减轻她下半身的疼痛，反而使她颈部以下无法动弹。她的四肢没有知觉，甚至连头也转不了。

萨拉出生时受到轻微感染，被送进了 NICU（新生儿重症监护室）。特蕾西娅的丈夫蒂姆跟着刚出生的女儿进入 NICU，特蕾西娅的母亲则留在病房里照顾她，她仍然不能动弹。

特蕾西娅很早就知道蒂姆会是一个好爸爸。因为除了五个兄弟姐妹，他从小就和侄子侄女一起长大，扮演大哥哥的角色照顾他们。不过，夫妻两人一起去上婴儿护理课程时，在给玩偶穿连体衣的练习中，蒂姆像练三项全能（他确实在进行这方面的训练）一样，一把将连体衣脱下来，导致玩偶的头被甩了出去，飞到了房间里的另一端。于是，大家都觉得，还是该由特蕾西娅来给孩子换衣服。

远在以色列的海兹·耶舒伦及其成立两年的网络安全公司ForeScout的团队一起打赌，赌特蕾西娅会在分娩多久后用她的黑莓手机给他们发短信。果然，随着麻醉剂的药效慢慢消退，特蕾西娅的头部能重新活动了，她马上又动起来，捧着手机，在小小的键盘上飞快地敲字。

尽管加速合伙公司给特蕾西娅批了6个月的带薪产假，但分娩后仅仅三个星期，她便被叫回公司。此时，过往赫赫有名的加速合伙公司内部正面临着巨大的挑战，特蕾西娅觉得自己对合伙人、投资者、投资组合公司和公司团队负有责任。坐上执行合伙人的新职位时，她听闻合伙人吉姆·戈茨将离开公司。戈茨是与她并肩战斗的朋友，他于2000年加入公司，在2001年科技行业陷入十分罕见的动荡期间当上执行合伙人。得知他将在年内晚些时候离职时，特蕾西娅感到非常失落。

加速合伙公司需要重振雄风。2000年3月市场开始回调时（一年半后还遭遇了"9·11"事件的冲击），加速合伙公司不得不将旗下管理的基金规模从12亿美元大幅削减至6.8亿美元，将资金返回给有限合伙人。此外，两位创始人——阿瑟·帕特森和吉姆·斯沃茨逐步淡出公司的日常运营，将"权杖"交托给吉姆·布雷耶、彼得·瓦格纳和特蕾西娅三人。

有限合伙人对加速合伙公司的投资回报很不满意，其中普林斯顿大学、哈佛大学、麻省理工学院等重要的长期机构投资者纷纷考虑退出该公司的下一只基金。

萨拉才刚出生几周，特蕾西娅便回到办公室，通过电话会议与创业者们商量工作事宜。

"是什么怪声音？"其中一位创业者问道，"是有人在给自行车轮胎打气吗？"

特蕾西娅原以为这种声音更像点阵式打印机产生的噪声。"不好意思啊，伙计们，"她说，"我们这边在施工。"

特蕾西娅顿时想到，电话会议期间，在流行一时的全透明玻璃办公室里不宜使用吸奶器挤奶。考虑到个人隐私，她和助理用胶带把厚厚的纸贴在玻璃墙上，并订购了百叶窗。

玛格达莱娜

玛格达莱娜在陪儿子们做数学作业，心却飞到了别处。她的另一个心肝宝贝 Salesforce 进一步深陷泥淖。眼看周五发薪日马上就要到了，Salesforce 却再一次面临发不出工资的窘境。这家公司每月亏损超过 100 万美元。投资者对此心惊胆战，切实感受到该公司将走向破产的可能性。为了削减经营成本，Salesforce 决定裁员 10%，涉及各个部门。

自公司建立以来，Salesforce 一直依靠小公司客户的小额订单入账。它的软件提供一个月的试用期，单个客户可最多可让 5 名用户使用，并且可以随时添加或删减用户和服务。这一切都是基于免签合同的"现收现付"模式。更愿意采用新技术的小公司是 Salesforce 最重要的客户群，产品的口碑也仰仗它们。原本一切都顺风顺水，直到经济开始崩溃，大多数的小型互联网公司都难逃破产厄运，Salesforce 也随之失去了那些帮助宣传公司的人。

玛格达莱娜思索着 Salesforce 的命运。她意识到，抚养孩子和打造公司有不少共通之处。让孩子先学会爬行再学走路；既要学会鼓励和引导他们，也要学会放手，等他们准备好了，让他们自力更生。在这一过程中，做最坏的打算，抱最好的希望。她年纪最小的、头发蓬乱的儿子特洛伊非常好动，9 岁那年不小心从屋顶上摔下来，身体左侧的骨头摔折了一半，最终坐了 3 个月的轮椅养伤。那时候心中五味杂陈的感觉，玛格达莱娜仍旧印象深刻：她很心疼儿子受伤了，他艰难的康复过程也让全家人备感煎熬。然而，她也看到了积极的一面：至少他再也不会爬上那该死的屋顶了。

玛格达莱娜看了看表，已经是晚上 9 点 40 分了。她这个"虎妈"定下了一条家规：晚上 9 点 40 分后一律不准上网。任凭孩子们怎么央求她，怎么讨价还价，怎么百般抗议，她都不会改变主意。要是到点了他们还没有完成在线功课，她会很不爽，心里会想："真是糟糕！"孩子们虽然可以到 10 点或 10 点 30 分才上床睡觉，但不可以上网。她享受为人母亲的感觉，很喜欢她的儿子们，他们既活泼又可爱，时不时缠在一块，打闹、摔跤、拳头相向，但没过多久又会和好如初。没有小心眼，没有小题大做，有的只是光明正大的老派决斗。

随着时间一天天过去，他们也开始变得独立。有一天，玛格达莱娜告诉两个儿子，她在考虑减少工作时间，多陪陪他们。特洛伊沉默不语，贾斯廷则说："妈妈，你在工作上做得很好。我觉得你减少工作量是一个非常糟糕的主意。"而玛格达莱娜则觉得他是在暗示："妈妈，我不想你整天缠着我。"

儿子们回到房间后，玛格达莱娜拿出电脑和文件，开始在厨房的桌子上工作。她的丈夫吉姆在沙发上看书，对于儿子们的数学作业，他帮不上什么忙。玛格达莱娜把精力和洞察力主要花在各家投资组合公司的发展上，吉姆则主要把热情倾注在他的农场和动物上，如雌鸵鸟、小驴和超大的猪。玛格达莱娜负责晚上照顾孩子，吉姆则负责早班。玛格达莱娜得赶在儿子们起床以前出门上班，她可不想一大早就被卷入儿子们寻找袜子、作业本、早餐和书包的混乱当中。

玛格达莱娜将注意力转向 Salesforce 的现金流危机。Salesforce 有意将它的商业模式——马克·贝尼奥夫在吸引眼球和定义公司方面是绝对的天才——设计得与西贝尔系统公司截然相反：不需要产品授权，不打折扣，不需要另外花费上百万美元部署软件。它统一标价，你需要什么服务就花钱买什么，非常灵活。这种模式对客户非常友好，然而 Salesforce 却举步维艰。雪上加霜的是，如果没有资金去招兵买马扩大销售团队，以及增加推广投入，Salesforce 就无法扩张业务。

打开 Excel（电子表格软件）表格时，玛格达莱娜问自己："如果投资者不继续给我们投资，我们可以从哪里找到钱呢？"

他们自 1999 年以来共计融资了大约 6 000 万美元，但每个月要用掉 100 万 ~150 万美元，剩下的钱可能只够用 4 个月。

Salesforce 有两个潜在的资金来源：股权融资以及客户的付款。客户完全是在网上使用 Salesforce 软件的，这种模式在当时是挺新颖的。通过登录 Salesforce 网站的账号，就可以每天使用它的软件。玛格达莱娜觉得，Salesforce 网站的用户界面很糟糕，顶部是类似亚马逊网站的选项卡。网站上的支付方式是信用卡。

反观西贝尔系统公司，采用的是软件授权模式。客户买下软件许可，将其带回办公室，然后找人安装部署，拥有终身所有权和使用权，类似于给家里添置家具。而 Salesforce 的商业模式则更像是电力公司，按实际使用量来向客户收费。

研究销售收入、费用和佣金结构时，玛格达莱娜聚焦于 Salesforce 的一大问题。他们向销售人员一次性支付 12 个月的佣金，对客户则是一次仅收取一个月的费用。因此，资金流出远远快于资金流入。玛格达莱娜心想："要是我们给预付一年、两年甚至三年费用的客户提供折扣，会怎么样？ 要是对所有的客户都采取预收款模式，会怎么样？"

当然，这种模式会给公司带来一些新的挑战，他们得先设立一个合同部门。她将想法一一记录下来：销售周期会拉长多久呢？ 要提供多大的折扣呢？ 销售佣金如何重新设定呢？ 这么做真的划算吗？

接着，玛格达莱娜想了想可能的转换率：如果 20% 的客户承诺使用两年，会怎么样？ 如果是 30%，又会怎么样？ 然后她继续推算使用三年的情况。她站了起来，在桌子前伸展了一下身体，大声说道："我们的现金流入会足够，因此我们不必从风投那里筹资！我们会没事的！"

还在沙发上的吉姆对于这种惊叫已经见怪不怪了。他明白，玛格达莱娜只是琢磨问题太投入而已。

午夜过后很久，玛格达莱娜才关上电脑，把文件存放好。现在，她要做的只是把她的想法告知马克·贝尼奥夫，说服他。马克·贝尼奥夫依旧每天佩戴着"没有软件"徽章去上班，依旧向外界宣扬 Salesforce "无合同、无许可、无折扣"的特色。这是他生活中不可或缺的一部分，一如他的夏威夷衬衫以及他心爱的金毛犬寇阿。

对玛格达莱娜而言，拯救 Salesforce 于水深火热之中，并不是为了避免她的 50 万美元个人投资打水漂。拯救这家公司，是为了拯救它的团队、创意、产品和潜力。要是他们不尽快采取行动，Salesforce 就会步众多其他互联网公司的后尘，坠入风险投资家们口中的"有序关闭"的深渊。

索尼娅

在门罗风投的办公室里，索尼娅会见了她最喜欢的企业家之一安迪·奥赖。1995 年，索尼娅向奥赖的电话服务公司 PCM 投资了 300 万美元。那是她自 1994 年加入门罗风投后的第一笔投资。1999 年，该公司作价 1.62 亿美元被收购。

第一次见面时，索尼娅和奥赖都是二十几岁的年轻人，当时后者在苦苦挣扎。他拿不到风险投资，好几个月都没好好睡过一觉了，咖啡一直喝个没完没了。他父亲取出退休金来资助PCM，他们的银行账户当时可能还剩下8万美元。

索尼娅觉得，自己仿佛曾与奥赖一起共事多年，共同成长。两人有着相似的理念，都有一个强烈的信念：公司的发展离不开社会责任。

奥赖常常对员工说："要做正确的事，不管怎么样，永远都要做正确的事。"他认为，打造公司就是要给所有的利益相关者创造利益。在创业过程中，他觉得自己有责任提高人们的生活水平，有责任纳税，有责任做慈善，有责任帮助人们创造财富、创造价值。

现在，奥赖携手帕特里克·梅兰比共同创办了一家叫Primary Networks（主要网络）的新公司，通过互联网提供语音通话和视频通话服务——一场才刚刚拉开帷幕的革命。

最初，梅兰比激动地打电话给奥赖，告诉他无线运营商刚刚给一种叫作"会话初始化协议"（SIP）的东西制定了标准，使人们能够通过网络打电话。于是，两人产生了创办Primary Networks的想法。"这势必将产生变革性的影响。"梅兰比说。

奥赖和梅兰比很清楚，在互联网上建立电话网络会困难重重。因为这会涉及防火墙问题、安全问题，还需要让AT&T（美国电话电报公司）等供应商在网络上连通威瑞森等其他服务供应商。

几个月后，奥赖前往沙丘路拜访索尼娅。虽然他们的新公司对外宣称的名称是 Primary Networks，但奥赖在向风投推介时使用的是代号名 Acme Packet。这缘起于他们内部的一个玩笑。Acme 是卡通喜剧《乐一通》中的一家虚构公司，为歪心狼提供火炮和装备来对付哔哔鸟。Packet 则代表数据在传输到互联网之前被分成的数据包。

"服务提供商网络相互传送服务的聚合点，"奥赖对索尼娅及其他的门罗风投合伙人说，"是服务交付过程中的薄弱环节。我们相信，通过开发一项可让服务提供商处理那些边界问题的技术，我们将打造出一家真正具有长期价值的、可持续发展的公司。"他将那些中转站称作"会话边界控制器"（SBC）——这类产品当时还未出现。

奥赖坦言，创造一个全新的产品品类，比在既有市场中寻求创新困难得多。"创造新品类的好处在于，你会创造出巨大的价值。我们是在创造某种全新的东西，我相信，有朝一日所有的电信运营商都会在它们的网络边缘使用我们的会话边界控制器。"

听着听着，索尼娅想起了另一位创业者杰夫·赫西。在看到互联网发展中缺少一样重要的东西以后，他毅然成立 F5 网络公司。随着网络流量的增加，网络出现超载的情况也越发频繁。而赫西的负载平衡软件解决了这一问题，F5 因而得以成长为行业的领头羊。

索尼娅知道奥赖是一位具有远见的杰出企业家，尽管他的哈佛学位是电影视觉与环境研究。通信技术当时正在从时分复用

（TDM）网络架构转向网际互联协议。她的投资策略是寻找下一个会造就大公司的重磅市场。奥赖也从这个思路去思考：试图将通信转移到线上的公司需要什么？目前缺少什么核心基础设施？

门罗风投其他的合伙人也被奥赖关于 Acme Packet 的想法吸引了，于是问他要寻求多大规模的融资。

奥赖还没有想那么远。他提出："让索尼娅大概一周后飞到波士顿，然后我们一起制订商业计划，怎么样？"合伙人们表示同意。索尼娅飞到波士顿，与奥赖一道制订出一个更加翔实的商业计划。不久，他带着一份新的 PPT 文件回到沙丘路，并接着洽谈融资事宜。

谈到占股比例，奥赖说："我知道你们希望占股 20% 多，我希望占股 40% 多。我们公司的投资前估值是 2 800 万美元，你们投 1 200 万美元的话，投资后估值就是 4 000 万美元。"

门罗风投的合伙人团队没有异议。这笔 1 200 万美元的投资由此成了他们新成立的 12 亿美元基金（门罗风投第九只基金）的第一笔投资。

回到波士顿，奥赖收到门罗风投寄来的一张 1 200 万美元支票。他和他父亲随即带着支票去银行，然而银行职员说："很抱歉，我们不能把这笔钱存入你的账户。因为你的公司名字是 Primary Networks，跟支票上的不一样。"

奥赖说："好吧，我们今天就去把名字改成 Acme Packet。"提交完更名申请以后，他想了想手上的 1 200 万美元支票。它意味着大家的生活、房贷和医疗保险有着落了。它是门罗风投的有限合伙人们辛苦赚来的钱。他也知道，只有他的公司取得成功，门罗风投团队才能获得回报。这张支票代表着前方的漫漫长路。

经济衰退，信贷紧缩，"9·11"事件阴霾未散，小布什政府发动反恐战争……种种形势都对经济发展不利，Acme团队的日子也不好过。在电信行业出现崩溃以后，Acme的一个投资机构甚至将与Acme相关的信息从机构的官方网站上移除了。不过，随着时间的推移，Acme团队拿下了一笔又一笔交易。不久，他们也与威瑞森达成合作，负责后者所有的无线电话路由工作。

Acme的会话边界控制器逐步成为业界的主流产品。不管是电话呼叫还是视频呼叫，任何时候要从一个网络路由到另一个网络，都需要借助Acme的技术。当需要提供高质量的服务和更加安全的解决方案时，Skype、Vonage（网络电话公司）等小公司也需要使用Acme的会话边界控制器。

索尼娅是Acme的董事会成员，她对这家公司的支持从未动摇过。正如她在该公司早年陷入困境时对奥赖说的那样："最伟大的公司有的一开始远远没有达到预期，但挺过来以后，它们就开始持续不断地打破预期。"每当Acme需要再进行融资时，索尼娅总能够帮它一把，这一点是奥赖其他的投资者都无法做到的。

Acme董事会的成员加里·鲍恩深知，公司在发展建设和寻找后续融资上面临着不小的挑战。他对索尼娅的商业嗅觉十分钦佩。他对奥赖说："索尼娅是风投行业的佼佼者，她十分相信她投资的公司，也愿意积极参与它们的发展。"

索尼娅还有一点令奥赖印象深刻。他觉得那是出于她的女人本性。每次开完董事会会议，索尼娅都会打电话问他感觉怎么样。董事会的其他人都未曾打电话问他的感受，索尼娅那么问是因为她关心他这个朋友。当然，她也想更好地理解他的商业决策背后的想法。关心白板上的数字和经营策略以外的事情的人并不多见，而索尼娅就是那样的人。她关心他的情绪状态，也清楚这与公司的未来发展是相关联的。

特蕾西娅

特蕾西娅很享受初为人母的感觉，同时也很高兴能回到加速合伙公司的全职工作上。她请来的保姆非常称职，照顾女儿萨拉比她更有耐心。蒂姆同样很喜欢抱着萨拉四处转，特蕾西娅睡眠作息没受到什么影响，她父母也住在附近，非常乐意过来带外孙女。特蕾西娅觉得，每天都在家吃早饭和晚饭不大现实，于是她决定尽量在家吃晚饭和睡觉。

在怀孕后期，特蕾西娅遇到的一位女性 CEO 建议她，孩子小时候，不会记着母亲不在身边的时候，母亲就应该继续长时间工作。"等孩子大一点了，到青春期前后，他们不会希望你整天在身边，但这个时候你需要多待在他们身边，"那位 CEO 告诉她，"看到他们开始跟人拼车到处玩的时候，你也得注册一个拼车账号。这个时候，你得主动去了解他们在做的一切事情。"

特蕾西娅没多久就变回"空中飞人"，到全美各地去开会。出行给她制造了点麻烦，因为她在用母乳喂养孩子，所以她得在狭小的飞机卫生间里用吸奶器挤奶。但她应付得来。现在，她坐在又一趟晚点的飞往纽约的航班上，她要去参加 ForeScout 的董事会会议。她还要会见以色列网络安全明星什洛莫·克雷默，这位 ForeScout 顾问曾联合创办 Check Point。他称得上网络安全创业方面的天才，特蕾西娅在 2001 年与他相识，那时候她就想总有一天他不会再从事天使投资，而会重拾旧业，再创办一家公司。他想要打造一项新的网络安全技术，综合考虑了几个想法以后，他敲定了一个他觉得足够宏大、足够重要的想法。他的新公司叫 WebCohort（网络队列）。

在纽约期间，特蕾西娅特意带克雷默去拜访了几家华尔街银行，会见它们的首席信息安全官，了解他们的需求，并征求其对克雷默的想法的反馈。克雷默拥有将 Check Point 打造成价值数十亿美元的上市公司的成功履历，因而银行的信息安全高管都非常乐意与他会面。

参加完 ForeScout 的董事会会议，特蕾西娅和克雷默前往他们的第一站：高盛。Check Point 为网络提供防火墙保护，WebCohort 则为网络应用程序和数据库提供防火墙保护，它有望成为第一家推出这种技术的公司。克雷默是在看到一份有关网络应用程序服务器的报告以后产生这一想法的。该类服务器通过同时托管文件和程序来实现应用程序的远程访问。克雷默意识到，需要安全技术来保护服务器，以及保持网络应用程序的安全性。

特蕾西娅对信息安全高管说："你们最宝贵的数据库，黑客能轻易侵入。"她还说，黑客可以轻易伪造登录凭证，而后利用登录凭证直接进入银行的网络服务器和数据服务器，窃取客户账户数据。

"客户账户数据包含所有的个人信息，以及所有的信用卡信息。侵入应用程序的黑客想要的就是数据和数据库，他们会通过SQL（结构化查询语言）注入攻击来侵入。而那些网络应用程序是这些数据的第一道防线。"克雷默补充道。

当天，特蕾西娅和克雷默还拜访了另外几家银行的高管，包括摩根大通和花旗银行，他们向那些信息安全高管询问了银行的安全系统情况和需求。对于克雷默提出的想法，信息安全高管们反应不一，有的十分热情，有的则比较冷淡。大多数都给予了正面反馈，考虑到当时经济不景气，各家公司纷纷收紧预算，能做到这一点已经很不错了。

会见完银行高管，克雷默说："我们获得了很不错的反馈，我很受鼓舞。"他还感谢了特蕾西娅，感谢她提出拜访银行的建议。

当年，在特拉维夫，克雷默是在他祖母闷热的公寓里与人合伙创立他的第一家公司 Check Point 的。他喜欢跟人说，Check Point 是"犹太祖母版硅谷车库创业公司"。他和两位搭档在两个借来的太阳微系统公司的工作站上为 Check Point 测试软件。Check Point 并不是第一家防火墙安全公司，却被誉为第一家产品易于使用的防火墙安全公司。创办这家公司时，克雷默未曾想过它会一路发展成行业领先者。克雷默性情温和，非常热衷于创造东西。他对一个想法从生根发芽、挣扎到生长，再到开始茁壮成长的过程着迷不已。

在投资和创业的工作中，克雷默为自己慧眼识才的能力感到自豪。特蕾西娅便是他眼中难得的人才。其他的女性风险投资家他只认识一位——以色列的莎伦·格尔鲍姆–什潘，她从事网络安全投资，投资过 ForeScout。不过，特蕾西娅是男是女对他来说无关紧要。他欣赏特蕾西娅的地方在于，她聪明、雄心勃勃、学习能力强。

没过多久，什洛莫·克雷默成立了一家新的网络安全公司的消息便开始流传。新闻报道说，克雷默的第一个且唯一的一个风险投资者（他自己也掏钱出资）是特蕾西娅·吴，她为加速合伙公司投资了 500 万美元，并将获得一个董事会席位。

此消息让其他一些硅谷人士颇有微词。例如，USVP 的欧文·费德曼失态地抛出了一连串的咒骂。Venrock（风投公司）同样做出了类似的反应，它投资过 Check Point，因而期盼能参与什洛莫·克雷默其他新的项目。费德曼是 Check Point 的董事会成员。克雷默选择让特蕾西娅投资他的新公司 WebCohort，而将所有其他的沙丘路风投公司排除在外，让业内人士大呼意外。一夜之间，几乎每个人都在问："特蕾西娅·吴是谁？"

事实上，特蕾西娅这些年一直在通过各种各样的方式不断充实自己的网络安全知识库。最初，在 Release 公司的时候，她与加密技术打交道；接着，她参加了不少网络安全和入侵检测方面的课程与研讨会；现在，她与业界领先的 ForeScout 团队一起共事。她懂得要使用哪些不同的方法来分析网络流量，发现其中的各种风险，比如识别标志和行为扫描技术。她对克雷默充满敬意，同时也对 WebCohort（后来更名为 Imperva）的成功深信不疑。

特蕾西娅在帕洛阿托的办公室里工作，这时吉姆·戈茨走了进来，关上了门。戈茨向来坦率诚实，是一个值得信赖的朋友。他神色有些严肃。他说，硅谷有些男人说，特蕾西娅能拿下重磅项目，靠的是调情功夫和牺牲色相。

特蕾西娅闭上眼睛，看着有些沮丧。对于戈茨所说的，她其实并不惊讶。以前她也听说过类似的流言，大多是从她的助理那里听来的。不管是经常和创业者一起出去吃饭，还是出席一些会议，都会引来闲言碎语。戈茨有很多让她欣赏的地方，其中一点是，他会告诉她其他男人在秘密讨论些什么。特蕾西娅觉得，商界的每一位女性在生活中都需要一位像吉姆·戈茨这样的人，尤其是在硅谷这种几乎全是男人的地方。

特蕾西娅周围都是一些雄心勃勃、精力充沛的男人——某种程度上是一种职业危害——所以她知道，难免会有闲言碎语。但她必须跟这些人来往，否则就会错过一些重大的项目和投资机会。只不过，她去交际了，也不可避免地会惹来流言，甚至在她快要生下孩子，"大腹便便"的时候，都还是会听到闲言碎语。

她用一个词来形容那些流言蜚语：杀人恶语。她觉得，有些男人总是试图贬低她的成就。她认识一些抱怨被别的女性踩着上位的女性。而在特蕾西娅的世界里，那些恶语中伤却是来自男人。准确来说，是那些没什么作为的男人。

在科技行业浸淫一定时日后，她明白，事业有成的女性打乱了男性的等级秩序。在以男性为主的电子游戏世界里，男玩家会因为成功的女玩家的存在而心烦意乱。那些最输不起的男人并非那些最成功的男玩家。向排行榜上的女玩家发起攻击的，是那些总是过不了关的男玩家。他们觉得，将排在他们前面的女人拉下马，他们就能够上位。这些糟糕的男玩家不会因为输给成功的男玩家而觉得受到威胁，因为他们觉得那是正常的。然而输给女人的话，就会让他们觉得是一件很难堪的事情，会让他们感到自己低人一等。

特蕾西娅认识到，说到底，"杀人恶语"是男人的一个心病，那是他们的问题，不是她的问题。她跟自己说，不能因为风投圈内的一些觉得受到威胁的造谣者，就停止对重大项目的追逐。

玛格达莱娜

玛格达莱娜准备把她有关改善 Salesforce 现金流的想法告诉马克·贝尼奥夫。她进行了反复的计算，也询问了销售团队主管弗兰克·范维内达尔的看法。范维内达尔也分析了一番，得出了与玛格达莱娜一样的结论——她的计划行得通。

仔细审查改良自己的提议，确定没问题以后，玛格达莱娜开车去旧金山会见贝尼奥夫。两人通常约在 Salesforce 位于市场街的办公室或者附近的餐厅会面。有时候，他们也会在玛格达莱娜的车里谈，她在市中心找到了一个少有的、停下来聊很久都不会被开罚单或被拖走的停车位。

解决问题一直以来都是玛格达莱娜生活中的一个主题。她出生时，父亲去镇中心登记她的出生情况。在土耳其，这件事必须由父亲来做，登记处也只有父亲的名字。如果父亲身份不明，那么他的孩子就不能登记，也就没有身份。

当她的父亲填写文件，在姓名一栏写下"玛格达莱娜·耶希尔"时，登记处的抄写员拦住了他。"太长了，"他如是说玛格达莱娜的名字，"这个名字填不下，你得另想一个名字。"

她的父亲知道抄写员硬要他换个名字的真正原因——玛格达莱娜是一个基督教的名字，而土耳其是一个伊斯兰国家。"我想不出别的名字了，"她父亲说，"这是我妻子要求的名字，换了的话，她会杀了我的。"

"先生，你必须想一个别的名字。"抄写员不肯让步，"玛格达莱娜，太拗口了，谁都不会读啊。"他还主张说："要不叫莱娜吧，就叫莱娜吧。"

她的父亲觉得抵抗不过官僚人员，无奈之下只好在表格上签了字，然后回家。他的妻子听了事情的经过，怒不可遏。从此以后，她一直都跟玛格达莱娜说："你的名字不叫莱娜，而是叫玛格达莱娜。"

等到年龄足够大了，玛格达莱娜便琢磨怎么申请入读美国的大学。她觉得，世间很多美好的东西似乎都出自美国，如迪士尼、阿波罗计划、李维斯牛仔裤、可口可乐等。得知到美国上学需要参加 SAT（美国学术能力评估测试）时，她发现土耳其只有一个考点，在博斯普鲁斯海峡对面，而且要清晨去考。于是，她找了一位渔夫，并说服他深更半夜带她出发前往考点，以确保能准时到达。

玛格达莱娜靠直觉就能猜到别人想要从她那里得到什么。她自幼就学到，没有人会帮你解决问题，只能靠自己。现在，当玛格达莱娜的儿子们相互打起来的时候，她的母亲会龇牙咧嘴，看不下去。玛格达莱娜则会淡定地说："一个打赢，一个打输，就这么简单。"她喜欢这种老派的解决问题的方式。

玛格达莱娜把车停在旧金山市场街外，看着贝尼奥夫朝她的车走过来。这些年来，两人在一起有过不少欢笑时光，但彼此相处起来也从来都不轻松。在繁荣时期，创业是一件充满压力的事情。而贝尼奥夫又是第一次创业，方方面面都要证明自己。他只有两条路可走：要么向科技界证明自己能独当一面，永远甩掉供职于甲骨文期间别人贴给他的"迷你版埃里森"标签；要么加入失败的创业者行列。看到贝尼奥夫拿着一个装满怪异颜色液体的水瓶时，她翻了个白眼。不久前的一天，正当两人准备走向会议室向风险投资家们推介 Salesforce 时，贝尼奥夫抓起玛格达莱娜的水瓶，往里面倒了些黄色粉末。她觉得那些粉末状的维生素混合物看着很恶心，她说："感觉我们像是在喝尿！"

贝尼奥夫穿着夏威夷衬衫，脑子里想着宏图大计。他不是那种会钻研数据的人，所以玛格达莱娜直接说重点，告诉他自己想到了解决 Salesforce 现金流问题的办法。

"这可能是我们最好的并且仅有的一个解决方案。"玛格达莱娜说道。她讲述了她的解决方案，称公司需要预先收费、成立合同部门、为长期客户提供折扣、重组销售佣金结构等。最后，她说："马克，我觉得这是一个很好的解决方案。它会解决你的现金流问题，我们需要做这些来拯救公司。"

贝尼奥夫盯着玛格达莱娜，仿佛听到她在提议对他心爱的宠物狗实施安乐死一样。"我们不能这么做！"他喊道，"这违背了我们信奉的所有理念。"

对贝尼奥夫来说，"终结软件"的使命宣言以及"没有软件"的公司标识，正是Salesforce的与众不同之处。Salesforce致力于为大大小小的所有公司提供无差别的、价格实惠且易于使用的软件，而无须签订合同或预先付费。

"自我们成立公司以来，我一直在努力宣扬不签合同、不打折的理念，"贝尼奥夫指出，"你提出的方案与我们的整个营销策略背道而驰。"

玛格达莱娜事先就预料到这次谈话不会轻松。在Salesforce放出的广告中，一架F-16战斗机击落了第一次世界大战中的双翼飞机，前者象征的是拥有最先进技术的Salesforce，后者则象征太多公司使用的过时且性能低下的软件。他们雇用演员在竞争对手的会议现场前面举着"反软件"的标语游行。他们在自家办公室的窗户贴上反软件海报，将此当作免费广告。贝尼奥夫每个星期都会走出办公室几次，检查一下那些海报有没有变歪。

然而，玛格达莱娜没有打算打退堂鼓。"Salesforce为客户提供的无风险、无承诺的环境，如今却给我们自己的生存带来了威胁，"她说，"我们已经过了要证明我们的产品的价值这个阶段了。我们都知道客户很喜欢我们的产品，我们已经为自己赢得了要求客户签署合同和预付款的权利。我相信我们的客户已经知道他们将继续使用我们的产品，所以我们为什么不提前收取费用来解决现金流问题呢？"

她告诉贝尼奥夫，她已经跟弗兰克·范维内达尔谈过这件事，他也认为大多数客户都会支持他们，与他们共渡难关。

"我们不会改变软件本身或者软件的交付方式，"玛格达莱娜接着说，"我们只是要创造一种新的支付模式。"她说，客户的付款模式将从现收现付变成签署一年期乃至多年期的合同，合同期较长的享有折扣。

但贝尼奥夫还是摇头，神色坚定。经济不景气时，风险投资家纷纷劝他把公司名 Salesforce.com 中的".com"去掉，并说："互联网已经死气沉沉了，你不知道吗？"在大家口中，前不久还朝气蓬勃的互联网公司，现在却成了人人唾弃的互联网炸弹和互联网骗局。但贝尼奥夫不为所动，依然坚信互联网的变革性力量。

贝尼奥夫热爱大自然、科技、动物和瑜伽，据说他会带着他的宠物狗——Salesforce 的"首席可爱官"寇阿——去练瑜伽。但本质上，他就是一名销售员——一个实用主义者。他靠人们购买他推销的东西安身立命。他终究想通了，要是公司资金链断裂，自己也就没有东西可以拿来推销了。一周后，他同意推进玛格达莱娜的计划。

历时几个星期，玛格达莱娜向贝尼奥夫概述的那些变动开始运转起来。出乎他意料的是，有一半客户对签署合同没意见。他们很喜欢 Salesforce 的软件，也很开心有折扣。少数客户很不满，因而没有续用。其余的客户虽有抱怨，但由于获准可以在签合同之前继续以原价使用原服务一年，他们的态度也有所软化。Salesforce 的销售团队也有了新的动力——拿下长期订单，他们就可以得到双倍的佣金。合同模式的推行，也让 Salesforce 开始将触角伸向大客户。正如玛格达莱娜所料，没多久现金便开始源源不断地流入。2003 年初，Salesforce 实现了公司成立以来的第一次季度现金流为正。

随着公司的经营状况逐渐稳定下来，玛格达莱娜重拾她探访 Salesforce 与其团队交流的习惯。她很喜欢与考特尼·布罗德斯一同去探访，这位工程师之前供职于甲骨文。她给玛格达莱娜讲了一个有趣的故事。摇滚乐队 B-52's 音乐会销售活动的第二天早上 9 点，她来到 Salesforce，看到马克·贝尼奥夫在办公室里走来走去，音箱播放着劲爆的音乐，平常不怎么喝酒的他递给她一杯香槟。布罗德斯之所以接受 Salesforce 的聘用邀请，是因为她也认为软件交付方式迫切需要一场变革。当时，她心里对贝尼奥夫能不能成为出色的领导者并没什么底，甚至不确定他是否有能力给员工支付薪水。她对客户关系管理软件也不是特别感兴趣。但她想要参与到一场改变人们工作方式的潜在革命当中，她想要成为一家互联网创业公司的一分子。

尽管如此，在 Salesforce 工作的第一周结束时，看到大家中午都围坐在一起喝啤酒，她还是哭了。"真不该加入这家公司啊，我后悔死了。"她跟一个朋友说。但之后公司逐渐成长并成熟起来，布罗德斯也参与了多个部门的技术架构搭建工作。她为能够遇到玛格达莱娜而感到十分兴奋，因为她觉得董事会都是些"年老的白人男性"。当贝尼奥夫表现得很不友好时，她会向玛格达莱娜吐露心声，同时也会分享让她有所触动的贝尼奥夫的一些事迹。布罗德斯觉得，贝尼奥夫最大的优点之一是"自己有什么不足就招揽人才补足什么"。他时不时的善举也为他赢得了好感。他时常为有需要的员工支付医疗费用，在公司内部营造出了一种慈善文化。她对玛格达莱娜说，员工们最担心的是被微软吞并。整个 Salesforce 团队已开始意识到他们拥有一款伟大的产品，他们希望公司能够保持独立。

　　玛格达莱娜还认识了甲骨文的前员工左轩霆，他是 Salesforce 的第十一名员工，于 1999 年加入。他领导打造了 Salesforce 的第一个计费系统。2003 年，贝尼奥夫任命他为公司的第一位全球首席营销官。左轩霆说："我从未做过市场营销。"贝尼奥夫答道："你行的，放心。"左轩霆很快意识到，他的职责就是执行贝尼奥夫的想法。后者喜欢送记者巧克力，还喜欢亲自为公司活动和产品发布会制作精良的主题海报，因此左轩霆帮他执行这些事情。那些海报一直都很受欢迎，直到贝尼奥夫想出一个点子，即在海报上呈现他的一个喇嘛朋友在冥想的画面，并打上"开悟之路上没有软件"的宣传口号。Salesforce 把这个海报印了 650 份，作为为美国喜马拉雅基金会举办的一项公益活动的邀请函发放给记者和客户。谁料这个海报引发了轩然大波，媒体纷纷发表尖锐的评论大肆诟病 Salesforce："在开悟之路上，Salesforce 走了弯路"。随后贝尼奥夫公开道歉，左轩霆则疲于应付喇嘛那边的投诉电话，后者扬言要采取法律行动。但历经这次争议从愈演愈烈到日渐式微的整个过程后，左轩霆还是非常欣赏贝尼奥夫敢于冒险和挑战极限的精神。

与此同时，汤姆·西贝尔意识到，作为他庞大的西贝尔系统公司内部的一个部门，Sales.com 是无法做下去的，于是他把钱退还给了投资者。拉里·埃里森最终也离开了 Salesforce 的董事会，不过他还是保留了 Salesforce 的股份。他和玛格达莱娜恢复友好关系，一如以往，两人在沙丘路健身房锻炼时还是会一起畅聊户外运动。

随着市场终于开始回暖，一度奄奄一息的 Salesforce 没多久就与同样诞生于互联网繁荣时期的谷歌展开了一场上市卡位战。身兼 USVP 合伙人、Salesforce 投资人、妻子、母亲等多重角色，玛格达莱娜一路走来颇为艰辛。但她并不期望贝尼奥夫来感谢她挽救了公司，也不需要任何人来赞扬她干得很好。在她心目中，Salesforce 就像她的孩子一样，没有人比她更疼惜它。

索尼娅

与风趣迷人的乔恩·帕金斯第三次约会时，索尼娅感觉有什么不对劲。正当两人享用主菜时，乔恩看了看表，突然说要走开一下，结果过了 20 分钟才回来。他说他去了洗手间。

到了下一次晚餐约会，刚开始也跟上次一样，他讲了一个又一个故事，让索尼娅乐不可支。他谈起他那些暴脾气的兄弟（他家有五个兄弟，他排行老四），谈起父母，说到儿时好友至今仍对他凶悍的母亲心存畏惧。他说起自己赢过和输过的那些帆船比赛，说起大学时跟朋友搞过的那些恶作剧。他还向她讲述了自己在旧金山渡轮大厦经营海鲜餐厅的冒险经历，在那以前他仅从事过股票交易。

然而，说着说着，像掐准了时间一样，乔恩又是看了看表，说要去趟洗手间，在索尼娅快吃完的时候才气喘吁吁地回来。

眼看几次晚餐约会都演变成了乔恩突然不见踪影的戏码，索尼娅觉得很费解，于是抓住他的手问道："怎么回事呢？"他腼腆地笑了笑。

"乌特对自己喜欢的东西非常讲究，"他指的是他新开业的渡轮大厦海鲜餐厅的生意搭档、USVP 创始人比尔·鲍斯的妻子乌特，"她给我们的餐厅买了手工制作的亚麻桌布，非常漂亮，是上等餐厅才有的东西。但我们做的是海鲜餐厅啊。"

"我尝试过雇人清洗那些亚麻桌布，"乔恩接着说，"但没有人愿意做，因为没有备用的布。所以，我一直挑选附近有自助洗衣店的餐厅来和你一起吃饭。来餐厅前，我把桌布放进洗衣机清洗，然后算准需要将它们放进烘干机的时间，并设定闹钟。时间到了，我就准时跑过去，把它们放进烘干机，然后跑回来，饭后再把它们取回来。我就是做了这些事情。"

乔恩本可以称赞索尼娅很漂亮，给她买贵重的礼物，或者送她最喜欢的绣球花。谁料索尼娅觉得他如实解释更讨人喜欢。"为什么不早点告诉我呢？"她说道，"我可以帮你啊！我可以教你如何把桌布从烘干机里取出来，然后像用熨斗一样用手将它们熨平。"

索尼娅是 2003 年 1 月在太阳谷的一场婚礼中认识乔恩的，当时她才刚解除婚约不到一个月。她原定于新年前夜在旧金山圣弗朗西斯酒店结婚，然而随着婚期日益临近，她对未来的丈夫越来越感到不安。她在风险投资行业的成功，一定程度上要归功于她在感觉项目不对劲时总是能够听从自己的直觉。在婚礼前的几个星期里，她的疑虑和不安丝毫不减。她意识到，自己结婚的动机是错误的。她 30 多岁，事业有成，有一帮亲朋好友，住着大房子，但是她感觉所有人都在疑惑，她的另一半呢？是不是她的事业太成功，所以把潜在的对象都吓跑了？还是她干脆嫁给了工作呢？索尼娅感觉四面八方都在向自己施压，跟她说要符合社会期望，早点成家相夫教子。但是，与未婚夫结婚真的是她想要的吗？对于女性来说，宁愿在一定年龄离婚，也不要终身不嫁。未婚的中年男性被视作花花公子或单身汉，未婚的中年女性则被视作老处女，被视作社会中的异类。

索尼娅在婚礼前几天取消了婚约，把预订的婚宴房间转赠给一个非营利组织，用来举办新年派对。她把婚纱送到一家寄售店。不过，圣诞假期期间，索尼娅与住在街对面的好朋友安妮塔·韦斯伯格一起去了哥斯达黎加旅行，而不是一味地闷在家里自怨自艾。

新年前夜，她本应在旧金山走上红毯，步入婚姻殿堂，但此刻她却独自坐在托尔图加岛的野餐桌旁，哭泣着。她为她曾想象的未来落空了而哭泣。她哭还是因为她曾以为自己的生活会一直顺顺利利，现实却给了她一记耳光。

但是，如同温暖的夏雨一样，她的泪水没多久便停息了。她对自己说"振作起来吧"，就像电影《月色撩人》里雪儿扇了尼古拉斯·凯奇一巴掌后对他说的那样。她很喜欢那部电影，也很喜欢那个电影情节。

回到旧金山，索尼娅对安妮塔说，她打算拥抱单身生活，不再理会来自社会舆论的压力。她打算专心过好自己的生活。她要一个人到异国他乡去旅行，一个人吃饭，一个人享受独立的生活。

特蕾西娅

随着吉姆·戈茨的离开，特蕾西娅前所未有地挑起加速合伙公司的大梁，肩负起重建公司的重任，招募新星，追逐新的项目，提升团队士气。然而，等待这家公司的，将会是一场出乎任何人意料的考验。

戈茨离职后，特蕾西娅马上聘来了新任投资总监凯文·埃弗鲁希。两人曾在贝恩公司共事。离开贝恩后，埃弗鲁希加盟埃隆·马斯克创办的 Zip2 并出任产品经理一职。之后，他以常驻企业家的身份入驻 KPCB，并在此期间创办了 Corio（应用服务提供商），Corio 于 2000 年成功挂牌上市。到了执行合伙人的新职位上，特蕾西娅建议埃弗鲁希去为加速合伙公司追踪一家新公司，将其视作潜在的投资机会。那家公司叫 Skype，致力于提供免费的网络电话服务。

2003 年 8 月 29 日，Skype 首次上线，一炮而红，一瞬间就吸引了近 100 万名用户。在加速合伙公司的团队中，埃弗鲁希早早就看好 VoIP（基于网际互联协议的语音传输）技术有望掀起变革。

"这个项目的挑战在于，"特蕾西娅对埃弗鲁希说，"牵涉多个地区，而且它的情况有些复杂。"首先，Skype 的两位创始人，来自瑞典的尼克拉斯·曾斯特罗姆以及来自丹麦的亚努斯·弗里斯，卷入了法律纠纷，躲在欧洲的某个地方，以避免被美国律师传唤出庭。

特蕾西娅对埃弗鲁希说："身为投资总监，你可以给我们带来助力，但这个项目你需要让欧洲那边的同事来领头。"

2002 年夏天，为加速合伙公司成立伦敦办事处的布鲁斯·戈尔登与 Skype 行踪飘忽的两位创始人取得了联系，并开始与曾斯特罗姆进行洽谈。曾斯特罗姆主要在伦敦活动，Skype 的开发团队则在欧洲东北部的爱沙尼亚。

特蕾西娅对戈尔登十分敬佩。在加入加速合伙公司之前，戈尔登曾邀请特蕾西娅随他到该公司进行实地考察。他创过业，作为投资者拿下过数个重磅项目，如软件公司 Support.com、comScore 和

Responsys。戈尔登是特蕾西娅所认识的最有原则的人之一。特蕾西娅和埃弗鲁希在后方为戈尔登和伦敦的团队提供支持。

"从好的方面来看，我们是在见证一个新平台的诞生，"戈尔登对特蕾西娅说，"Skype 的增长非常惊人。然而它的问题之多，风险之大，也是我从业以来从未遇到过的。"

因为早前共同创立的点对点音乐和视频文件分享网站 Kazaa，曾斯特罗姆和弗里斯惹上了官司。Kazaa 成了有史以来下载量最高的应用程序之一，它的服务功能与 Napster（在线音乐服务）基本雷同，而后者在美国已被关停，原因是允许用户非法共享音乐文件。曾斯特罗姆和弗里斯上线 Kazaa 时，并没有获得美国音乐和电影公司的内容授权。因此，两人被一大群律师以盗窃版权材料的罪名起诉。据说，一有不熟悉的人走进没有标识的 Skype 办公室，曾斯特罗姆都会躲到他的办公桌底下。

曾斯特罗姆和弗里斯的律师曾指示他们不要前往美国。与两人会面的戈尔登必须签署一份保密协议，协议要求他任何时候都不能对外透露那两位创始人的行踪。

戈尔登的职责之一是评估每一个项目的风险：团队内部有什么风险？有技术风险吗？有竞争风险吗？有知识产权风险吗？

"那些常见的风险这家公司全都有，甚至还有别的风险。"戈尔登告诉特蕾西娅和埃弗鲁希。

戈尔登发现，Skype 背后核心的点对点技术使用权属于曾斯特罗姆和弗里斯两人部分控股的一家公司。这意味着 Skype 无法完全掌控自己的命运，并可能引发利益冲突。对于 Skype 来说，现阶段不拥有或不完全控制其核心产权，对于投资而言是极不寻常的。在任何交易中，戈尔登都需要看到一家公司如何以某种有意义的方式"发明"或创新，以解决问题或创造机会。戈尔登了解到，Skype 的 VoIP 技术的开发者是自由开发者，而非 Skype 的雇员，公司雇员开发的技术显然是归公司所有的。不仅如此，正在进行的对 Kazaa 的诉讼也给创始人能否在美国建立 Skype 带来了不确定性。联邦通信委员会将如何裁决 VoIP 流量，包括关税和执法拦截等问题，也不确定。此外，Skype 被注册为卢森堡的企业实体，而加速合伙公司此前从未接触过这类实体。"这很不同寻常，存在很多问题。"戈尔登指出。

然而，在帕洛阿托的办公室，也有一些人强烈表示，Skype 正是加速合伙公司应当追逐的那种项目，也是迫切需要将其加入投资组合的那种项目。为了缓和风险，戈尔登尝试深入了解 Skype 背后的技术。他对 VoIP 研究了一番，这一技术于 1975 年开始开发，并于 1995 年首次公开应用。它最初是模拟电话网络，后来逐渐发展成一套用于即时消息、会议电话和视频通话的独立软件标准。而 Skype 打造的是一个针对企业客户的专有协议套件，这种专有协议比开源协议盛行的情况并不多见。

纵使对 Skype 的种种问题和不确定性仍旧感到不安，戈尔登还是与曾斯特罗姆达成了协议，向后者提供了一份投资意向书。与曾斯特罗姆握过手后，戈尔登觉得已经为加速合伙公司敲定了交易。然而，不久后，曾斯特罗姆打电话给戈尔登，说双方的协议要改一改，他和他的团队想要从中获得更多。戈尔登本以为达成口头协议、握过手就是尘埃落定了，却又不得不重新回到谈判桌上，撰写新的投资意向书，填上新的数字。两人再次握手。接着，曾斯特罗姆又打来电话说，投资意向书还得改一次。戈尔登努力保持镇静。Skype 是一家特立独行的公司，两位创始人都有些咄咄逼人；这是他们为自己的公司引入投资的时刻，他们要力求利益最大化。而戈尔登的行事方式则与他们截然相反。经过多次秘密会面，反复讨价还价后，戈尔登和曾斯特罗姆拟定出双方都满意的交易协议。此次握手正好是在圣诞节假期前夕。曾斯特罗姆接受了投资要约。

戈尔登身心俱疲，同时也终于得到了解脱。他通知特蕾西娅、埃弗鲁希和加速合伙公司在帕洛阿托的团队，他们终于敲定交易了。他要与家人去进行久违的旅行，自一年半前搬到伦敦以来，他们一家一直都没有这样的机会。他们要去南非旅行。

放下 Skype 这块心头大石，戈尔登与他的妻子和孩子们在南非享受着原始风光之美，观赏狮子、豹子、犀牛、大象、水牛等动物。他们身处南非最南端的偏远地区，手机信号时有时无。旅行了几天，戈尔登注意到曾斯特罗姆给他打过电话。他为什么这个时候打电话过来呢？站在热带雨林里勉强能接收信号的一片地方，戈尔登听了曾斯特罗姆的语音留言。曾斯特罗姆说，他以为加速合伙公司的投资是以欧元计价，而不是美元。戈尔登简直目瞪口呆。每一份投资意向书，每一次洽谈，每一次讨价还价，用的都是美元，而不是欧元。换成欧元的话，加速合伙公司的报价相当于要提高 25% 以上。他心想，这是不可能的。

戈尔登思索着下一步该怎么办：是该提前结束家庭假期，飞回伦敦，还是等到假期结束以后才处理这件事？或者现在就去联系曾斯特罗姆？最起码他要先找曾斯特罗姆谈一谈。戈尔登决定等到下一次有手机信号，就打给他——曾斯特罗姆也不容易联系上，因为他换手机号跟换衣服一样频繁。经过几番尝试，戈尔登得知曾斯特罗姆也在度假。他内心十分纠结。一方面，这笔交易有望带来丰厚的回报，Skype 甚至有可能成为那种可遇不可求的公司，那种不容错失的、可以让加速合伙公司打响招牌的项目。在戈尔登的内心深处，有个声音呼唤他去让这笔交易重回正轨。与此同时，他也到了不想再被别人牵着鼻子走的临界点。

鉴于 Skype 有可能会引来知识产权诉讼，戈尔登之前就开始担心加速合伙公司的品牌声誉会受到波及。他也担心自己处理不好与 Skype 团队之间的关系。投资者与创业者要长时间打交道，双方之间的关系必定要经受许多起起落落，需要相互信任、相互尊重。戈尔登心想，如果说这就是他与 Skype 创始人的蜜月期，那么这段联姻以后会变成什么样呢？

他觉得自己已经尽了一切努力去与 Skype 的创始人打好关系，尤其是曾斯特罗姆。他已经阐明，加速合伙公司会如何帮助他们聚拢资源，以及基于最佳实践范例来打造一项动态业务。他历尽艰辛，克服了重重困难。而这个时候，再三变卦的曾斯特罗姆又跑来说这笔交易要以欧元计价，简直荒唐至极。诚然，这笔交易可能会带来很大的回报，但要付出多少代价呢？戈尔登问自己。

回到伦敦，戈尔登向特蕾西娅和加速合伙公司的团队汇报了情况。特蕾西娅理解戈尔登想要与"友好且正派的"人共事。她告诉他，在 Skype 项目上他就是加速合伙公司的话事人，最终怎么处理由他说了算。她知道，星期一早上不宜扮演像四分卫那样的指挥官角色。戈尔登在她当投资经理时指导过她，告诉过她"优秀的合伙人会鼓励其他合伙人看到赚钱的机会就要去努力追逐，看到其他合伙人遇到盲区时则会予以劝阻"。她也在向埃弗鲁希灌输这种理念。

特蕾西娅也明白利成于益的问题。有的投资人会在商言商，利益当先，不涉及个人；有的则认为生意完全离不开个人。特蕾西娅认识的那些非常出众的创业者，都是以让人们的生活变得更丰富、更美好、更充实作为驱动力的。

"这些家伙让我很担忧，"戈尔登最后说，"他们对 Kazaa 的破坏力毫无悔意，他们也着迷于 Skype 对电信行业的破坏力。"颠覆传统行业固然值得称道，但戈尔登还是希望与"品行端正的，专注于在法律范围内从事正当事情的，为周围的生态系统创造持久价值的人打交道"。

最后，戈尔登决定退出 Skype 的交易。该公司随即引来 10 多家其他的风投公司争相追逐。对加速合伙公司来说，这是一个重大的财务打击。然而对特蕾西娅来说，这就像刚进入一场橄榄球比赛的下半场，还有大把的时间卷土重来。她会继续鼓舞公司内部的士气，并琢磨出新路径，来让这家有 20 年历史的风投公司继续展现光彩。

索尼娅

2003 年 4 月，一个天气晴朗的周末，索尼娅乘着乔恩·帕金斯约 35 英尺长的 J/105 统一设计型帆船"天时"在旧金山湾航行，这艘船是乔恩的兄弟克里斯和菲尔所有的。在菲尔的陪同下，索尼娅和乔恩从旧金山的圣弗朗西斯游艇俱乐部出发，经过恶魔岛，驶向雄伟的金门大桥。两兄弟都是训练有素的航海者，曾乘着"天时"赢下一些帆船大赛，索尼娅上大学时也玩过帆船。风势起来，大三角帆升起，"天时"划过波涛汹涌的灰色海面。临近正午，他们前往位于蒂伯龙的旧金山游艇俱乐部吃饭。每年夏天，帕金斯兄弟俩每个早上都会泡在那里，学习驾驶帆船，并相互展开一番激烈的比拼。

他们坐在俱乐部会所的甲板上，没多久又有几个人加入进来。不到半小时，至少有 15 个朋友拖着椅子坐过来。周围景色优美，空气有股海边的咸味，但大家过来都是为了见见这个叫索尼娅的美女，八卦一下她与乔恩相识的故事。

索尼娅保留了她与乔恩的第一次合照，那时他们还没有正式认识。当时是在安妮塔·韦斯伯格的女儿在太阳谷的婚礼仪式上，乔恩就坐在索尼娅身后。他的家人认识韦斯伯格一家，他与父母和菲尔一起出席婚礼。乔恩和索尼娅在婚宴开始时相遇了。机智的安妮塔特意把他俩的座位安排在一起，两人也一见如故。

索尼娅告诉乔恩，她刚刚解除了婚约。乔恩问她有什么感受，她如实说："我还好。"

第二天，大家启程回家，在机场，索尼娅意外发现坐在旁边的就是乔恩和他的家人。两人约好回到城里再见面。

一个月后，乔恩约她共进晚餐。从第一次约会开始，索尼娅就觉得很开心。只不过，之后好几个星期她都没有他的消息。接着，他突然打来电话，于是两人准备再约出来见面。

索尼娅并没有因为两人见面较少而苦恼，毕竟她平常要长时间工作。在37岁的年纪，她沉醉于自己的事业，与创业者和创业公司共事相当愉快。乔恩则在为他开的渡轮大厦海鲜餐厅劳碌奔波。

周末，索尼娅开始到乔恩的餐厅帮他干活，和他一起在柜台后面卖鱼。索尼娅深谙销售之道：她很久以前曾在家乡的一家中国餐馆负责收拾餐桌，曾在莱格特百货商场的儿童区做售货员，在那里她学会了追加销售之道——向买衬衫的顾客顺带推销相配的裤子，向买雨靴的顾客顺带推销雨衣。

看着索尼娅在柜台后面干活，乔恩想起了电影《欢乐糖果屋》中获得机会畅游神奇的糖果厂的查理。每次转过身接着干自己的活时，乔恩都嘴角上扬，面带微笑。索尼娅的能量很有感染力。

特蕾西娅

特蕾西娅想到了一个新的投资范畴，这个范畴与她感兴趣的几样东西有关：购物、旅行和房地产。她已拿下 WebCohort/

Imperva 项目，她投资的 PeopleSupport 也正从灰烬中涅槃重生，在将客户服务中心运营迁至菲律宾后取得了不可思议的增长。现在，她将目光投向她心目中的下一个绝佳投资机会。

她的"进取型投资理论"是在看到谷歌成长为最受欢迎的网络搜索方式后产生的。2003 年，谷歌实现营收近 10 亿美元，净利润 1.06 亿美元，每天大约有 2 亿次搜索是通过谷歌完成的。这是两位喜欢在办公室周围溜旱冰的计算机极客所取得的惊人成就。两人的征程始于开发卓越的搜索算法，但起初他们对如何将所开发的技术变现一无所知。

"谷歌强大的赚钱能力固然引人注目，但更引人注目的是，它从印刷媒体、报纸等传统媒体手中夺取广告预算的方式。"在一个围绕新投资主题的场外会议上，特蕾西娅对她的合伙人说，"要想取得成功，谷歌必须优化它的'一框式'搜索体验。人们的搜索种类将会变得多种多样。对于在网上购物的用户，最好能提供商品的一些具体规格参数。人们想看到尺寸、颜色选择、照片、店铺、是否在售等方面的信息，想进行'垂直搜索'，或者说'专门化搜索'。"

谷歌于 2002 年 12 月推出垂直购物搜索引擎 Froogle（拉里·佩奇的一个业余项目，向用户提购物信息和建议），特蕾西娅一直都在关注该产品的状况。"它并没有发展壮大，我认为这是因为它陷入了典型的创新者困境，"特蕾西娅说道，"谷歌的核心业务是一框式搜索，它的营收贡献达到 90%。虽然安排了最优秀的人才去做 Froogle，但对他们来说，再打造一个品牌会是一种负担。我是说那与一框式搜索的模式截然相反，你得去深耕一个搜索类别，给用户带来更好的体验。这种类型的搜索不需要再开发新的算法，而只需要用一种新的方式来将所有的网上信息组织起来。"

她预言："垂直搜索引擎将会促使多个消费行业发生变革。"

对"新一代搜索"钻研得越多，特蕾西娅感到越兴奋。经过他人的介绍，没多久特蕾西娅就认识了几个斯坦福大学的研究生，他们在入读商学院的第二年把很多时间都放在秘密打造一家垂直搜索创业公司上面。他们相信，他们正在开发的东西有望让一个与美国人的生活方式息息相关的行业跟上时代的发展。

MJ

MJ 看着母亲筛面粉，给它通气，让它变轻，分成团块，去除任何多余的颗粒。面粉装在袋子和盒子里会压缩，在潮湿环境中会变得更稠密。筛面粉的场景，给 MJ 带来一种舒缓的感觉，一种旧世界的感觉，让她仿佛回到了特雷霍特老家的厨房。在那里，在下午倾斜的阳光下，一团面粉看着似乎有某种魔力一样。

她的母亲从头开始做出法式长面包和甜甜圈，把甜甜圈分给孩子们。她做糕点做了不下一百次，一直都记得食谱。但今天，她反复看着碗，一筹莫展。她忘了是否加了盐和小苏打粉。MJ 和她的姐妹不禁感到担忧。MJ 17 岁的女儿凯特也来帮忙。凯特很小的时候，她外祖母每周六晚上都要帮忙照看她。每次从"约会之夜"回来，MJ 和丈夫比尔都会看到她俩在厨房里咯咯地笑，烤着饼干，面粉撒得到处都是。

在 7 月 4 日这天，MJ 的母亲提出带一些自制的饼干到家庭聚会上。看着她带着从商店买来的包装好的饼干出现，MJ 便知道她有什么不对劲。带她看了几位专家后，家人们才得知，她患有阿尔茨海默病。受病情影响，这个从未说过任何人坏话，在 MJ 心目中最善良的人变得喜欢与人争吵，变得焦躁不安。这一切都很突然，仿佛她母亲的性情在一夜之间发生了翻天覆地的变化。MJ 和兄弟姐妹一起商量给母亲寻找治疗方法。

MJ 曾几度成功帮助 IVP 渡过重大危机，然而在母亲的病情面前，她却有些不知所措。她父亲坚持让妻子留在家里，但他体形不大，他妻子则是个大块头，他显然抱不动她，帮不了什么忙。因此，MJ 和她的兄弟姐妹不得不让父母搬到一个辅助护理机构居住。没过多久，那个机构开始在晚上给 MJ 打电话，说她母亲出现诸如迷路、摔倒的问题。最后，她母亲被转移到针对记忆障碍患者的"记忆护理区"。MJ 很敬佩父亲能够一直陪在母亲身边，毕竟，他已经尽其所能了。然而，去探访时，MJ 发现母亲的手臂上有瘀青。工作人员声称她母亲不配合护理人员的工作。那一刻，MJ 意识到，她需要给母亲寻找一个更好的住处。

MJ 快 50 岁了。此时的她不禁在想，母亲是否真正快乐过？阿尔茨海默病这一可怕的疾病，是否表明她母亲内心因为没能充分发挥出自己的潜力而潜藏着愤怒情绪？她的思绪总会回溯到自己在女性生活环境有所改善的时代所做过的生活选择。MJ 从未真正问过自己这些很重要的问题。她自己过得快乐吗？

MJ 一直以为母亲会比父亲活得长，毕竟她比父亲小 5 岁，而且从统计数据来看，女人的确比男人长寿。MJ 曾经展望，将来她寡居的母亲会住在她家一间可爱的小房间里。除了烹饪和针织，她母亲还热爱艺术和诗歌，画画也颇具天赋。然而，由于要承担数不清的家庭责任，她从未有闲暇去做那些自己热爱的事情。

2004 年初的一天，在清理凯特的房间时，MJ 坐在床上看着凯特的照片。凯特当初是个不怎么闹腾的婴儿，MJ 怀着她时比较轻松自在。想到自己羊水破了的那个晚上，MJ 不禁笑了起来。那时她的产前派对刚结束，距离预产期还有五个星期。第二天早上，比尔带她去医院，医生告诉他们先回家休息一下，几个小时后再回来。比尔去上班，MJ 在家打扫房子，给 IVP 打过电话，便去修剪草坪。当她修剪草坪的时候，她要临产了。回忆完那段往事，MJ 摇了摇头。然后她抱起一堆要洗的衣服，心想：女性真正改变了多少？

第七章

生、死与代表作

2005—2009 年

特蕾西娅

在参加 Glam Media（网络媒体公司）的董事会会议时，特蕾西娅从另一位风险投资家蒂姆·德雷珀那里听到了一个劲爆的消息。就像得到热门股票小道消息的交易员一样，她迅速从手提包里掏出黑莓手机，给身在加速合伙公司办公室的凯文·埃弗鲁希发短信。

"蒂姆·德雷珀刚刚说他昨天见了脸书那边的人。"她在短信中写道。埃弗鲁希此前曾试图会见那几位在一年前创建大学生社交网络平台 Thefacebook.com 的创始人，但遭到了拒绝。

埃弗鲁希在加速合伙公司担任投资总监一职已有两年了，但还没有完成什么重要的交易。2005 年初春，他一直在对脸书展开追逐，但无奈毫无进展。对方没有理会他的致电和发出的电子邮件；他被告知，脸书团队不会与风险投资家会面。

特蕾西娅得到的消息则是，脸书的人的确正在会见风险投资家——只不过都是加速合伙公司以外的风险投资家。但她看到了一个机会，她知道加速合伙公司需要抓住这个机会。随着经济在2003年左右触底反弹，加速合伙公司开始把重心放在新项目上，而不是讨论哪些公司要倒闭。消费互联网公司卷土重来，社交网络崭露头角，这两股趋势正开始改变人与人之间的联系，改变约会方式，乃至改变人们的沟通交流方式。有的人将此视作一个新时代，一个创业公司呈现寒武纪生命大爆发式的新时代。

互联网繁荣时期诞生了一大批被过度吹捧、估值虚高的公司，随着泡沫的破灭，它们兵败如山倒，最终走向破产。与此同时，该时期也催生了一些颠覆性的公司，如 eBay、谷歌、亚马逊和 PayPal。现在，新一波明星公司冉冉升起：领英、MySpace（社交网站）、Friendster、Yelp（点评网站）、YouTube、Flickr（图片分享网站）等。雅虎股价一路飙升。谷歌上线了邮箱服务 Gmail。由马丁·埃伯哈德和马克·塔彭宁于2003年创立的电动汽车公司特斯拉迎来了一位充满活力的女性成员，她叫劳丽·尤勒，是该公司的第一位种子投资者，同时也是它的创始董事会成员。埃隆·马斯克在2002年创立太空探索技术公司，并于2004年以投资者兼董事长的身份加盟特斯拉。业界再一次看到了重磅项目诞生的可能性。

从特蕾西娅收到关于脸书的消息后，埃弗鲁希马上去拜访了加速合伙公司的合伙人彼得·芬顿。芬顿与里德·霍夫曼相识，而后者是 PayPal 前首席运营官兼领英联合创始人，是硅谷人脉最广的人之一。霍夫曼还是脸书的早期种子投资者，投了3.75万美元。他不是很愿意引荐芬顿接触脸书的团队。在他眼里，只有大

约 10% 的风险投资家真正懂行，能够真正为创业者"带来额外的
价值"。他认为，创业者必须要仔细甄选投资人，而加速合伙公
司并不在他的风投公司推荐名单上。但芬顿后来又打来电话，霍
夫曼出于情面，最后同意引荐。

2005 年 4 月 1 日，周五，埃弗鲁希和白发苍苍的加速合伙
公司联合创始人阿瑟·帕特森从他们在帕洛阿托大学路的办公室
走到脸书位于埃莫森街的总部。他们想要见到脸书产品管理副总
裁、领英前员工马特·科勒。到了办公室，两人看到科勒和达斯
汀·莫斯科维茨正在组装宜家家具。办公室里一片混乱。两人被
带到会议室，几分钟后，看到脸书联合创始人马克·扎克伯格以
及脸书总裁肖恩·帕克拿着墨西哥卷饼走进来，他们都惊讶不已。

帕克曾创业过，拥有丰富多彩的履历。他是音乐文件共享网
站 Napster 的联合创始人，该网站风行一时，最终因为被美国唱
片业协会指控侵犯版权而迅速陨落。帕克还创办过一家叫 Plaxo
的社交媒体公司，最后以他被董事会驱逐收场。之后，他在 2004
年夏天加入脸书团队。当时，扎克伯格刚将公司从哈佛大学转移
到帕洛阿托。

帕克看起来自信心爆棚，扎克伯格则有些腼腆。双方的会面
没多久便结束了，不过埃弗鲁希和帕特森均觉得脸书的增长态势
令人惊叹。Thefacebook.com 是于 2004 年 2 月 4 日在扎克伯格的
哈佛宿舍上线的，逐渐向越来越多高校的学生开放，第一年它就
获得了超过 200 万的用户。

非正式会面结束后，埃弗鲁希邀请帕克和扎克伯格参加加速

合伙公司周一早上的合伙人会议。两人同意了，不过两人相互看了看，似乎在用眼神传递着什么，所以埃弗鲁希担心可能会有变数。

在回加速合伙公司的路上，帕特森敦促埃弗鲁希要确保脸书的人周一赴约。埃弗鲁希打算利用周末的时间办好这件事。

周一早上，扎克伯格、帕克和科勒三人如约到达加速合伙公司的办公室。20 岁的扎克伯格穿着短裤、T 恤和阿迪达斯运动鞋。特蕾西娅对他的第一印象是不修边幅，比想象中还年轻。不久，大家到会议室落座。扎克伯格漫不经心地给特蕾西娅等人递上名片，上面写着："贱人！我是 CEO！"

玛格达莱娜

Salesforce 于 2004 年 6 月成功上市，从那以后，它的股票一直起伏不定，员工们总是忍不住去看股价的涨跌。贝尼奥夫不希望员工因为公司股价而分心，希望他们重新把注意力放在公司的发展上，而不是个人持股净值的增减上。于是，他召开全体员工会议，并让玛格达莱娜发表讲话。

玛格达莱娜联想到自己在土耳其的航行经历中学到的教训，于是跟大家说："要避免在汹涌的海浪中晕船，最好的办法是把目光聚焦在地平线上。要是总看着周围的海浪，你必定会晕船。把目光放在你想要去的地方，将地平线视作你的长期目的地，并朝着它迈进。"

"仅仅因为我们现在是一家上市公司这一点，并不意味着我们要改变做事方式，"她接着说，"一切照常运转。我学到的最重要的一课是，要比任何人都爱你的客户，为客户工作，而不是为投资者、员工或老板工作。"

Salesforce 的上市让它的很多早期投资者和员工在一夜之间跻身百万富翁行列。得以付清汽车租赁费，考特尼·布罗德斯感到很高兴。看到马克·贝尼奥夫出入都有好几个安保人员贴身保护，她也觉得很有趣。几个月前，她亲眼看见戴尔公司创始人迈克尔·戴尔走进 Salesforce 办公室时的排场，看起来像有特勤局护卫的总统驾临一样。现在，她要有一个特殊的徽章才能在场外活动中接近贝尼奥夫。

Salesforce 是在纽约证券交易所挂牌上市的，首个交易日暴涨 56.4%。它通过 IPO 募得超过 1.1 亿美元，收盘价为 17.20 美元，远远超过每股 11 美元的发行价。玛格达莱娜后来跟贝尼奥夫说："我们本应把 IPO 发行价定得更高。上市首日跳涨超过 30%，说明很可能是因为定价太低。市场需求摆在那里，但我们的定价太保守了。"

贝尼奥夫非常希望自己在纽交所敲钟上市的时候，玛格达莱娜能站在他身旁。但玛格达莱娜没能前往现场。她有个儿子身体不适，于是她选择留在加州阿瑟顿的家中照顾他。她在电视机前观看了上市仪式。

在 Salesforce 上市后不久，玛格达莱娜前往 USVP 办公室探访，心里却有一种莫名的伤感。她对 Salesforce 的 50 万美元个人投资，现在账面价值达到数百万美元，这可以说是值得庆祝的毕生难忘的成就。但到了办公室，她为 USVP 错失 Salesforce 这一机会感到遗憾。她知道，投资者纷纷打来电话，质问 USVP 为什么没有投资自己的合伙人亲手送到面前的项目。玛格达莱娜通过个人投资赚了一大笔钱，而 USVP 却一而再再而三地放弃投资这个项目。为什么会这样呢？USVP 当初反而选择了投资汤姆·西贝尔的创业公司 Sales.com，最终一无所获。

玛格达莱娜喜欢做风投的原因之一是，有机会在短短一天之内接触到各式各样的公司，有机会享受充满刺激的智力挑战，有机会在挑选投资项目的过程中考验自己的判断能力和才能。她很享受与创业者共事，帮助他们实现梦想的过程。在她看来，这个行业不好的一面是，风投公司有不少毫无团队合作意识的"独狼"。尽管有些公司内部表面上有凝聚力，但总的来说，在这个世界里，平等并不普遍存在，它只是一种虚无缥缈的幻想。正如玛格达莱娜所看到的，等级秩序和权力结构一直都存在。身为女性，玛格达莱娜哪怕成了合伙人，也依然低人一等。

处于创投食物链顶端的是汤姆·西贝尔，他的公司在 2005 年被甲骨文以 58.5 亿美元的高价收归门下。这笔重磅交易势必要掀起巨大的波澜，它意味着拉里·埃里森和马克·贝尼奥夫这对昔日的老友之间的大战在所难免。此时，Salesforce 继续保持着令人惊叹的增长速度。2005 年，Salesforce 实现营收 1.76 亿美元，同比上涨 84%，用户数量达 22.7 万。2006 年，它的营收飙涨到 4.5 亿美元，用户数量也扩大到近 40 万。

像"软件即服务"、"云"和"云计算"这样的术语正变得越来越流行。2006 年，谷歌首席执行官埃里克·施密特——玛格达莱娜的朋友，两人相识时她在 CyberCash，他则在太阳微系统公司——在一次行业大会上对"云"一词进行了普及。施密特说："有趣的是，业界兴起了一种新的商业模式。我认为人们还没有真正领会这个机会到底有多大。大家都假定数据服务和架构应该放在服务器上。而把它们放在某个地方的'云'上，我们则称之为云计算。"

在这个词出现之前，马克·贝尼奥夫令人难忘的"反软件"运动（再加上他的宣传口号：软件和数据应变得随时随地都可以在线访问），便以"云"为核心了。至此，显然不会再有人叫他"迷你版埃里森"了。

玛格达莱娜见证了这位才华横溢的前销售员带着自信、创造力和毅力踏上创业之路的历程。自两人在圣马特奥乡村俱乐部露台的午餐桌上探讨创业的可能性以来，贝尼奥夫已经走过了很长很长的一段路程。当时，他问玛格达莱娜："我应该去做这种产品吗？我一个人能做吗？"

玛格达莱娜给出肯定的回答，没有丝毫的迟疑。她早早就看到了别人都看不到的趋势："云"在聚集，直指未来。

特蕾西娅

在加速合伙公司周一的合伙人会议上，接过马克·扎克伯格印着"贱人！我是CEO！"的名片，特蕾西娅默默地把它存放好，接着打开她的笔记本电脑，准备开始与脸书团队的重要会面。

除了特蕾西娅以外，加速合伙公司一方出席会议的还包括凯文·埃弗鲁希、吉姆·布雷耶、彼得·瓦格纳、彼得·芬顿以及6个月前被聘为投资总监的李平。肖恩·帕克先进行推介。他告诉加速合伙公司团队，多达2/3的用户每天登录脸书网站，用户每天至少在网站停留20分钟。而且，用户的活跃度也随着用户数量的增长而不断增长，近几个月获得附近的风投公司投资的MySpace、Friendster以及其他大型社交网络则无一能做到这一点。那些网站虽然取得了用户增长，但它们的用户活跃度全都随之下降。脸书显然有与众不同之处。它是互联网上增长第二快的网站，仅次于面向所有年龄段的MySpace。

听了这些，特蕾西娅觉得脸书很不错。但她担心，这家公司究竟是谁做主？是帕克还是扎克伯格？她看着扎克伯格，问道："你是如何铺展这项业务的呢？"

扎克伯格轻声而清晰地回答，解释他所说的"天鹅绒绳索"策略：要获准加入脸书网站，各所高校要先排队等候。要进入等候名单，高校必须先提交一份学生签署的请愿书，请愿书上必须要有校内所有学生的学校邮箱地址。"其他学校的朋友加入脸书了，你自然会希望自己的学校也加入，"扎克伯格说道，"人人都想要自己的学校成为下一所入驻脸书的高校。"脸书一经上线，学生们都迫不及待地加入，因为其他人都在使用。

特蕾西娅觉得扎克伯格思维敏锐。她在会议记录中写道，他话不多，但对产品有着深刻的理解。她还写道，脸书会成为社交网络界的 eBay 或亚马逊吗？随着会议的深入，她看出脸书是由马克·扎克伯格做主的。

在上午的会议开始之前，扎克伯格找吉姆·布雷耶聊了聊。后者浸淫风投行业多年，称得上业界的大师级人物，他还在沃尔玛和戴尔担任董事。扎克伯格跟他说，要是脸书与加速合伙公司有什么交易，他需要布雷耶亲自参与其中。

在听脸书团队讲述的过程中，布雷耶对那些增长数据和扎克伯格安静认真的性格印象颇深。布雷耶事先了解到，扎克伯格的父亲是一名牙医，母亲是一名精神病学家，他在哈佛大学主修心理学，同时还是一名计算机天才，在校园里享有软件编程高手的美誉。扎克伯格向布雷耶明确指出，他想要建立一个超出大学范畴的平台，连接全球各地的人。他为其网站在月活跃用户量、日活跃用户量、用户平均使用时长等指标上的表现感到自豪。布雷耶注意到幻灯片底部的一小行字，上面加了脚注，写着"脸书，由马克·扎克伯格出品"。布雷耶心想，这是一个很重要的细节。此次会议持续了大约 1 个小时。埃弗鲁希向脸书团队承诺，会马上给他们答复。

让一屋子争强好胜的人就一个项目达成一致意见，绝非易事。然而，对于脸书，加速合伙公司的团队成员无一不表示看好，无一不充满热情。向来不易被打动的帕特森在上周五与埃弗鲁希一起见过脸书的人以后也说脸书的用户数据"令人惊叹"。

特蕾西娅觉得，扎克伯格之所以令人叹服，是因为他的网站增长惊人，而且所覆盖的大学生用户群正是营销者眼中的香饽饽。营销者认为，大学时期是人们的品牌忠诚度形成的一个重要时期。由于相对封闭，脸书也有别于 Friendster、MySpace 等其他社交网络。MySpace 更被诟病滋长了低级庸俗的信息。技术专业出身且热爱艺术的布雷耶认为，扎克伯格虽然有些沉默寡言，但非常聪明自信。他打算联系一下与帕克共事过的一些风险投资家，尽可能掌握更多的信息。

加速合伙公司获知，扎克伯格只打算出售脸书 10% 的股份，这样他就可以保留控制权。据报道，他收到了《华盛顿邮报》董事长兼首席执行官唐·格雷厄姆的投资要约，格雷厄姆拟投资 600 万美元，对脸书估值 6 000 万美元。格雷厄姆的优势在于，他是以一家私人控股公司的名义投资的，他还告诉扎克伯格，他绝不会迫使脸书上市。相较之下，任何风投公司都负有通过 IPO 或者并购交易套现退出，向投资者返回收益的责任。因此，加速合伙公司的出价得高于格雷厄姆。

埃弗鲁希、布雷耶和加速合伙公司内部的律师一起商量拟定投资要约的条款。特蕾西娅也在打印机旁和埃弗鲁希探讨最佳方案，后者想要提供类似于唐·格雷厄姆的报价。

特蕾西娅则有不同的想法。

"听着，整个合伙人团队都认为我们应当拿下这个项目，"特蕾西娅说道，"我想你应该同时准备好几份投资意向书。"加速合伙公司有 4.5 亿美元的投资基金可以提取。"我们最多会损失

1 000 万美元，前提是我们所有人都判断错了。"她认为，他们需要投 1 000 万美元，给予脸书 1 亿美元的投资后估值。"扎克伯格很懂技术，"她说，"谷歌当初的估值有 1 亿美元，他会希望他的公司的估值至少也能达到那个数字。"

"如果你投 600 万美元，而他们想要 1 000 万美元，我们可能就会因为 400 万美元的差额而损失掉一笔 1 亿美元规模的交易。如果没投成，我们就什么都得不到。"她补充说。

埃弗鲁希认同特蕾西娅的策略，于是准备了两份投资意向书。那天下午，埃弗鲁希、特蕾西娅和李平沿着大学路走了六个街区，前往脸书位于埃莫森街的办公室。特蕾西娅穿着裙子和高跟鞋，已不再像入行初期那样身着难看的中性化风投标准服装：卡其裤和蓝色领尖扣衬衫。"人多力量大，"她说，"要表现出你的诚意，就得带上你的人马，直接上门拜访。"

她瞥了埃弗鲁希一眼，他似乎有些心不在焉。特蕾西娅钦佩他的顽强和冒险精神。他拥有斯坦福大学的工程学学士学位和 MBA 学位，他的第一个孩子比她的女儿萨拉小 3 个月。

埃弗鲁希也觉得特蕾西娅很了不起。她在网络安全领域建立起了信誉，这可不是一件轻而易举的事情。她结识了包括什洛莫·克雷默在内的多位首屈一指的行业领袖。她也曾给埃弗鲁希提供指导，告诉他要敢于涉足新兴领域，不要把它们或者它们的挑战想得太难，不要过多地担心自己在新领域的第一笔投资，因为有时候要投一两次才会取得回报。她鼓励他看准了机会就要坚定地去追逐，哪怕对方总是让你吃闭门羹。埃弗鲁希听从了她的建议，即便受到脸书的种种冷遇，他也一直没有放弃。

"到了。"埃弗鲁希说，面前就是脸书的办公室。它位于一家寿司店的楼上。获准进楼后，加速合伙公司的团队直奔楼上。到了楼梯的顶端，可以看到一幅涂鸦风格的壁画，画的是一个穿着内衣的丰满女人骑着一只喷火的动物。办公室的墙上挂满了同样轮廓分明且引人注目的壁画，大多数描绘的是女性的面孔和衣着暴露的身体。特蕾西娅没有多想壁画的性意味。很明显，这是一家男人占绝大多数的公司，并且还是一群没什么顾忌的男人。

特蕾西娅、埃弗鲁希和李平走进会议室。特蕾西娅看了看旁边桌子上的东西。大多数公司会在会议室的桌子上为访客准备瓶装水或巧克力棒，而脸书的桌子上摆放的却是一瓶两升的焦特可乐和半瓶一加仑（约四升）的塑料瓶装的波波夫伏特加酒。会议开始前，埃弗鲁希和李平让特蕾西娅去看看女性卫生间，然后回来说说里面的壁画。男性卫生间的壁画显然都很露骨。特蕾西娅在布朗大学的兄弟会待过不少时间，而到了脸书的办公室，她有一种身在兄弟会的感觉。

"我不去洗手间看壁画，"特蕾西娅拒绝了，"再说，会议马上要开始了！"撇开这些让人分心的东西，加速合伙公司其实亟须做成这单买卖。尽管主要由大学生运营，并且仅向大学生开放，但脸书却像病毒一样蔓延开来。因此特蕾西娅和其他的团队成员亲自来到该公司的办公室，以示他们的诚意。

几分钟后，扎克伯格和帕克到了会议室。会议开始，埃弗鲁希首先谈到加速合伙公司的全体合伙人都为脸书感到兴奋，谈到脸书令人惊叹的用户数据，谈到加速合伙公司可以为脸书带来有助于它进一步发展的专业见解和人脉网络。他带了两份投资意向书，先拿出第一份，其对脸书的投资后估值为 6 000 万美元（加速合伙公司投资 1 000 万美元）。埃弗鲁希和特蕾西娅看得出脸书团队对这份报价毫无兴趣。埃弗鲁希接着讲，并拿出第二份投资意向书，这一次给予脸书 8 500 万美元的投资后估值。扎克伯格和帕克的反响好了一些。他们说，需要先私下商量一下，之后再给埃弗鲁希答复。

回到加速合伙公司，埃弗鲁希庆幸自己带了不止一份投资意向书，正如特蕾西娅建议的那样。双方的磋商已然开始。

当天晚上，吉姆·布雷耶在家接到了扎克伯格和帕克的电话，也收到了他们发来的邮件。他们说，加速合伙公司给出的最高报价他们无法接受。布雷耶对于这种谈判早已习以为常，于是约好第二天晚上一起到米其林星级餐厅 Village Pub 就餐，再谈一谈。

谈判持续了数天，埃弗鲁希和布雷耶分头行事，以便锁定这笔交易。特蕾西娅对两人的行动都表示支持。特蕾西娅从布雷耶身上学到了很多关于消费者市场的东西，对他十分敬重。她在 1999 年加入加速合伙公司时，布雷耶正在就剥离沃尔玛线上商城的业务与沃尔玛进行洽谈。在这笔交易中，特蕾西娅被任命为布雷耶的助手，以观察员的身份出席董事会会议。她也是通过布雷耶认识唐·格雷厄姆的，他和格雷厄姆都是 BrassRing（人才管理解决方案供应商）的董事。

从种种迹象来看，加速合伙公司拿下脸书这笔交易已经板上钉钉。然而，经验告诉特蕾西娅，只要没有签字，交易就没有尘埃落定。彼得·芬顿曾以为自己已经完成对照片分享网站 Flickr 的投资，却未曾想最后一刻被雅虎"截和"了。布雷耶近期曾接近完成对社交网络 Tickle 的投资，直至 Monster.com（招聘网站）突然介入，并将其收入囊中。当然，布鲁斯·戈尔登也曾确信自己已经拿下 Skype 项目，结果对方却一而再再而三地出尔反尔。

周四，扎克伯格一个人从脸书办公室走到加速合伙公司。他和布雷耶在后者的办公室里闭门单独面谈。两人谈了两个小时。正如特蕾西娅所料，扎克伯格想要获得至少 1 000 万美元的投资以及 1 亿美元的估值。双方卡在占股比例上，加速合伙公司想要以 1 000 万美元的投资换取脸书 20% 的股份，但扎克伯格断然拒绝。他只愿意付出 10% 的脸书股份，接着布雷耶提出一个折中方案：加速合伙公司再追加 270 万美元的投资，脸书要交出 15% 的股份。然后是股份的稀释条款，两人都提出了一些复杂的条款。决意要在当天下午完成交易的布雷耶说，他个人也将投资 100 万美元。扎克伯格提出最后一个要求：布雷耶要加入脸书的董事会，否则交易取消。

当天下午，两人就交易的最终细节达成一致，这一消息很快传播开来：加速合伙公司将向脸书投资 1 270 万美元，脸书的估值略低于 1 亿美元。加速合伙公司将持有脸书 15% 的股份。

吉姆·布雷耶没多久就正式加入脸书的董事会，开始每周和扎克伯格一起散步交流。负责这笔交易的投资总监埃弗鲁希一开始屡遭拒绝，但他没有放弃，一直对难以捉摸的扎克伯格和帕克展开追逐，最终总算拿下了自己的第一笔重磅交易。特蕾西娅则扮演了指导顾问的角色。要不是她建议埃弗鲁希提高最初的报价，准备两份投资意向书，这笔交易恐怕早就泡汤了。

消息公布后不久，在一次会议上，有一位来访的风险投资家对特蕾西娅说："我们听说你们对脸书的估值达到 1 亿美元，而它只有 200 万用户。你们在想什么呢？"

特蕾西娅非常清楚自己在想什么。也许，只是也许，这一次加速合伙公司终于得偿所愿迎来了它的"毕加索"。

玛格达莱娜

当手和脚开始发麻刺痛时，玛格达莱娜觉得自己似乎有什么毛病。起初她以为这只是偶尔出现的异常现象，直至这种情况一再发生。她去看医生，医生却不知道是怎么回事。这位医生建议她去看专科医生。看了一圈专科医生，她的情况非但没有好转，反而出现恶化。有时候，她甚至会毫无征兆地失去知觉。

她看了多位神经科医生，却一直得不到有效的诊断。显然，没有人知道她究竟是怎么回事。医生们唯一的共识是，对心脏有益的东西对大脑也有益。他们建议她以身体为重，多锻炼，改善饮食习惯。一直以来玛格达莱娜都热爱美食，喜欢散步、徒步旅行、游泳、航海等户外运动。尽管她新陈代谢比较快，从来都没有超重过，但她也清楚自己坐在办公室开会的时间太长了。她还很喜欢 USVP 提供的午餐和公司随处可见的饼干，到了周末她会专门带些饼干回家，让孩子们好好享用。

向来擅长解决问题的她，这个时候非常渴望能找到一个解释。修理电脑，只需换掉坏的部件即可。而修复大脑，可没那么简单直接。

玛格达莱娜唯一能确定的是，自己的身体在走下坡路。面对不确定性，她开始远离工作和朋友，甚至连 Salesforce 也不去探访了。除了丈夫吉姆以外，她没有告诉任何人自己的病情，因为她还没有得到明确的诊断结果。她不想给人一种软弱的感觉。

私下里，她担心不工作的话自己该做些什么。她平常不读书，不看电影，不参观博物馆，也不看电视。她陪对每一出歌剧都烂熟于胸的母亲去看过几次歌剧，但那算不上业余爱好。对于玛格达莱娜来说，工作就是生活。

玛格达莱娜的母亲塞尔玛 63 岁时在帕洛阿托一家新开的全食超市的烘焙工作中找到了满足感。在此之前，塞尔玛在家庭中一直都在扮演照顾者的角色：照顾丈夫，照顾婆婆，照顾孩子们。玛格达莱娜的生活决策在一定程度上受到了她母亲的启发。塞尔玛是一个贤妻良母，然而她过得并不开心。直到第一次获得一份工作，第一次领到薪水，她的生活才改头换面。她每天都早早去上班，经理索性将店里的钥匙交给她，提出让她负责早上开门。一起在镇上散步时，玛格达莱娜发现似乎每一个人都认识她母亲。

玛格达莱娜的症状时好时坏。为了让自己好起来，她下定决心将注意力集中在一个"项目"上：玛格达莱娜。尽管很艰难，但她还是约了马克·贝尼奥夫出来吃早餐，简单告诉他自己身体有恙，需要从 Salesforce 董事会辞职。她自信地告诉贝尼奥夫她会好起来的，不过贝尼奥夫还是一脸担忧。两人已携手走了很长的一段路，但玛格达莱娜辞意已决。

回家时，回忆起自己的职业生涯，她想到了一个遗憾。她后悔在 Salesforce 上市当天没有把自己的个人需要放在第一位。她现在意识到，自己本应该亲赴纽约现场参加 IPO 仪式的。是的，她的儿子那天生病了，但他并非没她在身边不可。在贝尼奥夫敲响纽交所的钟的那个历史性时刻，她本应该站在他身边，本应该到现场为这家公司好好庆祝一番的，毕竟这家诞生于旧金山电报山公寓的公司是她参与创建的。她的儿子那时候并没有那么需要她留在身边。而一家公司的 IPO，就像人生一样，只有一次，错过了就永远错过了。她在开车回家的路上对自己说，这是一个极大的错误啊！换作正常的男人，绝对不会做出那样的决定。

玛格达莱娜在别人面前依旧表现得很自信。然而私下里，那个热衷于玩锤子和钉子的、无所畏惧的女孩，那个在斯坦福大学计算机中心身着华丽服装的、勇敢无畏的年轻女人，那个出色的公司建设者，内心却充满了恐惧。

特蕾西娅

2005 年春天，特蕾西娅与斯坦福商学院的学生们会面时，他们还在秘密打造自己的创业公司。特蕾西娅想要寻找变革性的新垂直搜索公司，那些学生就是她的目标之一。他们尽量保持低调，因为他们知道自己的公司肯定会触怒美国第二大游说团体——全美房地产经纪人协会。

在商学院第二年，萨米·因基宁和皮特·弗林特大部分的时间都花在不断增进对房地产行业的了解上。弗林特拥有牛津大学物理学硕士学位，曾与人一起创建了一个主流的欧洲在线旅游网站。他刚开始在网上寻找校外住所时，却没找到什么信息，这让他感到很沮丧。他觉得，找房过程还像中世纪一样落后。

那时候，面向消费者的房源网站还没有出现。要找房子，得逐个搜索房地产中介网站，打电话给中介；或者浏览报纸上的房源信息。虽然有一个叫 MLS 的综合房源服务系统提供房源信息，但是只面向中介。购房者不可以使用 MLS，那里面的信息被全美房地产经纪人协会牢牢掌控着，它只与 Realtor.com（全美房地产经纪人协会的官方网站）合作，通过共享信息换取后者的收入分成。不过，围绕房源和住房数据筑起的围墙在慢慢瓦解。部分中介开始将那些信息发布在自家网站上。

因基宁成长于芬兰的农场，拥有物理学硕士学位。他是欧洲一家软件开发商的联合创始人，还是一位骑车能手。对于垂直搜索网站，他和弗林特想要先从提供基础信息着手，在网上呈现待售房产的信息。弗林特对特蕾西娅说："我们觉得，消费者如果想搜索在售房源的信息，他们应该会去访问中介的网站。因为那上面的图片、信息和虚拟工具是最多的，在上面还可以找到联系信息。如果我是消费者，我会想要访问那样的网站。"

通过加入用户提供的内容、图片、地图等信息，因基宁和弗林特逐层充实他们的网站。他们相信，让每个人都能免费获得这些信息，将会让一个与美国生活以及美国梦息息相关的行业跟上时代的发展。"我们将为寻找房子的人提供最好的用户体验。"因基宁说道。两人最初从亲朋好友那里筹集了种子资金，才刚开始为他们的网站寻找风险投资。该网站暂时命名为 RealWide.com。

在特蕾西娅看来，房地产行业将会像旅游行业那样被互联网颠覆。在遇到因基宁和弗林特之前，她会见了十多家想要打造新一代房地产搜索引擎的创业公司。她知道，就像克雷格·纽马克打造的 Craigslist 对分类广告市场的颠覆一样，把过往一直流向印刷报纸和杂志的广告收入转移到网上，有着巨大的赚钱潜力。特蕾西娅认为，在如何打造产品、如何建立分发渠道，乃至如何将中介的内容引向自家网站、如何变现、如何打造品牌等问题上，因基宁和弗林特的理解是最深的。两人的创业公司方方面面她都很喜欢，除了名字 RealWide.com 以外。她知道，这个像是描述房车的名字需要改一改。

因基宁和弗林特多次收到全美房地产经纪人协会的勒令停止通知函，所幸他们经过一番努力取得了一个关键的进展。过去，为了打发全美房地产经纪人协会，他们都是说自己是斯坦福大学的学生，只是在做一个纯学术项目。这招屡试不爽，但现在行不通了。于是，他们开始研读搜索和版权方面的合法性和漏洞，发现只要附带版权所有者的链接，他们就有权在自己的搜索网站上使用房屋图片的缩略图，这属于"合理的转换性使用"。对特蕾西娅来说，这正是他们所需要的那种突破，也正是作为投资者的她所需要的一种保障。因基宁和弗林特开始与房地产从业人员和相关组织机构展开会面，向他们讲述在网上推广业务相较于在传统纸媒推广的好处，以及在两人的搜索网站上推广相较于在单个的中介网站上推广的好处，以打动他们。完成原型设计后，两人的网站于 2005 年末正式上线，特蕾西娅代表加速合伙公司向其投资 570 万美元。

起初，特蕾西娅的合伙人担心，两位创始人——因基宁和弗林特"太相像，角色重合"。两人都拥有物理学学位、MBA 学位和国际背景，连长相都有点儿像。加速合伙公司的团队还担心，两人都没有计算机科学背景。不过，他俩很快就找到了各自的角色，弗林特担任首席执行官，因基宁担任首席运营官。为了填补编程经验的缺失，他们招募了斯坦福大学计算机科学专业的学生路易斯·艾森伯格。他们还给公司想出了一个与其提供真实信息的愿望相契合的新名称 Trulia。

在驾驶捷豹银色 XK 敞篷跑车回加速合伙公司办公室的路上，特蕾西娅加大油门，享受着 370 马力的 XK 系列 4.0 升全铝制 AJ-V8 发动机带来的强劲动力。她不仅比很多男人懂体育运动，还比多数男人懂车。她与修理美国肌肉车的男生一起长大。在布朗大学第一年结束后的那个暑假，她在哈里森散热器工厂实习，其间通过观察和学习，了解到不少汽车方面的知识。她知道如何用连裤袜替换风扇皮带，知道如何用游泳池软管夹固定散热器软管夹，知道如何用衣架重新固定汽车消声器。

特蕾西娅在高速公路上行驶，调高音量收听格温·史蒂芬尼的《招之即来挥之即去的女孩》（Hollaback Girl）。此时，距离网景公司上市已过去 10 年，那是互联网繁荣时期的开端。在拿到商学院学位，并在 Release 供职一段时间后，她开始到加速合伙公司工作，当时正值互联网泡沫顶峰时期。之后，泡沫破灭，2000—2003 年成了科技行业的漫长寒冬。

然而，经济已经复苏，硅谷迎来了一番全然不同的景象。特蕾西娅第一次拿到 100 万美元的奖金，这笔钱足够她在家附近给父母买一套房子——对移民家庭的孩子来说，这是一件头等大事。特蕾西娅投资的曾经濒临倒闭的互联网公司 PeopleSupport，将其在线外包运营转移到菲律宾以后，实现了超过 100 万美元的季度营收，而 6 个月前该公司还每月亏损 100 万美元。在创始人兰斯·罗森茨魏希的带领下，该公司于 2004 年 9 月成功上市——在谷歌 IPO 一个月后——募资 4 800 万美元。这是特蕾西娅风投生涯的第一个 IPO，通过这家公司，她也学到了很重要的一课：创始人的决心对于公司的发展至关重要。罗森茨魏希让公司起死回生的故事使特蕾西娅明白，足够在乎自己公司的优秀创始人，能够做出艰难的决策来帮助公司渡过危机。PeopleSupport 成功上市，让特蕾西娅和蒂姆有了可供他们的女儿和整个家族的所有孩子上大学的一大笔钱。特蕾西娅在夏威夷的拉奈岛买了第二套房子。回首过去，特蕾西娅看到了互联网泡沫破灭时期的艰辛，但从中走出来的经历也让她变得更加睿智。

特蕾西娅慢慢将她的捷豹跑车开到加速合伙公司的一个停车位，心中对于 Trulia 的两位创始人皮特·弗林特和萨米·因基宁充满期待。这一年真美好啊！脸书的交易才刚完成几个月，现在又冒出了 Trulia。特蕾西娅简直不敢相信眼前的这一切：Trulia 是否也有可能成为"毕加索"呢？

索尼娅

2008 年的一个美丽春日，索尼娅从位于沙丘路的门罗风投出发去斯坦福大学医学中心看医生。她相信，医生会给她带来好消息。她打算晚点去斯坦福购物中心购物，然后再回办公室参加董事会会议。

在计划接受乳房 X 光检查的前一天，索尼娅发现她腋下有一个肿块。之后她做了活体组织检查，现在要去会见乔斯琳·邓恩医生，获取活检报告。她相信一切都没问题。不久前，她父亲做了心脏搭桥手术。天生乐观的他丝毫不担心自己的手术。他的座右铭一直都是："要有感恩之心，要保持积极的心态。"

索尼娅微笑着向邓恩医生问好，并感谢她这么快就得出检查结果。医生开门见山——对医生来说，告知这种消息从来都不是一件容易的事情——索尼娅得了乳腺癌，而且比较严重。

刚开始，索尼娅没什么反应。医生接着给她解释诊断结果，讲述病症的各个阶段和严重程度。之后，医生总算说了句索尼娅能听懂的话：她的肿瘤具有侵袭性。索尼娅向来平和、不动声色的蓝眼睛，此刻盈满泪水。她姐姐朱莉一个月前诊断出患有早期乳腺癌，正因如此，索尼娅也去预约做乳房 X 光检查。现在，她也得乳腺癌了？

她的脑海里顿时闪现出无数个画面：父母告诉她要注意休息缓解压力，她与乔恩·帕金斯浪漫而美丽的婚礼，她这些年来在门罗风投所经历的诸多推介会议。索尼娅看着邓恩医生的脸，想要从中找到更多的信息。对于确诊乳腺癌，最让她心碎、最让她心慌意乱的是，她和乔恩原本即将领养一个女婴，这是他们几个星期前意外得到的一次机会。女婴的生母已怀孕 8 个月，还差一个星期就要搬进他们的房子，度过产前的最后一个月。命运似乎跟她开了一个玩笑，就在她准备领养一个婴儿之时，她却被告知患有癌症。

特蕾西娅

周三晚上，已经快 10 点了，特蕾西娅还在加班。她不想在家以外度过晚上的时光，并不想错过睡前给萨拉讲故事的时间。她一直在给女儿读儿童绘本《巫婆奶奶》，讲的是魔法面锅让城镇被面条淹没的故事。她坐在办公桌前，狼吞虎咽地吃着巧克力棒，想起了比面条堆成的墙还糟糕的事情。

身为执行合伙人，特蕾西娅要花大量的时间去培养新员工，其中有些甚至不是她的下属。她还要处理人事事务，事实上，她早已认识到似乎任何的女性管理者都避免不了干这种活。她还是加速合伙公司内部唯一的资深女投资人，各个层级的员工有问题或疑问都来找她。她办公室的门总是开着的，一天到晚都有人来找她。

她觉得自己总是要在被人喜欢和被人尊重之间二选一。当女员工问她是否可以去接生病的孩子时，她会反问对方："不能让你的保姆、伴侣或者丈夫去接吗？"这件事存在双标问题。特蕾西娅内心其实想保护女员工。如果是男员工请求早退去照顾生病的孩子——实际上她没遇到过这种情况——他很可能会被称赞是一位好爸爸。而如果是女员工这么做，她就会被视作软弱或不可信赖。作为加速合伙公司内部唯一的女性投资人，特蕾西娅会考虑自己在男员工中的公信力，会慎之又慎。她很清楚，她在加速合伙公司的成功会有助于别的女性得到风投公司的工作机会，会鼓舞她们取得成功。她觉得，不管正确与否，她所做的大大小小的决策，她周围的男人都看在眼里，都代表了所有的女性管理者可能的行事方式。因此，每次做决策，她都谨小慎微。光凭一个女人，无论她多有魄力，都无法改变一种文化。但如果是两个女人甚至更多，话语权就可能会发生改变。两个女人甚至有可能构成一个多数群体。

助理安杰拉·阿泽姆注意到，这些年来，特蕾西娅的行事方式和管理风格发生了微妙的变化。在会议上，特蕾西娅说话更大声了，语速更快了，也更多地打断别人说话了，就像那些男人一样。男投资人通常语调比较深沉，丝毫不忌惮打断别人。

然而，特蕾西娅明显不同于那些男人的地方也比比皆是。当需要前往东海岸开会，有人建议她租一架私人飞机飞过去的时候，她问阿泽姆："你觉得那样好吗？很费钱啊。"后者答道："你在开玩笑吧？看看你给公司贡献了多少！你的贡献太多了。我们现在可是一家价值 30 亿美元的公司。"阿泽姆从未听说有哪个男合伙人会犹豫该不该包机出行。

在加入加速合伙公司之前，阿泽姆供职于帕洛阿托的富国银行，每周工作 60 个小时。她手下管理着 20 名员工，薪水却微不足道。她勇敢而聪明，育有两个男孩，一个 1 岁，一个 5 岁。她希望多花时间照顾陪伴孩子，同时也不想工作受到影响，只不过她总是疲于兼顾，分身乏术。她注意到特蕾西娅也要应付同样的挑战，甚至是难度系数更大的挑战。特蕾西娅身兼多重角色：打理家务、相夫教子、照顾整个大家庭，以及管理一家价值数十亿美元的公司。

从业以来，阿泽姆目睹过，加速合伙公司及其他公司众多出身常春藤名校的白人男性，都把钱投给同是出身常春藤的白人男性创办的公司——这些创业者往往还是大学辍学的精英，很多都是不善社交的极客。那些创业者在招揽人才时也同样是找出身常春藤的白人男性，由此形成了一个又一个环环相扣的同质化圈子。阿泽姆发现，统计数据也提供了佐证——不到 2% 的风险投资投向女性创办的创业公司，尽管有研究发现，女性创办的创业公司的营收表现要好于男性创办的创业公司。她还目睹过女性创业者推介时受到冷遇的场面，当女性创业者的创始团队有一位男性时，风险投资家在询问技术性问题时只会询问那位男性。她知道，女性创业者在寻求融资时往往不会提什么要求，而男性创业者则通常会狮子开大口，大肆吹嘘自己的公司和它的表现。

在效力加速合伙公司的七年里，阿泽姆只遇到过三位她觉得属于"狠角色"的女性：特蕾西娅；苏欣德·辛格·卡西迪，一位很有胆识的成功企业家，先后创办 Junglee（在线购物网站）和 Yodlee（金融科技创业公司）；莉兹·卡洛德纳，SocialNet（社交网站）的首席执行官，睿智风趣，行事果决。

阿泽姆并不易被打动，但在她心目中，特蕾西娅是可以信任的人。特蕾西娅不会在意给误以为她是助理的加速合伙公司的访客倒咖啡。她不会因为忌妒心作祟的人造谣她依靠色相而分心。她不会理会那些东西，就像在学校的橄榄球比赛中被人猛击她也不当一回事一样。特蕾西娅和阿泽姆时常在下班后一起去消遣。阿泽姆发现，特蕾西娅酒量惊人。特蕾西娅让她对女性狠角色有了新的定义：无论是在一个男性主导的职业行当，还是在一个对女性不友好的领域，都无惧于冲破障碍，无惧于冒险；无惧于做先行者，同时也能够区分冒险与鲁莽之间的界限；不邀功，懂得分享聚光灯，懂得提携他人，甚至会将功劳全都归于他人；能让别的女性变得更优秀，能与她们一起共事，能积极帮助同事提升自我，哪怕这么做可能会加剧她所专注的领域的竞争；乐善好施，关心自己的工作和生活以外的事情，关心与自己的直接利益无关的事情；关心这个世界，会为真正改变世界贡献自己的力量；深知人脉关系不是"交际应酬"；成就卓越，表现出色，但心里清楚，没有一整个团队的共同努力和付出，自己一事难成。

特蕾西娅知道，自己已经走过了很长的路。但她并没被所取得的成就冲昏头脑，她知道，在科技经济的混乱世界里，没有人能永远站在顶峰。

MJ

IVP 的风投团队与埃文·威廉斯和比兹·斯通坐在会议室里，两人是一家叫推特的微博客创业公司的创始人。在全白的会议室里，两人坐在长长的白色会议桌的末端，阳光从他们身后倾泻而下。

而在镇上的另一头，MJ 坐在另一间白色的房间里，陪伴着她的母亲。那里没有会议桌，只有一张床。她也不是在思考未来，而是在思考过去。

在 IVP 的会议上，诺姆·福格松问两位创始人推特有什么特别之处。它相比群发邮件或者群发短信有什么不同呢？埃文·威廉斯的回答引起了风险投资家们的共鸣。几周前孟买发生恐怖袭击时，推特用户纷纷报道这则新闻，比传统新闻媒体还要迅速。在该网站上，有的目击事件经过的用户描述了现场的情况，有的用户警告不要靠近事发区域，有的用户呼吁人们献血，有的用户发布前往附近医院的路线信息，还有人发布热线服务电话，相关页面上还列出了死伤者的名单。

在镇上另一头的医院里，MJ 与母亲的医生谈了一下接下来要怎么办。多萝西·汉纳摔了一跤，摔断了髋骨。在手术中进行全身麻醉时，她本已饱受阿尔茨海默病折磨的大脑再遭打击。现在，她又出现幻觉，不愿吃东西。

在 IVP，比兹·斯通总结了推特的作用："它是宇宙的脉搏。"用一条条不超过 140 个字符的信息实时呈现世界动态。

错过 IVP 的合伙人会议让 MJ 觉得很可惜，那些会议是窥见未来的窗口。尽管如此，坐在病床旁的她还是一心专注于对母亲的临终关怀上。她把注意力放在母亲的脉搏上，透过那里，她感受着她心爱的人的心跳。

IVP 团队结束了与推特创始人的会面，准备向他们提供投资。另一边，MJ 和她的兄弟姐妹计划将母亲送到临终关怀中心。看着瘦小的母亲，MJ 心想，每个人都有不体面的时候。

索尼娅

索尼娅失魂落魄地从斯坦福大学医学中心邓恩医生的办公室出来，她找到她的车，坐上驾驶座。春天的阳光一小时前还明媚灿烂，此刻却让她感到刺眼而无情。她需要给准备去上班的乔恩打电话，她需要给父母打电话。她先打给乔恩说："我得了癌症。"向来积极乐观的乔恩陷入了沉默。他们约好过一会儿在家见面。

这一天，索尼娅一反常态，慢悠悠地从硅谷开车到旧金山。她需要时间去消化这一切。她想到了一些奇人异事，比如她在哈佛商学院的时候，有位教授告诉班里的女生不要穿淡色的衣服，因为那样的话，她们在课堂上发言时他会看不见她们。从那一刻起，喜欢淡色的索尼娅告诉自己："好吧，我要穿海军蓝。"

她回想起自己担任哈佛大学风险投资俱乐部主席时的一幕，当时她安排了两位雅虎创始人杨致远和大卫·费罗发表演讲。就在那次活动开始前不久，杨致远打电话给她，说担心会没人来听演讲，因为演讲时间刚好是人气颇旺的情景喜剧《宋飞正传》最后一集的播出时间。他们没有重新安排时间，而是决定先在活动现场给大家播放《宋飞正传》，然后再开始演讲，并给观众提供零食。活动的票一下子就销售一空。

她回想起 1996 年成为门罗风投合伙人的那一天，那时距离她 30 岁生日还有 4 天。门罗风投的合伙人把她拉进会议室，告诉她晋升为合伙人的消息，这给了她一个很大的惊喜。为了庆祝，父母从她的母校弗吉尼亚大学买了一把办公椅送给她。

接着，她回想起她的婚礼，当时是 2006 年 12 月 2 日，在旧金山普雷西迪奥的一个小教堂。39 岁的索尼娅觉得，年龄较大反而有好处。她不需要事事都完美无缺，她只是想和亲朋好友一起分享人生的一大重要时刻。最重要的是，她真心想嫁给乔恩。她的婚纱由知名设计师迪安·哈钦森一手设计，相当华丽动人。她的双胞胎妹妹莉萨做她的伴娘，父亲牵着她的手走过教堂走道。婚宴在旧金山渡轮大厦二楼举行，就在乔恩的海鲜餐厅楼上。索尼娅开玩笑说，这么安排是为了确保乔恩露面。刚刚翻修过的渡轮大厦有着壮丽的步行大道和铺着瓷砖的拱门，景观壮丽迷人，节日彩灯和装饰十分闪亮，夜色让人如痴如醉。婚宴结束后的派对在街对面的顶楼套间里举行，在那里他们一直跳舞跳到天亮。

两人是在开始交往近 4 年后结婚的。在一起 3 年后，索尼娅对乔恩说："你想结婚的话，我会跟你结。但如果你不想，我也不会跟你分手，因为我们在一起太开心了。"

她清晰记得 17 年前的 1991 年 9 月下旬，那是一个周四下午，她溜出哈佛大学宿舍，回到她在默特尔街的旧公寓。在那里，当时的室友安妮和她的朋友们在屋顶举行桶装啤酒派对，为晚上的演唱会预热。晚上 7 点左右，她们一起走到波士顿花园去看感恩而死（Grateful Dead）乐队的演唱会。那是索尼娅最爱的一个乐队。她一开始并没有告诉哈佛商学院的新朋友她要去感恩而死乐队的演唱会，因为她担心自己上学第一周就被贴上"瘾君子"的标签——她倒可以从商业角度指出，该乐队巡演赚到的钱比任何其他乐队都要多。他们在体育场的表演场场爆满。但事实上，索尼娅去演唱会是为了获得那种快乐和释放的感觉，获得滋养自己的正能量。当晚，该乐队以一首《杰克·斯特劳》（Jack Straw）开场，索尼娅跟着又唱又跳，完全沉浸在热烈的气氛当中。

现在，在 280 号州际公路驱车前往旧金山的路上，索尼娅哼唱着感恩而死乐队的《一盒雨水》（Box of Rain）。"白天黑夜，看窗外。也许太阳在照耀，鸟儿在歌唱……"

MJ

MJ 的丈夫以南极洲为起点开始为期九个月的休假，他打算环游世界。她的儿子威尔在科尔盖特大学读大一，学期结束回家里过寒假。这个小时候很喜欢骑越野自行车和玩棒球的小男孩，现在已是学校橄榄球队的进攻内锋。他重 260 磅 *，块头比 MJ 高出一大截。他已经成长为一个聪明且情商高的年轻人，朋友们都以他马首是瞻。MJ 的大女儿凯特已从斯坦福大学毕业，现住在旧金山的教会区，在寻找第一份工作，摸索自己的出路。最小的孩子汉娜在她钟爱的一所顶级私立学校里上高二，成绩优异。随着孩子们逐渐长大，MJ 觉得不能像以前那样介入他们的生活了，她也帮不上什么忙。他们的烦恼已经不是尿布疹和玩耍受伤了，而是谈恋爱、派对、交际圈子、心理健康、学业压力、同伴压力之类的问题。

MJ 作为顾问留在 IVP，又一次从全职转为兼职，为了照顾家庭，也为了有更多的时间与丈夫相处。

在雷德伍德市的一家临终关怀中心，MJ 与她的父亲以及兄弟姐妹一起陪伴母亲，分享故事，相互陪伴。MJ 拿出一本她小时候的日记。

她写了她和姐姐雪莉小时候一起送报纸的经历：

> 由于我还很小，只有 6 岁，所以我只能走路给 30 多个客户送报纸。每个星期，我都要上门找客户收账，每人 35 美分……一趟走下来，赚的钱和小费并不少，雪

---

* 　1 磅约等于 0.45 千克。——编者注

莉和我拿这笔钱买糖果吃，给妈妈买礼物，还去镇上的蹦床公园玩耍。大多数星期六，我们都会去市区的汽水店，得意扬扬地轮流讨对方开心，给对方买我们钟爱的圣代、香蕉片、樱桃可乐、漂浮沙士或者樱桃汽水。坐在凳子上，吃着喜欢吃的东西，口袋里的钱鼓鼓的，感觉真好啊。接着，我们会走到雷克斯尔（Rexall）药妆店，给妈妈买一份礼物。她最喜欢一款叫"火与冰"的红色露华浓口红，我们也很喜欢给她买……我们很喜欢买东西讨她开心，因为她为了给我们打造一个美好的家付出太多了，而爸爸并不是那种会犒劳她的人。所以，由我们姐妹俩来做这件事情。向她表达我们的爱意，一点儿都不难……

临终关怀中心的房间里挂着一盏沉重的琥珀色灯。MJ 请了她所在教堂的牧师来看望她母亲。当牧师站在多萝茜身边为她祈祷时，她突然醒了过来，看着这个男人说："我不认识你！" MJ已经好些年没有看到母亲这么清醒了。

牧师微笑着把手放在她的胳膊上说："对的，多萝茜，你不认识我。"

看到妻子清醒，MJ 的父亲迈克尔喜出望外，并请牧师再给她祈祷。然而，房间随着冬日的光线变得越来越暗，MJ 母亲的脉搏也越来越弱。那天晚上，一生奔波劳碌的她彻底一动不动了。多萝西·威尔逊·汉纳出生于 1929 年 8 月 28 日，毕业于特雷霍特杰斯特梅尔高中，曾是彭尼百货的一名目录检查员，擅长针织和烘焙，结婚59年，有5个孩子，有10个孙子和孙女，她与世长辞了。

那年夏天，MJ去找休假旅行的丈夫。他在3月的时候曾回家一段时间，出席多萝西的葬礼，之后重新出发继续旅行。MJ对比尔休假的做法十分支持，觉得那样对他很有好处。她本来打算一个月前去伦敦找他，但后来不得不取消计划，因为凯特遇到麻烦，搬回了家。威尔和汉娜也在家过暑假。

这种时候，MJ并不是很想离开湾区，但内心觉得需要去和比尔待上一段时间。她的婚姻状况不算理想，她知道自己需要去好好经营。于是，她飞到法国找比尔，开启为期8天的"勃朗峰之旅"，从山脚下开始徒步旅行。他们从法国走到意大利，再走到瑞士，最后走回法国。随着行程的进行，从豪华酒店到青年旅舍式的旅馆，组织这次旅行的公司把他们的行李从一家旅馆运送到另一家旅馆。一天徒步旅行下来，到了晚上，他们都饥肠辘辘，尽情享用火锅、炖菜、土豆卷饼、水果馅饼等美食。周围环境优美，风景宜人：阿尔卑斯山的山顶白雪皑皑，草地长满五颜六色的野花，狭窄小径穿过针叶林，长长的吊桥横跨陡峭的山谷。然而，当同行的其他人沉浸在徒步旅行的宁静时，MJ却发现自己时不时要走开一下，去处理近6 000英里外家里的事情。凯特的胃部有毛病，行为难以捉摸，威尔和汉娜因而有些忐忑不安。比尔对于老是被打扰非常恼火。与MJ相处时，他一直都表现得有些怪异，但她觉得，这是因为他俩此前分开的时间太长了。

8 天之后，MJ 飞回家。比尔预计一个月后回家。回到帕洛阿托，MJ 立刻专心照顾凯特，给她预约了几位医生。幸好 IVP 在蓬勃发展，不断给投资者带来巨额收益。IVP 参与了推特的第三轮融资，投了 1 400 万美元，还对 Dropbox（多宝箱）、HomeAway（假日房屋租赁在线服务提供商）、Zynga（社交游戏公司）等公司进行了后期阶段的投资。

比尔终于结束休假旅行回到家了。在他离开的这几个月里，发生了很多事情：MJ 的母亲去世，孩子们有喜有忧，MJ 再次离开全职岗位。一切都变了，一切都没有变。

索尼娅

回到家时，索尼娅看到乔恩送的花。她想："他还从来没有给我送过花呢。"

她想让自己先冷静一下，然后再给父母打电话。现在，他们有两个女儿得了乳腺癌。比索尼娅大两岁的朱莉一直是家里最喜欢动物的人，会收养流浪动物，梦想成为一名兽医。索尼娅的双胞胎妹妹莉萨是家中最具创造力、最有艺术天赋的人。索尼娅则是一个和稀泥的，夹在两个时常闹矛盾的姐妹中间，调解两人的关系。

告诉父母自己患乳腺癌的消息后，索尼娅给两位密友打了电话。其中一位从事生物技术和生命科学工作，她觉得自己要坦率些才能帮到索尼娅。她说："你有 52% 的概率存活，你不应该收养婴儿。"

听到朋友的话，索尼娅的呼吸顿时急促起来。早上起来跟平常没什么两样，但这一天下来却让索尼娅止不住泪水。她在十家公司的董事会工作，她在为一只 12 亿美元规模的基金做投资，还有一个月她的生命里就将迎来一个婴儿，她就要做妈妈了。婴儿的生母还没有做好为人母的准备，她是索尼娅家里一个朋友的侄女。

此前，被问及是否会考虑领养孩子时，索尼娅和乔恩没有犹豫动摇过。但此刻，她不确定自己是否该把一个新生命带到一个前景未卜的家庭。她的脑海里不断地回响着朋友的话："你有 52% 的概率存活。"换句话说，她有 48% 的概率死亡。

那天晚上，她辗转反侧，想着自己该如何以及何时告诉门罗风投的合伙人自己患上癌症的消息。曾经有位声名显赫的男性风险投资家宣布自己患了癌症，业内随即把他当死人一样对待。要是连男人都被冷酷无情地对待，那么换成女人会怎么样呢？

第八章
算总账的时候

2008—2013 年

索尼娅

索尼娅坐在加州大学旧金山分校医学中心化疗室的一张舒适的大椅子上。她的护士，她口中的"全能的布鲁斯"，戴着手套，把一袋化疗药物挂在旁边的静脉输液架上。护士把一根导管插进她手臂的静脉，滴注开始将强效的化学物质输送到她的血液中。这个过程很可怕，因为充满了不确定性，有可能让她得救，也有可能让她倒下。

索尼娅选择在周一接受乳腺癌化疗，而平常这个时候她都会在门罗风投参加合伙人会议。她习惯了周一的日程安排，而现在化疗成了她的新日程。她面临着令人胆寒的 8 个疗程的化疗，每隔一周一次，然后是 30 天的放射治疗。在她看来，化疗既现代又原始——它不是精确制导的导弹，而是摧毁细胞的炸弹，会无差别地消灭细胞，不管是好是坏。

确诊后不久，有个朋友给了她一本关于化疗的书。书名和封面看着都很严肃，因而索尼娅拿出家里的《蒙蒂塞洛》（*Monticello*）

刊物，撕掉其中专门讨论人生、自由和追求幸福的一页，用它做成书的新封面。书里提供了很多关于开始接受化疗前该做什么准备的建议，比如去牙医那里洗牙，用毛巾做枕头——开始掉头发以后，这么做会更方便清理脱落的头发。轻微的感染和发烧都有可能使病情迅速恶化，要做好治疗一次比一次难受的心理准备。

在索尼娅遭遇健康危机之时，正值硅谷乃至美国面临一场重大危机。那是在 2008 年，美国投资银行贝尔斯登在 2 月倒下，接着雷曼兄弟在 9 月宣告破产，成为美国历史上最大的一宗破产案例。然后，美联储不得不出手救助深陷困境的保险业巨头 AIG（美国国际集团）。房屋抵押贷款市场全面崩溃，房屋价值暴跌。

索尼娅的职业生涯贯穿着经济环境的起起伏伏。事实上，作为一名风险投资家，她的生活就是为未经验证的公司承担有计划的风险。但从宏观来看，在硅谷投资所面临的风险是有限度的，也是相对安全的。而她现在则面临着一种截然不同的风险：可能会丧命。

作为一个天生的乐观主义者，索尼娅决定投资自己的生命。她向护士布鲁斯要了一条保暖毯子，准备在寒冷的化疗室里使用。布鲁斯身材结实，肌肉发达，像祖母般和蔼可亲，百依百顺，同时又像最新一期的《名利场》里的人物一样迷人有趣。她要接受 4 个小时的化疗，布鲁斯告诉她，尽管吩咐他，想要多少保暖毯子就有多少。

索尼娅告诉她即将出生的养女的生母，她得了乳腺癌。生母很平静，还安慰索尼娅说，一切都会好起来的。领养计划应该继续进行。索尼娅见了加州大学旧金山分校医学中心的霍普·鲁戈以及斯坦福大学医学中心的乔斯琳·邓恩，从这两位医生的判断来看，她的病情没她的那位好心朋友的论断严重。她的存活概率要高于52%。她的癌症是三阴二期，但癌细胞还没有扩散。鲁戈医生对她说："你完全可以去领养，治疗方面放心交给我们。"这番话不仅是极大的安慰，还是莫大的鼓舞。索尼娅相信，要是医生觉得她挺不过这一关，就不会跟她说可以放心将一个新生命带到自己的未来生活里。她通知门罗风投的合伙人，她需要离开公司6个月接受治疗。

在第一次化疗的早上，全能的布鲁斯无数次来问索尼娅是否需要帮她支起双腿，是否需要调整枕头，或者是否需要再拿一条保暖毯子来御寒。他告诉她，他正着迷于电视剧《欲望都市》，也非常喜欢新上映的《欲望都市》电影。《欲望都市》里闯荡纽约的主角凯莉·布拉德肖是他心目中的女英雄。布拉德肖是个时尚达人，喜欢穿复古款式的衣服混搭马诺洛·伯拉尼克高跟鞋。

"你一定要看这部电影。"全能的布鲁斯说道。

"我一定会去看的。"索尼娅答道，话音刚落，乔恩从海外航行归来探望她了。

索尼娅其实在现实生活中见过《欲望都市》一书的作者坎迪斯·布什内尔。那时是在2001年夏天，索尼娅和她的未婚夫与布什内尔及其男朋友进行四人约会。布什内尔的男朋友是《古墓丽影》系列的游戏设计师。他们去了一家意大利小餐馆，服务员称呼他们的名字问好。索尼娅还记得布什内尔的那身行头：绒面革三角露背装，搭配东海岸的学院风裤子。两人都很喜欢对方，布什内尔跟索尼娅说，她没认识几个自己挣钱的女人。凌晨2点，服务员送来常温香槟，布什内尔宣布索尼娅是挪威的超级英雄，还给她起了一个超级英雄式的名字：白索尼娅。

回想到这儿，索尼娅不禁笑了。她需要召集所有的超级英雄力量，来击退侵袭她身体中的癌细胞。

特蕾西娅

特蕾西娅在帕洛阿托的霍比斯餐厅与谢丽尔·桑德伯格共用早餐。相较于伍德赛德的名流云集的布克斯餐厅或者帕洛阿托的福尔纳约餐厅，霍比斯餐厅是斯坦福大学校园附近相对安静低调的一个会面选择。在斯坦福大学读研究生时，特蕾西娅时常来这里学习和享用霍比斯"蜚声世界"的蓝莓咖啡蛋糕或者清晨或深夜的超级蔬菜拼盘。这家餐厅还推出过一款叫 Dot Com Ommie 的煎蛋卷。

桑德伯格准备向特蕾西娅分享一个秘密，一个即将在硅谷甚至其他地方引起轰动的秘密消息。

这位谷歌高管说："我过来前刚通知埃里克·施密特，我要去脸书。"

特蕾西娅咧嘴笑了说："那这一餐就变成商务餐了。早餐算我的。"

那是 2008 年 3 月。桑德伯格此前是谷歌负责全球在线销售和运营的副总裁。现在，她要转投马克·扎克伯格的脸书，出任首席运营官一职。特蕾西娅是最早获悉这个消息的人之一。

特蕾西娅和桑德伯格是在后者的丈夫戴夫·戈德伯格的介绍下认识的，两人很快就成了好朋友。戈德伯格和特蕾西娅在波士顿供职于贝恩公司时便已相识。他比特蕾西娅早一年进入贝恩，与特蕾西娅的丈夫蒂姆，以及朋友兼风投同行詹妮弗·方斯塔德是同龄人，人缘很好。在之前的一次活动中碰到特蕾西娅时，他说："我要把你介绍给我的妻子桑德伯格认识，她在谷歌担任高管。"接着还说："科技行业的女性太少了，职场妈妈也是。"

与特蕾西娅一样，桑德伯格过去在学校也有特别优异的表现。桑德伯格的父亲是一名眼科医生，母亲是一名教师，高中时她的平均绩点达到4.64，拥有哈佛大学的本科和研究生学位。29岁那年，她成为美国财政部部长劳伦斯·萨默斯的幕僚长。萨默斯是她在哈佛大学的教授，也是指导她撰写配偶虐待经济学论文的导师。特蕾西娅曾在布朗大学成立面向女性的工科组织，桑德伯格也曾创立一个名为"经济学与政府中的女性"的学生组织，意在鼓励更多的女性主修这些学科。

桑德伯格和戈德伯格有个1岁的儿子，叫内特。特蕾西娅的女儿萨拉现在5岁了。两人的丈夫都创过业，都在待业。戈德伯格将一手创办的音乐网站Launch卖给了雅虎，现在他是标杆资本的常驻企业家，正在寻求创办一家新公司。蒂姆没在工作，他的公司之前关了。

特蕾西娅第一次见到桑德伯格就对她有好感，觉得她很聪明，也很有趣。桑德伯格也很喜欢特蕾西娅，觉得她聪明过人，是个不折不扣的极客，对马诺洛·伯拉尼克和 Jimmy Choo（周仰杰）的高跟鞋情有独钟。

两人一起谈论了如何应对强度很大的全职工作，同时丈夫也忙于创业带来的挑战。创业者的生活模式通常有三种：不分昼夜地打造公司；琢磨下一个创业点子；或者在创业公司被收购以后，"坐等公司股份升值"，游手好闲。现在，两人的丈夫都属于最后一种情况，都有大把可以挥霍的空闲时间。

"在蒂姆赋闲在家以后，我常常在下午 6 点突然收到他的邮件或短信，问我什么时候回家！"特蕾西娅说道。桑德伯格笑了，说到各自在电话会议期间挤母乳的故事，两人也笑得乐开怀。"工作和生活根本就不可能平衡。"桑德伯格说。

脸书刚因为 Beacon（脸书社交广告系统的核心组织）项目卷入争议旋涡当中。该项目可让脸书跟踪用户在脸书以外的网站上的行为和购物活动。扎克伯格不得不就 Beacon 项目公开致歉，他称："我们在推出这个项目上的确做得不好，我为此道歉。"

桑德伯格此前受到了扎克伯格和脸书董事兼加速合伙公司执行合伙人吉姆·布雷耶的大力招募。布雷耶拿 Beacon 一事做文章，说服扎克伯格为公司引入一位强有力的首席运营官。扎克伯格和桑德伯格相识于 2007 年的一个圣诞派对上，之后有过几次长谈。除了桑德伯格，脸书心仪的首席运营官候选人全都是男性。桑德伯格重视结果的行事风格尤其打动布雷耶，而且相比男性候选人，她有一个非常重要的区别。他面试过的那些男性候选人都是把首席运营官一职当作过渡性的岗位，想干两年再找另一家公司做首席执行官。桑德伯格则非常清楚首席运营官的重要性，而且会一心一意去做，不会心猿意马。她明白，她要与扎克伯格密切共事。布雷耶和扎克伯格都担心可能无法将她挖过来，毕竟她在谷歌成就斐然。经过多次谈话，布雷耶邀请扎克伯格和桑德伯格到他在伍德赛德的家中一起吃午饭。吃饭期间，三人探讨了脸书的商业模式，还有桑德伯格的个人目标，她会如何在脸书的文化环境中工作，她会如何帮助公司的网站实现扩张，短期内有哪些需要改进的地方等。经过几个小时的洽谈，桑德伯格最终同意加盟脸书。

从风投角度来看，特蕾西娅看得出 23 岁的扎克伯格正日渐成熟，越来越能驾驭 CEO 的角色。比起当初加速合伙公司给他投资时，他已经有了很大的改变。即使是 2006 年，给他投资一年后，特蕾西娅也能发现他在社交场合真的很不自在。加速合伙公司邀请他参加在旧金山举行的年度有限合伙人会议，该公司喜欢在会上展示其投资组合中的一两家令人惊艳的创业公司。在扎克伯格准备上台向大约 100 名投资者发表讲话之前，特蕾西娅发现他脸色苍白，双手抱着头坐在那里。她担心他随时可能会晕倒，因而给他递了一杯水。她跟他说，这没什么大不了的，没有人会在你演讲完向你提问或刁难你。如今，脸书拥有超过 6 600 万名用户，最新的估值高达 150 亿美元。

特蕾西娅回想起布雷耶和她分享的一个趣事。布雷耶曾邀请沃尔玛的三名高管到帕洛阿托与扎克伯格见面。沃尔玛的团队想要多了解一下脸书。然而，扎克伯格连招呼都没打就直接问董明伦："为什么会有人在沃尔玛买东西，而不是在亚马逊买？"他就是这样一个人。董明伦后来成了沃尔玛的首席执行官兼总裁。

特蕾西娅为桑德伯格感到高兴。两人的职业生涯都是在经济困难时期一飞冲天的。桑德伯格加入谷歌时，谷歌员工还不到300人。她帮助谷歌的两大广告业务 AdWords（关键词广告）和 AdSense（内容相关广告）发展成了年营收数十亿美元的摇钱树，她领导的部门也从寥寥几人发展壮大到数千人。她也想要帮助脸书成长为全球顶尖企业。吃过早餐，她俩约好下次叫上各自的丈夫到伍德赛德一起共进晚餐。

不久后，特蕾西娅参加《财富》杂志举办的"最具影响力商界女性峰会"，峰会的主题是"非凡的人才"。在峰会接近尾声时，《财富》杂志团队大张旗鼓地发布了年度最具影响力商界女性专刊。专刊分发给了与会者和媒体记者，封面上有四位女性：谢丽尔·桑德伯格、吉娜·比安奇尼、苏欣德·辛格·卡西迪和特蕾西娅·吴。在简单的灰色背景下，四人穿着剪裁精致的黑色套装，看上去时尚又不失霸气。专刊的标题是"新硅谷女孩"。

这篇封面文章写到了四位女性各自遇到的一些小插曲。特蕾西娅谈到她在加速合伙公司的合伙人会议："你可以想象一下周一早上的会议，九个男人，全都习惯了发号施令。我当然有意识去更多地发言，更多地打断别人——虽然我们被教导不要打断别人。不管那么多了，我会复述自己的话！我会说大声点！坐在椅子上时我会向前倾。"不过，特蕾西娅还指出，在多家公司的董事会会议上，包括母校布朗大学的董事会会议上，她扮演着不同的角色。在那些会议上，她更多是扮演顾问角色，而不是合伙人，这样她可以展示自己女性的一面，展示真实的自己。她说："在那些场合，更多地表现出女性的一面很管用。那样能够迎合男性的自尊心，但并不意味着我会一直顺从他们。"

多亏了谢丽尔·桑德伯格，特蕾西娅才登上这期的《财富》杂志封面。该杂志原本只让桑德伯格一人上封面，写写她在硅谷的家中为女性举办的沙龙和晚宴。但她本人希望与别的女性一起共享聚光灯，于是推荐了特蕾西娅。桑德伯格说："相互庆祝彼此成就的女性，会被认为更有职业风范，更有修养。支持别的女性对彼此都有帮助，既能帮助女性群体，也能帮助提供帮助的那个女性。"

会议结束后，特蕾西娅回到了家，收到来自加速合伙公司联合创始人阿瑟·帕特森、其他同事以及她父母的祝贺，同事们还将《财富》杂志的封面装裱了起来。只有一个人表现得很冷淡，那就是她的丈夫。

MJ

1973 年第一次见到自己丈夫的那个晚上，MJ 仍历历在目。她穿着蓝白格子喇叭裤和吊带衫，脚踩白色厚底木屐，头发几乎垂到腰部。她的手当天早些时候在化学实验室意外弄伤了，刚缝了针、缠了绷带。她是普渡大学新生，在联谊舞会前夕还没有找到舞伴。她的姐姐雪莉是女性成长组织 Alpha Xi Delta 的成员，帮她四处打听，被告知"只剩下一个好贝塔了"。贝塔是指兄弟会的成员。而那个好贝塔就是比尔·埃尔莫尔。

在出席联谊舞会之前的晚餐会与比尔见面之前，由于伤了一只手，MJ 只能依靠一个女生联谊会的同伴帮助她穿衣打扮和整理头发。随着晚餐会的进行，人们开始敬酒，气氛很快就变得越来越热烈，越来越有活力。祝酒结束后，男生们拿起水杯，轻轻地把水泼在桌子和用餐者身上。他们玩得越来越过分，没多久有名厨房工人拿着一根工业水管进来，仿佛要去扑灭房子里着起的火一样。紧接着是一片混乱，尖叫声、笑声四起，食物满天飞。MJ 和比尔都浑身湿透，他们冲出去，找地方避了避。从那天晚上开始，MJ 和比尔成了一对情侣。

40 年后，比尔从两人的家里搬了出去，住进自己的公寓。他们分居，准备离婚。比尔从 9 个月的休假旅行回来以后，两人的关系进一步恶化，从不愉快变得难以维系。MJ 独自承受着现实带来的痛苦，不愿与任何人倾诉，哪怕是兄弟姐妹或者最亲密的朋友。虽然两人进行了几个月的婚姻心理咨询，但无济于事，他们还是开始着手离婚调解。这是她的风投经验可以在个人生活中派上用场的地方之一：她懂得如何与男人谈判。

开车前往比尔的公寓时，MJ 回想起了两人早年的甜蜜时光。在普渡大学时，他们会跳上他那辆小小的橘色菲亚特敞篷车，前往附近的城镇，寻觅有自动点唱机的酒吧，点播 MJ 最喜欢的乡村歌曲。他们新婚宴尔的时候，达美航空公司推出了一项特价活动，让旅客可以购买一张便宜的机票，在三周内飞往世界任何地方。他们参加了这项优惠活动，在那三周的时间里，不管飞到哪里——无论是俄亥俄州代顿市，还是巴哈马群岛——比尔和 MJ 发现似乎总是要经过亚特兰大，这也成了他们后来的一大笑料。结婚早期，两人继续一起去旅行，到约塞米蒂国家公园徒步旅行，还到塔霍湖滑雪。在英特尔供职时，有个男人跟 MJ 说："大家都知道你的婚姻非常幸福。"

然而，随着第一个孩子凯特的到来，MJ 花在丈夫身上的时间和精力逐渐减少。威尔出生以后，MJ 留给比尔的时间和关注就更少了。之后是汉娜出生。9 年内生下 3 个孩子。夫妻俩的话题慢慢从对对方的关心变成孩子们的各种问题。两人都是全职工作，但家里或孩子一有什么事情，"随叫随到"的一直以来都是 MJ。

MJ 对他们的婚姻抱有遗憾，她承认自己也有做得不好的地方。但她觉得，自己所犯的错误是无心之失，而非有意为之。第一次有孩子的时候，她本应多和比尔沟通，厘清各自作为父母的责任分工。但她没有，她选择了一个人承担所有事情，在做全职工作的同时，也承担起全职母亲的角色。对她来说，与其请求丈夫分担一下，还不如自己一个人把事情全都干了。她做出了一些她觉得比尔想都不会想的牺牲：减少工作时间，淡出一份自己钟爱且非常赚钱的工作，多陪陪孩子，并主动尝试改善自己的婚姻状况。她意识到，在这一过程中，她下意识地做出了一个判断，那就是自己的事业没有比尔的重要——两人都是这么想的。她牺牲自己的事业来挽救婚姻，无奈还是徒劳无功。她了解到一些数据：女性首席执行官的离婚率高于男性首席执行官，奥斯卡最佳女主角奖得主的离婚率高于奥斯卡最佳男主角奖得主，赢得选举也会提升女性的离婚率。她认识的一位女性首席执行官暗示过，阻碍女性晋升到最高职位的，往往是她们的丈夫。MJ 觉得，她的风投事业得到了丈夫的支持，但在家庭事务上则孤立无援。她认为，如果比尔在家里多支持她一些，多分担一些，她就可以继续正常工作。

当然，比尔从未提出让她减少工作时间，他很自豪他们是一个拥有两个风险投资家的家庭。他娶了美国最早跻身风投公司合伙人行列的女性之一。MJ 在企业软件解决方案领域的多项投资，改变了企业和客户的互动方式，比如 Clarify 和 Aspect Communications。在 Salesforce、WorkDay（人力资本管理软件供应商）、被甲骨文收购的 PeopleSoft 等后起之秀的身上，也可以看到这些公司的影子。

到了比尔的公寓，MJ 仔细看了看她的手，她还戴着结婚戒指。两人当初订婚的时候，都身无分文，比尔让他有志成为珠宝商的弟弟帮忙做了一个嵌有小钻石的订婚戒指。几年后，他给 MJ 买了一枚新的金戒指，嵌有漂亮的祖母绿切割钻石。后来 MJ 还在戒指边缘增加了黄色祖母绿切割钻石。她很喜欢那枚结婚戒指。

进门前，MJ 做了几次深呼吸。她和比尔总是没说几句就吵起来。不出所料，这一次也不例外。两人越吵越大声，这时 MJ 觉得自己的手有点不对劲。她用左手拇指摸了摸无名指的背面。

比尔仍在争吵，MJ 把手掌翻过来。她简直不敢相信，她的金色婚戒竟然断开了。她的婚戒裂成了两半。拿着断开的两截戒指，MJ 跟比尔说了点什么，然后冲出了门。

MJ 是个相信宇宙神灵的人。对她来说，宇宙神灵证实了她心里明白的事情。她的婚姻已无可挽回地破裂了，尽管它曾经是那么美好。

特蕾西娅

在旧金山机场附近参加董事会会议时，特蕾西娅开始感到背部疼痛。她怀孕快 9 个月了，整个过程颇为艰辛。她前一天去了妇产科检查，并安排好下一周剖宫产，距离预产期还有两周。医生跟她说，一切都没问题。

但这天早上，特蕾西娅却感觉越来越不舒服。起初，她跟自己说："这是因为我太胖了。"会议上她见过很多背痛的男人会站起来走走，迫不得已她也那么做了。然而，疼痛感一直都没有消失。最后，她跟大家说："听着，伙计们，我知道董事会会议要开到中午，但我今天身体不大舒服。可以在 10 点前完成正式的董事会审批流程以及财务销售的汇报吗？这样我可以先离开，然后通过电话参加之后的会议。"销售汇报结束后，她收拾好东西，准备前往医院，出发前在车上给医生打了电话。

"我正感受到从未有过的疼痛。"特蕾西娅告诉护士的助手。助手问她的疼痛是持续性的还是间歇性的。"间歇性的。"特蕾西娅答道。

"好的，我想让你算一下疼痛的间隔时间。"护士助手说。特蕾西娅坐在车里，看着时间。又过了六七分钟，疼痛才又来了。该助手说："我想你要生了。你最快多久到达医院？"特蕾西娅出奇地平静。她估计，开车去斯坦福大学医学中心旁边的妇产科办公室要 20 分钟。她看了看时间：10 点 10 分。10 点 30 分她应该能到达医院。开车时，疼痛感一阵阵袭来，但她仍旧没有挂断与加速合伙公司同事的电话会议。

她一走进妇产科办公室，医生便给她看了一下说："特蕾西娅，你肯定要生了。直接去登记住院吧，那里有你的资料。婴儿就要出生了。"

到斯坦福大学医学中心做好登记，已经是上午 10 点 50 分了。蒂姆 11 点赶到，此时，特蕾西娅不得不挂断电话会议，跟同事们说："我得先挂了，下午再找你们了解情况。"她的儿子卢克在 11 点 30 分出生。

没过几周，特蕾西娅便回到办公室，着手开展新的项目，并为加速合伙公司的新投资人员提供指导。那时她觉得，什么都不能放慢她前进的脚步。

索尼娅

索尼娅的第二次化疗恰好是她养女出生的那一天。那天早晨，生母临盆。索尼娅把这一消息分享给全能的布鲁斯，他也激动不已。索尼娅渴望着赶快做完化疗，这样她就能去医院，亲身见证女儿的出生。他们决定给女儿取名为特丝。她就要做妈妈了！一完成化疗——急不得的一件事情——她就驱车前往位于旧金山太平洋高地的加州太平洋医疗中心。那天晚上，特丝出生了，身体健康，体重 7 磅。她长着红色的头发，蓝色的眼睛，胖胖的脸颊，她的微笑能让索尼娅的心瞬间融化。索尼娅觉得，特丝的微笑仿佛带有几分睿智和聪慧，仿佛在说："嘻嘻，我来到了我想到的地方。"

不久后，索尼娅意识到自己面临着冰火两重天：她的孩子在健康成长，而她自己则在与病魔苦苦斗争。雪上加霜的是，乔恩又去了欧洲。他要去参加帆船比赛，他加入了一个很有竞争力的帆船队，几个月前就报名了。此前他一直在他的餐厅忙个不停，因而非常希望休假放松一下。索尼娅能理解他的心情，但她也需要他留在身边陪她，所以索尼娅打算等他回来后再和他谈谈。现阶段，她可不能让自己的婚姻也陷入危机。

由于不知道接下来自己的身体在做完化疗后会出现什么样的反应，索尼娅安排了全天候的保姆来帮忙照顾特丝。她请了两个爱尔兰裔保姆。刚开始两人似乎做得很不错。但没过多久，其中一个保姆到她家时一副余醉未醒的样子，还有一些暴躁，而且不止一次出现这样的情况。特丝小睡的时候，保姆也小睡，而没有去打扫卫生，帮忙做家务。最终在做完第八次化疗后，索尼娅解雇了她们。索尼娅给了两人两个星期的遣散费，要求她们立即离开。

之后索尼娅在 Craigslist 网站上登了一则招聘广告：现有保姆职位，向有志走向上层社会的专业人士开放。由于经济仍处于衰退之中，失业率不断上升，索尼娅一下子就收到了 200 多份求职申请。她想要雇用两个保姆，每周各工作三天。她希望两人都有自己的时间去追求个人发展。她最终雇了一个后来考上哈佛大学的女生，以及一个在医学院上学的女生。

保姆危机解决完后，索尼娅感到有些孤独。她的生活只剩下孩子带来的欢乐和化疗的痛苦。她大部分时间都待在家里，一个人孤零零地陪着特丝。她非常希望乔恩能早点回来。有时候，躺在沙发上，有他坐在身旁陪着就很满足了。

几个亲密的朋友没帮什么忙，其他几个不那么亲密的朋友却纷纷站了出来。珍妮·扎林最初在门罗风投做她的私人助理，后来接连升职。扎林每个星期都会过来探望她，给她带来每周的合伙人会议的记录。扎林仿佛成了索尼娅的救生索，她是一个坚强、忠实且开朗的人。索尼娅的父母也提供了帮助，前导师汤姆·布雷特和他的妻子波莉也给予了她支持。布雷特在 2004 年因患有轻微心脏病而离开了门罗风投。

化疗对索尼娅造成了不小的伤害。每完成一次化疗，她的身体都会变得更虚弱，睡眠状况也变得糟糕。有一天，她摔了一跤，摔断了五根肋骨。她还有另外几次被送进医院的经历。注射刺激白细胞生长的培非格司亭，更是让她痛不欲生。索尼娅试着像看待税收一样看待化疗：一点都不有趣，但不能不做。她专心投入治疗过程当中，对待饮食非常讲究，不吃糖，也不吃红肉。她接受了针灸、螯合疗法和按摩，同时每天都试着走走路，活动活动。

从小是长老教会教徒的索尼娅对佛学颇有兴趣。她与西藏僧人乌金秋旺仁波切相识，后者教导人们要从自己的内心寻找幸福，而不是从外在的东西。他喜欢问："我们会去锻炼自己的身体，我们会去修复自己的头发，但我们有做什么去锻炼自己的心智吗？"他对索尼娅说，乌云很快就会散去，晴天即将出现。索尼娅学到了一句佛教祈祷词，每天都背诵：

> 愿我们长寿安康，愿我们心想事成；
> 愿艰难险阻不会绊住我们的脚步，而是助我们前行；
> 愿目标、财富和丰裕的实现来得毫不费力；
> 愿智慧佛文殊菩萨的光芒，照进我们的心中。

乔恩终于回到家了。当特丝开始学会爬走的时候，他和索尼娅想出了一个游戏，叫作"追逐泰迪熊"。索尼娅把两三只泰迪熊放在沙发上，然后让特丝从房间的另一头以最快的速度爬过去，触摸其中一只泰迪熊。要是她中途被抓住了，索尼娅就可以胳肢她。特丝咯咯的笑声成了索尼娅的止痛良药。漂亮的特丝似乎知道周围的人都需要些什么。她快乐而随和，对于妈妈卧病不起无法陪伴在自己身边，她似乎也能够理解。

待在家的六个月里，索尼娅总算有闲暇去思考自己是谁，生命中什么才是最重要的。她是一位母亲，她患有乳腺癌。

特蕾西娅

在登上《财富》杂志封面后，特蕾西娅声名鹊起，科技行业最具权势女性、最具影响力女性、最成功女性等评选的十强榜单上，她都榜上有名。她登上了《时代》杂志的封面，同时登上的还有谷歌的苏珊·沃西基、惠普的梅格·惠特曼、IBM 的弗吉尼娅·罗曼提、雅虎的玛丽莎·梅耶尔、甲骨文的萨夫拉·卡茨，以及谢丽尔·桑德伯格。特蕾西娅还是入选《福布斯》全球最佳创投人百强榜单的唯二女性之一，她获赞 "凭借精明的投资为公司进账超过 10 亿美元"。

她完成了一次又一次的全垒打。2011 年，什洛莫·克雷默的数据安全软件公司 Imperva 成功上市，募资 9 000 万美元。与克雷默及其团队站上纽交所的那一刻，特蕾西娅回想起最初的时光：她和克雷默一起上门拜访各家华尔街银行，试探市场对他设想的产品的反应。特蕾西娅觉得，IPO 如同让企业步入下一发展阶段，进入公开市场的毕业典礼。一年后，用户规模扩大到 2 200 多万人的 Trulia 挂牌上市。特蕾西娅再一次亲临现场，见证该公司在纽交所的上市敲钟仪式。与 Trulia 的两位创始人皮特·弗林特和萨米·因基宁一同站在上市敲钟台的那一刻，特蕾西娅意识到，让自己最有满足感的事情之一就是，目睹创业者从青涩到成熟，从零开始到取得成功的整个过程。弗林特与手抱女婴的妻子站在一起。特蕾西娅深知，让一家公司从想法发展成上市公司并继续成长，创业者要付出多大的努力。对许多创业者和员工来说，IPO 是一件改变人生的大事，是人生的分水岭。到这一刻，他们知道自己一直以来的努力终于得到回报，终于有能力买下梦寐以求的房子，终于能够实现人生的大跨步，终于能够为他人的生活做出贡献了。

特蕾西娅获邀在瑞士达沃斯世界经济论坛的一个座谈会上发言，会上她谈到自己观察到的移动和互联网领域的趋势。她指出，她看到越来越多的公司跳过创建网站这一步，直接打造移动应用。发言结束后，有个男人找到特蕾西娅，让她列举一下企业开发移动应用程序的例子。特蕾西娅低头看了看那个男人胸牌上的名字，才惊讶地发现他是大名鼎鼎的万维网发明者蒂姆·伯纳斯 – 李。这位大人物向她询问互联网的发展趋势。

不久之后，她应邀参加彭博电视台一档一个小时长的新节目《值得瞩目女性》(Women to Watch)，接受主持人维罗·贝的采访。一同上节目的还有 Stella & Dot（互联网直销配饰品牌）首席执行官杰西卡·赫林、脸书全球营销副总裁卡罗琳·埃弗森、SurveyMonkey（网络调查公司）产品和工程副总裁塞利娜·托巴科瓦拉。

节目播出后，特蕾西娅回到家，看到蒂姆一脸不悦。该节目使用了特蕾西娅和他们的女儿萨拉的多张照片，蒂姆的照片则一张都没有采用。特蕾西娅解释道，她提交了很多家庭照片，但具体选用哪些是制片人说了算。她说道，他们之所以挑选了那些照片，可能是因为这个节目的主题是女性。

特蕾西娅和蒂姆断断续续接受了好几年的婚姻心理咨询，只可惜似乎没什么效果。仍旧赋闲在家的蒂姆时不时对特蕾西娅说:"我娶了个唐·德雷珀。你一年要出差 150 天!"唐·德雷珀是电视剧《广告狂人》中的那个大忙人角色。虽然家里的第一桶金是蒂姆赚的,但这些年来的经济支柱一直是特蕾西娅。

两人之间的分歧越来越大,越来越明显。她不再叫蒂姆一同参加晚宴和活动。在他面前,她也开始只字不提她获得的奖项和赞赏。曾经有一次,蒂姆和她一起参加一个活动,事后他跟她说:"整个晚上都没有人问我是做什么的!"这正是被视作男人附属品的女人经常挂在嘴边的一句话。蒂姆仍然是家里的首席财务官,两人赚的钱都由他来掌管,除了特蕾西娅给自己留出的那10% 的奖金以外。她特意将家里的财政大权交给蒂姆,以缓和两人之间的关系,并以此来肯定他一家之主的地位。但后来她认识到自己不该那么做,不该那样"男尊女卑"。

特蕾西娅和蒂姆是同龄人,两人大学毕业后开始交往。他们都拥有斯坦福的 MBA 学位,有着相近的梦想和职业目标。他们也都曾供职于金融公司和创业公司。但最终,一路走下来,成为业内颇受瞩目的明星的是特蕾西娅,为家里赚得数百万美元的也是特蕾西娅。她感觉,他们夫妻两人似乎在暗中较劲,都不甘落后。她认识到,两人在一起这么多年了,她早该去了解一下蒂姆的家庭成长环境。特蕾西娅希望他在他们这样的非传统婚姻中能过得快乐,尽管他成长于一个男主外女主内的传统家庭。蒂姆的兄弟的妻子有了孩子以后全都放弃了自己一手建立的事业。特蕾西娅成了家族里格格不入的那个人,她不愿意因为有了孩子而放弃对事业的追求。

　　结婚 20 年后，特蕾西娅和蒂姆提出离婚。萨拉 9 岁，卢克 3 岁。特蕾西娅最担心的是，要是闹上法院争夺孩子的抚养权，自己会因为没有经常陪伴孩子而不具优势。她觉得不会闹成那样——蒂姆不是那样的人。但她不想冒任何风险。没有工作的蒂姆可以一直待在家里照顾孩子，尽管他们一直都有一个全职保姆。特蕾西娅很清楚，她需要证明自己能够接送孩子上下学，能够做传统母亲会做的一切事情。她从来没有在萨拉的学校做过志愿者，萨拉的校外实践活动她也只陪同参加过一次，去的是英特尔。她非常爱她的孩子，但她也爱她的工作。她知道，她的男同事们同样也因为长时间工作而疏于照顾家庭，但他们却从未受到质疑。

　　加速合伙公司创始人吉姆·施瓦茨在一次采访中坦言，他一周工作"六天半"。他说："日常安排是，周一到周五到处飞，一周在纽约逗留三四个晚上，周六工作半天或大半天。接着，周日下午看书和做工作准备，又一周开始了。"

　　潜在的抚养权问题让特蕾西娅觉得危机四伏。此外，无可避免的离婚也让她觉得自己很失败——她辜负了自己、蒂姆、她的原生家庭以及蒂姆的原生家庭。她母亲会跟她说，她工作时间太长了。特蕾西娅后悔这些年来没有多花心思去维系与蒂姆的亲密关系。蒂姆嘴上说自己乐意做家庭主夫，但特蕾西娅看得出蒂姆其实并不乐意。特蕾西娅知道自己是一个追求完美的人。她不应该试图去管教蒂姆怎么教育孩子，不应该让自己绷得太紧，不应该担心那么多。她需要重新思考自己的时间分配。不管走到哪里，她总感觉这个社会仿佛在劝诫她，在工作上要少一点成功，在家庭上要多一点成功。

索尼娅

索尼娅在休了 6 个月的病假后回到门罗风投，当然，还有 30 天的放射治疗等着她。她有了新的日程：早上早早离开在旧金山的家，接受放射治疗，然后驱车一小时到门罗风投上班。除了工作中的小圈子以外，没有人知道她得了癌症。她可不想在与其他公司的风险投资家争夺项目的过程中，被他们在背后跟创业者说："哎呀，你不知道吗？索尼娅有癌症。"

重回门罗风投，让索尼娅感受到很多的美好：工作富有意义，报酬丰厚，固定的日程也让人感觉安稳。但也有一些让她不安的事情。她很震惊办公室里没几个女的。当然，这算不上什么新鲜事，但索尼娅对此的感受变得更强烈了。

周一，她回到久违的合伙人会议桌上，仿佛从她在医院与全能的布鲁斯一起的世界穿越到了另一个世界。一连串让人印象深刻的公司来进行推介。埃伦·利维——她在索尼娅的 40 岁生日派对上认识了她后来的丈夫——给索尼娅引荐了领英。领英联合创始人里德·霍夫曼长期以来都是女性和科技行业性别均衡化的拥护者，他跟利维说，他希望这轮融资有女性风险投资家参与。索尼娅个人很看好领英，但没能得到门罗风投其他合伙人的支持。他们觉得，这家公司的市场前景存疑，而且估值过高。

网络与企业安全公司帕洛阿托网络（Palo Alto Networks）则是门罗风投合伙人约翰·耶尔韦介绍过来的。索尼娅认识帕洛阿托网络的联合创始人兼首席执行官戴夫·史蒂文斯，他来自弗吉尼亚大学，索尼娅觉得他的公司非同寻常。该公司的另一位联合创始人是尼尔·朱克，他曾与什洛莫·克雷默共同创办 Check Point 软件公司。然而，这一次索尼娅还是没能说服门罗风投其他的合伙人相信这家公司的厉害之处。

母婴用品电商 Diapers.com 差不多在同一时间到门罗风投做推介。索尼娅同样很看好这家公司，认为它的联合创始人马克·洛尔非常有效地解决了物流配送问题。他在美国各地靠近邮局的地方设立了仓库，以确保商品能在一天内送达顾客手中。她对这家公司的前景深信不疑，因为她每天都通过它的网站购买尿布、湿巾、婴儿衣服等产品。

索尼娅开始听说另一家叫优步的创业公司，它于 2010 年 6 月成立于旧金山。她的合伙人肖恩·卡罗兰以及新来的普通合伙人舍尔文·皮舍瓦尔正在研究这家公司。索尼娅跟他们说，这个项目必须认真对待。她很后悔之前没有表现得强硬一些，导致错过领英以及其他几家创业公司。这一次，听到门罗风投的其他合伙人对人们是否会搭陌生人的车表示质疑时，她直言："这个项目你们真的应该放手去投啊！"

索尼娅的父亲曾担任弗吉尼亚大学交通运输研究中心的主任，长期以来给她传输过不少交通运输领域的知识。她对卡罗兰和皮舍瓦尔说:"点对点公共交通是公共交通领域的一块宝地。而优步找到了利用现有资源实现点对点公共交通的方法。"这一次,她不遗余力地向门罗风投其他的合伙人强调这家公司的重要性。门罗风投成功与优步达成协议,以 2 600 万美元领投后者规模 3 900 万美元的 B 轮融资(参投的还包括杰夫·贝索斯和高盛)。

与此同时,索尼娅帮助她早年投资的 Q1 Labs(网络安全公司)以很高的价格出售给 IBM。该公司在被收购前一直准备上市,自 2003 年以来索尼娅一直担任它的董事。她还投资了移动分析公司 Flurry,以及面向独立艺术家与设计师的线上集市 Minted,Minted 的创始人马里亚姆·纳菲西是她很喜欢的一个企业家,曾与人联合创办第一家大型在线化妆品公司 Eve。

2011 年,与乳腺癌抗争及收养孩子的第二年,索尼娅获评为门罗风投的年度最佳投资人。这一认可完全是基于她出众的投资回报。她很感激大家的认可,工作中也觉得创业公司们的推介激动人心,但与此同时她也越发觉得离不开特丝。不管索尼娅有多热爱工作,但工作始终是工作,会给她带来压力,而压力对她没有好处,尤其是考虑到她的健康状况。她的预后情况良好,但癌症不好处理,病情可能会出现反复。对于未来,她不知道要做多长远的计划。她必须每半年验血一次,然后等待检验结果。

她喜欢各式各样的项目,喜欢各种创业点子,喜欢创业者。但是,每当在合伙人会议中坐下来,扫视整个房间,目光从一个合伙人转向另一个的时候,她都会不禁想起自己独自在家,一边与癌症抗争，一边照顾特丝的那段日子里，合伙人们没有一个向她表示过慰问。他们没有打电话过来，也没有到她家探望。一次都没有。

特蕾西娅

2012 年秋天，特蕾西娅告知加速合伙公司的合伙人她将要离婚。她告诉他们，她需要从 2013 年第一季度开始休长假。加速合伙公司向任职至少 7 年的合伙人提供 3 个月的休假。特蕾西娅入职加速合伙公司已有 14 年，担任合伙人 13 年，从未长时间离开过。每次生孩子，她都只休 3 个星期的产假。加速合伙公司联合创始人吉姆·施瓦茨曾休假 4 个月参加滑雪比赛。施瓦茨称休假是"一个很好的主意"，以及"每 5 年或 10 年休一次是非常有益的"。吉姆·布雷耶休过长假，拿下脸书项目的凯文·埃弗鲁希也正在休长达 1 年的假期，与妻子和孩子周游世界。

特蕾西娅在各家公司的董事会席位数量达到创纪录的 15 个，其中包括两家新上市的公司 Trulia 和 Imperva。在帕特森的指导和支持下，她和加速合伙公司的另一位合伙人萨米尔·甘地四处去推介，以一己之力为公司的新增长基金募得 8.45 亿美元。

加速合伙公司过往的失策使合伙人无法足够快速地实现晋升和分享投资收益，鉴于此，特蕾西娅主动拿出自己的一部分收益分成，分给几位没有分成的年轻合伙人。她等于掏出自己的一大笔钱给团队中的人。她的一位合伙人告诫她："不要那么做，小心好心没好报。"他说的没错。没多久，那些从特蕾西娅的善举中获益的人跑来找她，提出出乎意料的要求：要她分出更多的收益分成。特蕾西娅予以拒绝。但他们的行为所传递出的信息，让她深感不安。身居高位的她主动分出自己的收益分成，那几个男人却将此视作她软弱的信号，还想再捞一把。

那些年轻合伙人是她一手招来和栽培提点的，他们的第一份投资意向书是她指导撰写的，他们的项目是她帮忙安排的，他们收获的一大笔钱也是她给予的。而当她告诉他们她需要休长假时，他们的反应却让她始料未及。"公司没有长假政策。"他们说。"你说什么？没有长假政策？"特蕾西娅回应道。埃弗鲁希此刻就在休长假啊！她拿出了一份加速合伙公司联合创始人吉姆·施瓦茨亲自撰写的加速合伙公司长假政策给他们看。

"那是很多年前的，我们不会遵照它。"他们说。此外，他们称，尽管凯文·埃弗鲁希确实是在休长假，但他提前通知了所有人。特蕾西娅认同埃弗鲁希的手续全都处理妥当了：他提前很久就计划好休假，在离开一年之前也通知了投资者下一个基金募资周期的情况。合伙人们跟他说，他可以休假一年，而不是三个月。

特蕾西娅反驳道："我不可能一年前就通知你们我要休假处理离婚和孩子的事情。我不能一下子就提前决定好。"

吉姆·施瓦茨和阿瑟·帕特森基本上已经退休，不再参与公司的运营，所以特蕾西娅觉得不该让他们介入处理。吉姆·布雷耶也在慢慢淡出加速合伙公司，他已经辞去自己在沃尔玛、戴尔甚至脸书的董事职务，打算将更多的精力放在自己的个人投资基金上。那几个年轻的合伙人没多久又找来另一个年轻合伙人——又一个特蕾西娅指导过的合伙人——再次跟她说，她不会得到长假。

特蕾西娅感受到其中的讽刺意味。她一手让这个阴谋小集团的管理结构扁平化，让合伙人之间更加平等。现在这个阴谋小集团要无情地反噬她，就像男孩玩躲避球游戏，根本不把砸中别人的头当回事。经过这些年的历练，特蕾西娅已经是老江湖了，荤段子、毛手毛脚的好色之徒、性暗示之类的事情，她都能一一应付自如。她也不介意受到忽视，不介意会议上发言机会较少，不介意被误会是助理。而休长假这件事是不同的。

合伙人的决定是，她不能休长假，但可以休家庭假期。特蕾西娅一眼就看穿他们葫芦里卖的什么药。要是她获准休长假，她的职位和薪酬待遇会原封不动，因为有这方面的先例。但家庭休假没有先例——加速合伙公司从未有人休过。因此，休完假回来，她的地位不一定安稳。她敢肯定，那些想要从她手中夺走更多收益分成的人，还会觊觎她的职位、项目和股份。

然而，之后他们的行径甚至超出了贪婪的范畴，令人不齿。特蕾西娅被告知要做一件同职位的男人绝不会被要求去做的事情。她被告知，如果想休家庭假期，她就要给加速合伙公司的主要投资者打电话，逐个地通知他们她要休假，因为她要离婚了。特蕾西娅知道孩子们需要她——她愿意为他们做任何事——她开始不情愿地打电话。每当她似乎再也无法容忍受时，她就会闭上眼睛想着孩子们。他们给了她力量，让她能够渡过难关。

玛格达莱娜

玛格达莱娜一大早就开始在旧金山北部马林县的塔玛佩斯山散步。在得了神秘的疾病后，她开始全身心地投入她的"玛格达莱娜项目"中。她养成了散步和徒步旅行的习惯，讲究饮食，体重也减轻了。然而，在对自己悉心照料几年后，她的病况也只是稍微好了一点而已。

对于以解决问题为乐的她而言，这是一段百思不得其解的时期。她不再经常去沙丘路工作了，不过她一直都至少有一个助理为她处理工作。她的儿子贾斯廷和特洛伊已长大成人，一个 20 岁，一个 18 岁。贾斯廷从杜克大学毕业，获得计算机科学学位，目前在视频游戏公司 Zynga 做产品经理。特洛伊在杜克大学攻读经济学学位。

玛格达莱娜没有像许多其他父母那样为子女长大离家而感到忧虑，因为她的儿子们在青少年时期就有了独立生活的能力。现在她的时间主要花在她的母亲和年纪渐增的大家庭成员上，以及非营利组织和其他社会活动上。之前她加入过杜克大学与斯坦福大学的公共政策和国际外交委员会，以及圣塔克拉拉大学的工程委员会。对她来说，国际外交是一个全新的领域，她对那些旨在为土耳其和亚美尼亚边境带来和平的活动特别感兴趣。她在硅谷的工作仅限于指导年轻的投资人和创业者。

她慢慢地把自己在 USVP 投资组合公司中的董事会席位从 11 个缩减到 3 个。她想念公司办公室的友好氛围，想念与她的合伙人一起共事的时光，尤其是欧文·费德曼。她最近接到索尼娅的电话，后者问她是否愿意给一个叫蒂姆·杨的创业者提供指导。索尼娅投资了他创办的创业公司 Socialcast（协作软件供应商），这家公司位于旧金山，致力于提供企业社交协作工具。玛格达莱娜很乐意帮忙，她指导蒂姆·杨如何建立销售周期以及企业销售组织。

沿着塔玛佩斯山山顶附近的蜿蜒小路向上走，她想到自己退出 Salesforce 董事会的决定。她觉得这个决定有点操之过急了。她本该观望一段时间，看看自己的健康状况如何。不过，当时她担心自己会死亡或者残疾。至少，她不会像以前那么完美健全了。她很讨厌让人失望。

玛格达莱娜离开硅谷有很长一段日子了，离开的日子里她想到自己的整个职业生涯可以用一句话来概括：她善于预测人们未来会如何使用科技。在斯坦福大学的时候，她就爱上了西部，爱上了淘金热的精神，爱上了成为科技创新前沿地区的一分子。在 AMD，即她从斯坦福大学毕业后第一家供职的公司，她负责将局域网芯片组设计到计算机当中，当时还没有人真正听说过这个概念。加入第一家 Unix 台式电脑公司财富系统时，她看到了做行业先行者的风险。电脑经销商无法为如此精密的机器提供售后支持，这些机器在经销商的货架上卖不出去。她成为电子商务领域的先行者时，互联网才刚开始商业化。

她在 1997 年写了《创造虚拟商店》（ *Creating the Virtual Store* ）一书，但当时没几个人认同她说的东西。书的其中一章《约翰尼，关掉电脑！》更是成了人们的笑柄。她写道："个人计算机已经给这些毫无戒备的家长制造了新的混乱……孩子们已经成为个人电脑的系统操作员，在配置和内容上拥有最终发言权。"她对于有朝一日孩子们对电脑的着迷会甚于电视的预言，也遭到了质疑。

走在岩石小路上，玛格达莱娜身边经过的多是遛狗的人、慢跑者和推着婴儿车的妇女。她不禁笑了起来。时光荏苒，她的儿子们一个个都长大了。然而，她生活中不变的是她的丈夫吉姆。两人仍旧在一起，其实多少是个奇迹。她从来没有像有些女人那样把婚姻关系放在第一位，她和丈夫从来没有像其他夫妻那样时不时在晚上和周末去约会，共度二人时光。于她而言，结婚更多是为了融入文化习俗，为了获得部落式的归属感。在土耳其长大期间，她从来没听说过有谁离婚了。结婚了，就是一辈子的事情。她从未想过她的婚姻为什么会成功、为什么会失败之类的问题，也没有投入应有的心思去经营夫妻关系。

她在 22 岁时就认识了吉姆，当时他 30 岁，刚从巴西回来。她对他的第一印象是话痨。他所说的那些错综复杂的故事迷住了每一个人，除了玛格达莱娜。见完他后，她有一个朋友跟她说："要小心啊，他是个玩弄女人的人。"玛格达莱娜说："我不在乎，我也不担心。"后来她受邀去吉姆的农场参加野餐聚会，谁料水管破裂了，没有自来水。许多客人似乎都因为没有水而感到愤慨。玛格达莱娜则有些幸灾乐祸。在她成长的国家，整个夏天每周都会有三四天断水。

但玛格达莱娜欣赏吉姆的价值观，觉得他在很多方面都很纯粹。这些年来，两人争吵的最厉害的都是些鸡毛蒜皮的小事，比如洗碗机内餐具怎么摆放，如何清理厨房。吉姆则被玛格达莱娜淡定从容的气质所吸引。他爱上她是因为她独立自主，有自己的使命。

但如今，由于自身的疾病和家族成员的各种健康问题，玛格达莱娜已经离开工作数年了，她已经不再确定自己的使命是什么了。最近接到索尼娅的电话，倒是激起了她的兴致。索尼娅说自己有个想法，想听听她的意见。她很久没有听到索尼娅这么激动了。索尼娅说，她的想法灵感部分源自两人参加的全是女性的夏威夷周末聚会活动。两人约好在索尼娅的家中见面。

从小路上眺望旧金山湾引人入胜的海域时，眼前的自然美景，让玛格达莱娜惊叹不已。雾仍然很浓，像一条羽绒被一样围绕着金门大桥砖红色的钢缆。要是看得足够远，兴许能看到Salesforce在洽谈接手的、原越湾交通站所在的开发区。几乎死过一千次的 Salesforce，最近公布的年营收高达 13 亿美元。如果计划得以实施，这家公司的总部大楼将会命名为 Salesforce 大厦，它将成为旧金山乃至美国西部最高的建筑。

此刻，玛格达莱娜周围最高的是头顶上高耸的红杉树。当穿过红杉林，呼吸着新鲜空气时，她终于对自己的未来有了更清楚的认识：她需要找到回归硅谷的路。

索尼娅

索尼娅想要更好地在工作、家庭和健康问题之间取得平衡。

她担心自己无法在身体状况不好的情况下完成工作和家庭义务。为了保持健康，她需要减轻压力。她决定不再投资门罗风投的下一只基金。

门罗风投的合伙人们在设立一只新基金，这是门罗风投的第十一只基金。该举往往预示着公司迎来过渡期，年轻的合伙人会升职并获得更多的收益分成，年长的合伙人有时会不参与公司的运营，并减少他们的分成比例。索尼娅需要把她的健康列为头等大事。

于是，她向门罗风投的合伙人提出，让她在旧金山的家里兼职工作。在她看来，现在的时机非常合适：几乎每天都有风投公司和科技创业公司在旧金山开设办事处，让位于熙熙攘攘的市场街南区的南方公园变得像迷你版的沙丘路一样。

索尼娅觉得，远程工作可以节省上下班通勤时间——每天超过两个小时。她在门罗风投工作了近 17 年，她操刀的投资给公司创造了数亿美元的收益，同时也催生了多家成就斐然的公司。麦卡菲合伙公司是她还在 TA 担任分析师时主动联系的一家公司，它最近被英特尔以 76.8 亿美元的高价收购。

索尼娅的朋友兼前导师汤姆·布雷特虽然已不在门罗风投供职，也没有监督职责，但他还是在默默关注前东家的动态。他听到一些合伙人在索尼娅回归后说，不能指望她去做她过去能做的事情。她现在有个婴儿要照顾，同时还要与癌症做斗争。他知道，有位合伙人觉得索尼娅"爱出风头"，太过咄咄逼人。

对于索尼娅想要兼职工作的决定，有位合伙人告诉布雷特，他不喜欢这个主意，他希望大家都在公司办公。要知道，这番表态是出自一个加入了波西米亚俱乐部，并且半个夏天都在波西米亚森林里度过的家伙之口。门罗风投召开闭门会议进行投票。合伙人们——全是男性——决定不允许索尼娅在家兼职。实际上，他们是在告诉她，她在门罗风投已经没有地位了。那个一直相信障碍就是成功路上的垫脚石的女孩，终究遇到了一个不是垫脚石的障碍。

索尼娅被排除在门罗风投的第十一只基金之外。她要继续承担她在第十只基金的投资组合公司的董事职务，继续处理该基金的投资，在公司漫长的过渡期中如常参加周一的合伙人会议。但她将不再有份参与公司未来的投资活动。索尼娅非常震惊——她原以为自己的整个职业生涯都会留在门罗风投。她也没有忘记接受化疗的几个月里合伙人们对她的漠不关心。有一天，她到了门罗风投，猛然发现自己的办公室易主了，舍尔文·皮舍瓦尔已经搬了进去。

在汤姆·布雷特看来，拒绝索尼娅兼职办公是个"败笔"，逼走索尼娅的决定也"愚蠢至极"。在1986年加入门罗风投之前，他在惠普工作了近十年。该公司在员工性别均衡化方面可谓业界典范，拥有多位女性经理，包括卡罗琳·莫里斯和南希·安德森，而且她们的表现都非常出色。布雷特对他投资的公司的女性CEO十分支持，也曾与IVP的MJ一起完成过一些相当成功的项目。他知道，索尼娅接下来在门罗风投能拿到的收益分成甚至会连初级的男合伙人都不如，尽管不久前她才刚被评为门罗风投的年度最佳投资人。

正如布雷特后来跟索尼娅所说的："你不能与不想与人合伙的人合伙。"索尼娅试着去保持乐观，她告诉自己："最强的革命家不是那些对独裁者深恶痛绝的人，而是那些有悲天悯人胸怀的人。"

听说门罗风投和索尼娅要分道扬镳时，PCM 和 Acme Packet 的创始人安迪·奥赖觉得很失落。他最初到门罗风投的办公室时还是个笨拙且身心俱疲的年轻创业者，索尼娅那时候也刚开启她的硅谷风投生涯。当全世界都拒绝他的时候，只有索尼娅看好他、相信他。有一次，两人约了见面，但那天索尼娅刚好要在旧金山接受放射治疗，于是奥赖跟着去了。索尼娅提出，在她接受治疗的时候他们接着谈话。在索尼娅接受治疗时——索尼娅若无其事地谈正事，一如往常那般条理清晰，乐观向上——平常话很多的奥赖竟说不出话。在她身上，她的门罗风投的合伙人看到的是软弱，奥赖看到的则是坚强。她比任何时候都要坚强，都要坚定。

最后，索尼娅感觉宇宙神灵似乎对她做了点什么。她不再是普通的女人——一夜之间，她成了女权主义者。

MJ

在 MJ 正式离婚几个月后，她和前夫比尔一起送他们最小的女儿汉娜去杜克大学报到，开始大学生涯。最初思考离婚后会怎么样时，MJ 想到了自己的痛苦，同时也有些担心她的孩子们。

她没想到的是，离婚对一个完整家庭的破坏竟如此之大。如今这一点让她备受打击。原来的那个叫埃尔莫尔的大家庭，已经不复存在了。于她而言，这是她人生最大的败笔。

汉娜爱她的父亲，知道他是商界中的大人物，是一位成功的风险投资家。但在她眼里，妈妈才是她的指路明灯，才是家里的黏合剂，是妈妈教会她滑雪，帮助她克服青春痘、牙箍、男女关系等一连串的成长困扰。是妈妈对她在中学阶段交第一个男朋友时设定了规矩，让她不要私下见他。是妈妈一直坚持要给她找心理咨询师帮助她疏解压力，尽管她曾反对、抗议、摔门而出。是妈妈从小的监督，帮助她取得优异的学习成绩，让她顺利考上高中和杜克大学。即便是与前夫一起在她的宿舍向她告别这样既尴尬又容易情绪化的时刻，她妈妈还是能够跟往常一样保持沉着镇定。只不过，他们不再是夫妻了。

回家前，MJ绕道去了全食超市。带着低落的心情，她开始不断地往购物车里放东西：给孩子们的百吉饼和奶油芝士，给比尔的面包、贝果热狗和巧克力饼干，汉娜很喜欢的蔬菜和混合沙拉。

推着购物车走向收银台时，MJ停了下来。"我到底在干什么呢？"她问自己。她不知道是该哭还是该笑。数十年来，这是她第一次只用给自己买东西。别的顾客推着车从她身边经过，她的眼里盈满泪水。她不需要买这些食物了，一件都不需要了。她想："天啊，此刻身处超市，我居然不知道要给自己买什么。"她问自己："我究竟想要什么呢？"

第九章

觉　醒

2010—2018 年

索尼娅

坐在旧金山家的屋顶甲板上，索尼娅抬头望去，美国海军"蓝天使"飞行表演队驾驶着F/A-18"大黄蜂"战斗机划过天空，发出轰鸣声。这是旧金山一年一度的舰队周。索尼娅在这一天举办派对与朋友们相聚，一起近距离观赏令人目眩神迷的飞行表演。

不过，索尼娅此时的思绪更多在别的事情上。她仍为被门罗风投冷酷对待感到很受伤，久久不能释怀。打开门罗风投的网站，她看到主页上是五个男人的合照，其中一个还拿着篮球。再打开其他硅谷顶级风投公司的网站，她看到主页上展示的投资团队也全都是男人，他们穿着下摆露在外面的格子衬衫、深色牛仔裤，有的还穿着蓬松的背心。原来，不只是门罗风投的男人会把她剔除掉，所有的女性都被排除在风险投资历史之外——乃至其他行业也是如此。得掀起什么变革了，硅谷被男性主导的文化需要被敲响警钟。

当飞行员开着 F/A-18 战斗机在云层中呼啸而过时，索尼娅和风投同行詹妮弗·方斯塔德躲到楼下聊天。

"有时候，你会觉得在风投行业女性并不存在。"方斯塔德说。她在考虑辞去德雷珀·费希尔·尤尔韦特森公司的合伙人职务。

索尼娅沮丧地摇了摇头说："我们处在行业一线已经有很长一段时间了，但是从来没有人听说过我们！我们需要让风投界的女精英进入人们的视野，我们需要团结在一起。我们不应该避讳我们是女性的事实，我们应该公开颂扬我们所做的事情。"

那一天，两人一起想出了一个计划。这个计划有望在给她们带来财富的同时，为女性扩大人脉网络，并开始改写硅谷风险投资的历史。

不久之后，索尼娅邀请玛格达莱娜到她家，讨论成立一个纯女性投资组织的事情。这个组织将会集硅谷最成功的那些女性风险投资家，她们都创办过或投资过员工规模上万、掀起行业变革的企业，她们在硅谷留下过自己的印记，尽管她们不一定会在史册中留名。

玛格达莱娜站在索尼娅家的厨房里，她知道索尼娅将不能参与门罗风投的新基金。经过一段时间的心路探索，索尼娅下定决心要和其他女性联手创建一个风投平台。

索尼娅说道："如果我们是以一个纯女性风投组织的形式去激励人们，去投资一些很好的项目，也许将来会出现更多想要成为风险投资家的女性。"她认为，之后那些女性或许也将会向更多的女性创业者提供投资，同时促使女性创业者雇用更多的女性，形成良性的循环，进而彻底改变硅谷的权力格局。

索尼娅对玛格达莱娜说："你没有一个投资的平台。"

还在养病的玛格达莱娜回答说："我的名气足够大了，真的不需要平台。我为什么需要平台呢？"

索尼娅接着强调纯女性投资组织的优势所在。从财务的角度来看，人多有好处。组织内的女性在寻找项目、做尽职调查等工作上可以互帮互助，相互依赖。正如玛格达莱娜对 USVP 合伙人会议的描述，组织内会有纯女性的"辩论社"。此外，她们之间还会营造出非常友好的氛围，就像她们在夏威夷周末聚会期间所体验到的那样。

"你可以继续做你自己的投资，"索尼娅说，"但有了组织，我们就能相互分享经验。我可能擅长于某个领域的投资，你擅长于别的领域。我们可以互相帮助。"

索尼娅给这个组织起名为"百老汇天使"（Broadway Angels），因为她就住在百老汇街。

越是想索尼娅和方斯塔德提出的主意，玛格达莱娜越觉得有道理。离开公司以后，她颇为想念与 USVP 的同事并肩作战的时光以及与他们的同事情谊。天使投资实际上比表面上看更有难度，也没有其他人可以提供意见。她不得不承认，她很喜欢和资历丰富、志同道合的女性一起在夏威夷度假的经历和感觉。

所以，玛格达莱娜同意与索尼娅一同创办新组织，但有一个前提，她说："我想要做能赚钱的事情，我不想只是坐在那里跟人闲聊。"

索尼娅笑了。按照她的计划，不会出现那样的问题。她打算把百老汇天使的会议安排得像军事行动一样细致。

特蕾西娅

2013 年 2 月，特蕾西娅的一位好朋友举办"单身派对"，她本不想参加，但无奈盛情难却。她和蒂姆已提出离婚，她在休家庭假期，暂时离开加速合伙公司一段时间。朋友们跟她说该考虑考虑未来了。但特蕾西娅无意约会，她觉得现在的生活很好，身边有孩子，有不少好朋友，也有事业。

她跟身边想要给她介绍对象的人说，她"一点都不想约见任何会干涉我生活的人"。她觉得自己这段时间对约会没有兴趣。最近，她和两个女性朋友在旧金山一家豪华酒店的酒吧内喝酒，有一群男人过来和她们坐在一起。那是一个周六的夜晚，气氛很愉悦，那些男士把他们的谷歌工作证正面朝上放在桌子上，显然是为了给别人留下深刻印象。

她觉得，如果她过些年真的重新开始跟别人约会，她得找个三餐不继的艺术家，最好有点才华。她有几位商界或学术界的女性朋友都发现，自己事业上的成功反而给家庭带来了麻烦。她认为，美国男人是在男人要负担起家计的文化中长大的，要是另一半比他们更能赚钱，或者更加事业有成，他们内心会很难接受。特蕾西娅并没有打算回到加速合伙公司工作以后收敛自己的事业雄心。

"单身派对"在特蕾西娅的商学院朋友、高盛董事总经理劳拉·桑切斯的家中举行，桑切斯也在办离婚手续。她与自己和特蕾西娅在斯坦福认识的几位已离婚的朋友一同举办这次活动。特蕾西娅穿着红色的裙子和高跟鞋，注意到一个穿着牛仔裤和灰色毛衣的高个子帅哥走过来。他手里拿着一瓶玫瑰香槟，那是她最喜欢喝的酒。

两人开始交谈，其间特蕾西娅一直在想：他真帅气，太帅气了。他的名字叫马修·麦金太尔。当注意力从他的俊朗外表上挪开后，特蕾西娅发现他的谈吐更让她触动。他跟特蕾西娅说，他得提前离开派对，去机场接他的女儿和前妻。他们三人要一起去参加一个共同朋友的婚礼。他女儿是销售鲜花的。特蕾西娅心想，也许有一天我的前夫也会到机场接我。

特蕾西娅不敢问麦金太尔是做什么的，要是他是从事科技或金融工作的，那她就得死掉这条心了。施乐首席执行官厄休拉·伯恩斯在一次科技大会上发表的一番话让她铭记于心："女性婚姻成功的秘诀是嫁给一个比你大 20 岁的人。"她的事业蒸蒸日上时，她丈夫已经退休。eBay 和惠普的前首席执行官梅格·惠特曼嫁给了一位神经外科医生，两人的职业风马牛不相及。

"我是一名消防员。"麦金太尔对特蕾西娅说，脸上露出了笑容。他离开派对之前，特蕾西娅得知他是圣何塞的消防队队长，他还是美国联邦应急管理局城市搜救特遣部队的一员，专门负责大型建筑倒塌的救援工作，"9·11"恐怖袭击事件发生后，他被派到现场参与救援。离开前，两人约好下次再见面。特蕾西娅心想，他俩至少有一个共同点：都是跟男人一起工作。

2013 年春天，特蕾西娅休完家庭假期回到加速合伙公司。她告诉她的合伙人，她不会参与公司的下一只基金。她觉得，自己把长达 15 年的心血都给了加速合伙公司，换来的却是被逼着给投资者（很多她都不认识）逐个打电话，告知他们自己将要离婚。她钦佩加速合伙公司的两位创始人阿瑟·帕特森和吉姆·斯沃茨，并将永远感激公司给予她的机会。但她无法原谅那些在她最需要支持的时候却无情羞辱她的一些年轻合伙人，如果换作男性合伙人提出休假，他们绝对不会那么肆无忌惮。

在正式离开加速合伙公司之前，特蕾西娅需要到旧金山参加最后的协商会。麦金太尔提出送她过去，这时候，两人已经时不时相约见面了。协商会在市中心办公大楼进行，傍晚才开始。特蕾西娅对麦金太尔说，可能要开几个小时。到晚上 8 点，特蕾西娅给他发短信致歉，说会议进展缓慢，要是他还没有回去就先回去吧，她可以自己打车回去。

"我等你。"他坚持道。

到晚上 9 点、10 点、11 点乃至午夜，协商会都还没有结束。特蕾西娅无暇查看手机，她估计麦金太尔早就走了。拖着疲惫不堪的身体，她从大楼走出来，停下脚步。麦金太尔还在车里等着她。

MJ

MJ 回顾自己人生的各个阶段，思索着不同阶段所学到的经验教训。她的童年在印第安纳州的特雷霍特度过，不受约束，自由自在地四处游玩，探索小溪、树林和玉米地。作为家里排行中间的孩子，她常常被兄弟姐妹叫去给他们"主持公道"。

在普渡大学的几年里，她最突出的是数学天赋。出众的数学能力给了她信心去解决其他领域的难题，也给她在英特尔的供职经历带来助益。在英特尔，在几位富有远见卓识的前辈——安迪·格鲁夫、鲍勃·诺伊斯和戈登·摩尔的指引下，她学会了在压力之下工作，学会了与紧密的、具有凝聚力的团队共事。

在斯坦福商学院的研究生生涯里，她遇到了像史蒂夫·乔布斯这样的行业先驱人物，遇到了开着法拉利、拎着粉色公文包到学校演讲的桑迪·科兹格。她对科兹格离开时跟她说的话仍记忆犹新："若想做成事，就要先入局。"

接着，她找到了梦寐以求的工作，成为里德·丹尼斯手下的一名风险投资家。丹尼斯喜欢与人打交道，喜欢戴领结，他为公司树立了延续至今的职业道德和正派基调。与比尔·德雷珀、皮特什·约翰逊、迪克·克拉姆里克、阿瑟·洛克、拉里·松西尼等同辈以及硅谷的几位具有绅士风度的领袖一样，丹尼斯看重的是人的才能，而不是性别。正是在IVP，MJ学会了如何分析公司和市场最重要的东西。由此，她的鉴别力成了她的撒手锏。

现在，MJ进入了一个新的人生学习阶段：离婚，独自生活，有三个成年的孩子。她在尝试用一种新的心态去生活，不再基于假设去看待生活。她开始告诉自己：不要强行去解决生活中所碰到的每一个问题。

她想要向所有聪明的年轻女性创业者分享自己这些年来所学到的一些经验教训。比如，不要自我牺牲；自私一些，多重视自己的需要；做你喜欢的工作；不管从事什么，都不要为了取悦他人而放弃自己的工作。她想说，硅谷的创投生态系统是一片充满创造性的梦幻之地。它固然有缺陷和不足，但在这里，那些努力工作的人，有卓越创新思想的人，想要改变世界的人，总能从一只无形的经济之手那里得到回报。

MJ 开始考虑自己创办一家公司，或者自己筹建一只风投基金。她不再需要同时兼顾丈夫、孩子和工作了。她希望再工作 30年。她是首批成为美国风险投资公司合伙人的女性，一同跻身这一行列的，还有杰奎·莫比、帕特里夏·克洛赫蒂、金吉尔·摩尔、南希·舍恩多夫和安妮·拉蒙特。也许，她也要尝试突破硅谷退休年龄的界限。

在认识她的人眼里，这是一个全新的 MJ。不久，她加入索尼娅、玛格达莱娜和詹妮弗·方斯塔德联手创办的百老汇天使。

索尼娅

正如索尼娅所承诺的，百老汇天使的会议像精密仪器一样精准，极有规律性。它的运作流程是，创业者由发起成员引荐过来，他们有 20 分钟的推介时间，紧接着是 10 分钟的讨论。整个流程严格执行。

在位于旧金山的康卡斯特风投（Comcast Ventures）找到一个

固定会议地点之前，这家组织辗转多地开会：在她们的家里，在位于旧金山历史悠久的普雷西迪奥的一间办公室里，在船上。她们的组织云集了硅谷各路知名女精英，如 MJ、领英的埃伦·利维，风投合伙人凯特·米切尔、玛哈·易卜拉欣、埃米莉·梅尔顿、罗宾·理查兹·多诺霍、杰西·德雷珀、克劳迪娅·范·蒙斯·卡伦·博埃齐，连续创业家苏欣德·辛格·卡西迪和金·波莱塞，帮助创立特斯拉的科技界资深人物劳丽·尤勒，康卡斯特风投的埃米·邦斯，Rodan+Fields 的凯蒂·罗丹，第一共和银行的凯瑟琳·奥古斯特–德怀尔德，TaskRabbit（跑腿服务网站）创始人利娅·布斯克，等等。她们拥有 MBA 学位、博士学位以及华丽耀眼的职业履历。她们是企业家，是投资人，还是母亲。

在最初的一次会议上，一位男创业者走进会议室，看到全都是女人时，"哇"了一声。索尼娅见状笑了起来。在另一次会议上，当一位男创业者坚持要向与他一起创业的一位女性解释技术细节时，索尼娅差点没忍住翻白眼。

百老汇天使早期投资的项目和创业者包括：RocksBox，一个由母亲、数学天才和好胜的企业家米根·罗斯创办的珠宝订购服务公司；黛比·斯特林，一位创立了玩具品牌 GoldieBlox 的工程师，该品牌的玩具旨在向女孩们介绍科学与工程；UrbanSitter（保姆中介服务网站），其联合创始人是林恩·珀金斯，她想要打造一种比口口相传更有效的找保姆的方式。其他投资还包括由卡拉·戈尔丁创立的 Hint Water（饮料公司），戈尔丁创立这家公司是因为她想减肥，并远离无糖汽水。索尼娅邀请了区块链技术投资的先驱布拉德·斯蒂芬斯来谈谈这个领域的机遇。

索尼娅逐渐减少了她在门罗风投的工作时间，不再参加他们的合伙人会议。除了百老汇天使以外，她还创办了一家非营利组织来为处境危险的少女提供支持和帮助。这个名为 Project Glimmer（微光计划）的组织受化妆品网站 Eve 的启发，会在圣诞节向女孩们赠送珠宝和化妆品，每年为超过 12.5 万名女孩提供帮助。

百老汇天使是索尼娅旨在为女性带来认可和机会，以及改写风投行业历史，让更多女性史上留名而创立的一个平台。与此同时，她想要通过 Project Glimmer 这个平台让年轻女性感到被重视、被爱，让下一代从中受到鼓舞。

玛格达莱娜

午饭休息时间结束，学校巨大的钢门缓缓打开。其他学生纷纷回到教室，穿着天主教校服的一年级学生玛格达莱娜却在盯着敞开的学校大门。她想："我要穿过马路去找卖巧克力的人，买一块巧克力。"这扇门以前白天从未打开过。玛格达莱娜走出大门，穿过街道。

街对面商店的老板看到凯沃克·耶希尔的女儿站在他面前，一脸惊讶。她跟他说："我想要买巧克力。"店主是凯沃克的朋友，主要卖收音机、电扇等电器。看着这个长着棕色大眼睛的、圆嘟嘟的早熟女孩，他笑了笑，然后去取巧克力。

　　玛格达莱娜谢过和蔼可亲的店主，剥开包装纸，迅速地吃下巧克力。穿过学校敞开的大门时，有个修女拦住了她，一脸不悦。她被直接带到校长的办公室。

　　“你为什么逃出学校？”校长问道。

　　玛格达莱娜正经地分析了一番：“我没有逃学，我回到学校了啊。”

　　修女接着问：“你为什么未经允许就离开学校？”

　　玛格达莱娜答道：“门是开着的，卖巧克力的人在街对面，我去找他买巧克力。”

　　此时，学校已经通知她父亲过来。玛格达莱娜被学校开除了，但在她看来这其实是件好事。她父亲到了学校，连忙向修女们道歉。他看着女儿，神色严肃。

　　出了学校，她跟父亲解释说，她觉得校门打开正好可以让她去买巧克力。她觉得自己没错。

　　几十年后的今天，玛格达莱娜站在与学校隔街相望的商店外。她能想象出她父亲的样子：笑容可掬，体格匀称，满头白发。他的口袋里总是装着糖果，送给渡轮上哭喊的孩子们和叫他“欢乐叔叔”的孤儿们。

　　这所学校看上去比她记忆中的还要爱管闲事得多。它现在成了文化学院，教授戏剧和音乐课程。当天早些时候，她参观了学校大楼，回到了她记忆中的教室，回到了楼上的房间，她和别的学生曾在房间里铺了地毯的地板上午睡。她记忆中那个雕刻精美的大理石水槽还在。

玛格达莱娜在那里站了一会，打量着学校四周。年少时，她觉得美国有着无穷的吸引力，甚至比一千根巧克力棒更有吸引力。但最近，对家乡的浓烈感情涌上心头。她热爱这片有神秘色彩的、四海一家的壮丽土地，热爱这片夹杂着基督教和伊斯兰教历史的土地。它的气味和声音都深深地印在她的记忆里。如果说要用一种声音来形容在这里长大的时光，那就是船的声音。渡轮是日常生活的一大特色，就像纽约的出租车一样。她父亲每天乘两次渡船横渡博斯普鲁斯海峡。渡轮的喇叭声提示人们到岸和离岸，来往的乘客急忙奔向码头。使用单冲程或两冲程发动机的小船发出噼里啪啦的声音。她还记得的其他儿时的声音来自穿过她所在的安静社区的街头小贩，卖酸奶的男人的叫喊声与蔬菜小贩刺耳的叫声此起彼伏，形成鲜明的对比。

气味的话，每个季节各不相同，海水和海藻的气味倒是长期无处不在。秋天，有烤栗子的味道；夏天，新鲜的玉米棒煮熟后，涂上黄油，卖给海滩上的人，阵阵的香味不时传来。当然，在一个人口稠密、没什么人使用体香剂的城市，也有不好闻的气味。玛格达莱娜还记得，小时候挤在人满为患的公交车上，那种气味，让她都不敢大口呼吸。

在重返土耳其之旅中，她先去了南部的港口城市费特希耶，然后回到位于伊斯坦布尔亚洲区一侧的家乡摩达。她的堂兄仍然住在原来的房子里，离她小时候住的房子只有 5 分钟路程。她走进两人曾经玩耍过的卧室，他们当年贴在她梳妆台上的花朵和动物贴纸还原封不动。

她去了小时候常去的冰激凌店，买了最喜欢的酸樱桃冰激凌。她在祖母常去的教堂前停下了脚步，若有所思。她父亲早在几十年前就过世了，但对她而言，他在这里依然健在。玛格达莱娜的姐姐与她母亲更亲近，她则是父亲独一无二的心肝宝贝。

她走到摩达的公共海滩，她曾经在那里游泳玩耍。就是在那里，别的孩子知道她是亚美尼亚人后，就朝她脸上扔沙子。但即便遭到那些孩子的排挤，她也没有哭着跑开。她对自己说："我怎么才能跟他们一起玩游戏呢？我怎么才能让他们准许我加入呢？"

今天，那片海滩很大一块已经变成了海滨步行大道。但对玛格达莱娜而言，它永远都是那片让她开始领悟人生这场游戏的地方。

特蕾西娅

特蕾西娅和詹妮弗·方斯塔德约在斯坦福大学校园的康托尔艺术中心咖啡厅相聚。露台俯瞰罗丹雕塑花园，花园里摆设着法国著名雕塑家罗丹一手打造的、姿态各异的男性裸体铜像。特蕾西娅和方斯塔德都觉得，离她俩上一次见面，即大学毕业后一起在波士顿供职于贝恩公司的时候，仿佛隔了一个世纪。方斯塔德也是在硅谷发声呼吁变革的女性之一，她已宣布将离开德雷珀·费尔·尤尔韦特森这家备受尊崇的公司，卸去普通合伙人的职位。

两人谈到天使投资的机会。特蕾西娅在逐步离开加速合伙公司，将可以自由加入百老汇天使，牵手索尼娅、玛格达莱娜、MJ等人。但方斯塔德也萌生了一个主意。

"我们不应该只做天使投资，"方斯塔德说，"我们应该联合起来，成立自己的公司。"

午餐临近尾声时，特蕾西娅被说服了。方斯塔德是她熟知且信赖的朋友。与特蕾西娅一样，方斯塔德也是一位离异的职场母亲，非常重视事业和孩子，相信自己能两头兼顾好。正如特蕾西娅所说的："要想把事情做成，那就雇一个职场母亲。她们对什么事情都很上心，而且办事效率极高。"两人也有其他一些共同之处。方斯塔德入围过《福布斯》全球最佳创投人榜单，登上过非洲最高峰乞力马扎罗山，临产时完成过交易。两人都有一位非常严苛的、鞭策她们取得成功的父亲。方斯塔德的父亲曾在她12岁那年让她写下5年计划和目标，并要她解释如何付诸实践。

午餐后，特蕾西娅心里重新燃起了久违的亢奋。她生命中所珍爱的许多东西都一一向她告别了。现在，她的生命中又即将迎来一件有意义且有价值的事情。

2014年，特蕾西娅和方斯塔德宣布联手成立新公司——Aspect Ventures（方位风投公司）。在此之前，两位女性加起来缔造了100亿美元的公开市场价值，引导完成了15起并购交易，并帮助所投资的公司完成了共计超过300轮的后续融资。Trulia是特蕾西娅近年投资的其中一家公司，它以35亿美元的价格被Zillow（房地产信息查询服务网站）收购，这引起了不小的轰动。

特蕾西娅和方斯塔德打算先拿出自己的钱去投资，然后再从有限合伙人那里募资。两人在旧金山市场街南区和门洛帕克开设了办事处。

在宣布 Aspect 公司成立的消息时，特蕾西娅对一位记者说，不管是男性创办，还是女性创办，只要是优秀的公司，她都想投。但她也指出，她希望帮助创造更多的成功女性故事，帮助更多的女性完成融资和创办公司。在加速合伙公司，约 20% 的推介来自女性创业者。Aspect 的目标是让这个数字翻一番，它也希望有朝一日，创业者和风险投资家的男女比例变得更趋近于普通大众中的男女比例。

2015 年，Aspect 设立第一只基金，成功募资 1.5 亿美元。这只基金专注于软件公司的 A 轮投资。特蕾西娅也仍然投资于她长期共事过的一家公司，那是网络安全公司 ForeScout。它终于要上市了，有望跻身独角兽俱乐部，因而备受瞩目。从 2001 年夏天开始，她就与这家公司的联合创始人海兹·耶舒伦以及其他的团队成员共事。历经转型和挣扎过后，ForeScout 如今终于实现腾飞。

她还投资了一家叫 Cato Networks 的新网络安全创业公司，它的创始人是她的朋友、先后创办 Check Point 与 Imperva 的什洛莫·克雷默。不久后，特蕾西娅和方斯塔德开始引起一些知名投资者的瞩目，如微软联合创始人比尔·盖茨的妻子、比尔及梅琳达·盖茨基金会联合主席梅琳达·盖茨。在了解到风投界和科技界的女性稀少后，梅琳达开始默默地关注风投界。

特蕾西娅和梅琳达在沙丘路的瑰丽酒店共进早餐。后者想把她在盖茨基金会的全球卫生领域工作中所积累的经验知识用于改善科技行业女性的处境上。

在梅琳达看来，硅谷完全由男性主导，于社会、于商界都是不利的。她问道，如果说硅谷和科技是未来的塑造者，而其中的女性又如此稀少，那么会产生什么样的后果呢？

开始研究这些问题以后，梅琳达在思考是否要投入资金和精力去帮助女性在创投领域发展。她之所以决定专注于风投界，是因为它是整个食物链的最顶端。要是风险投资领域都没有做到性别均衡化，那就更别谈科技行业了。她相信，女性风险投资家更有可能会为同为女性的创业者提供投资，决策桌上也需要更多的女性。

在确定把工作重心放到风投界以后，梅琳达想要了解具体是什么原因致使女性普遍被这个行业排除在外，以及有什么途径能够把她们引进来。

梅琳达本人被科技深深吸引，缘起于一位杰出的女数学老师。正是在这位老师的游说之下，她所在的罗马天主教女子学校引进了 10 台第二代苹果电脑。梅琳达记得，这位老师在课堂上问女孩们是否想要学习 Basic（程序设计语言）。刚接触编程她便喜欢上它了，觉得就像在玩她一直钟爱的拼图游戏一样。后来，她找到了一份暑期工作，专门教孩子们如何玩乐高的编程积木。她之所以选择入读杜克大学，是因为这所学校有两个大型计算机实验室得到了 IBM 的资助。她在微软工作了 9 年，一直都很热爱这份工作。

"我一直都对科技如何服务于整个社会很感兴趣，"梅琳达说道，"我非常相信颠覆性创新。但是，如果我们想要更多的创新和更好的产品，那么必须在女性和少数民族身上投入更多的资金。"

特蕾西娅被梅琳达的人格魅力和务实态度所折服。关于如何提高科技界的女性从业人员数量，如何提高女性投资者和女性创业者的数量，特蕾西娅向她提出了自己的一些想法。两位女士谈到了当一家公司只有一位女性时的感受，这名女性面临着融入这个"男性俱乐部"而不是改变它的压力。梅琳达说："当你把几个女人放到一个董事会里，对这个行业提出的问题就不同了，就开始改变了。风投公司必须意识到这一点。"

那天早上分别前，两人决定携手一起改变风投界的现状。

Aspect 为第二只风投基金募资 2 亿美元，超出预期目标，其投资者包括梅琳达。具有讽刺意味的是，Aspect 将门洛帕克的办公室搬到了帕洛阿托，新办公室正是脸书第一次拿到融资的地方，正是特蕾西娅听 20 岁的马克·扎克伯格推介他那家诞生于大学宿舍、很酷的公司的地方。

索尼娅

2017 年，在百老汇天使的一次会议上，索尼娅及其团队为硅谷被接二连三曝出的性骚扰和性别歧视事件感到苦恼。这种丑闻数年前便已零星出现过。2012 年，风险投资家鲍康如将前雇主——风险投资公司 KPCB 告上法庭，声称 KPCB 存在性别歧视和性骚扰问题。最终，她没能胜诉，但她从此开始积极投身争取男女平等的活动当中。

现在，一连串围绕性骚扰和性别歧视的报道、指控和诉讼消息甚嚣尘上，波及一个又一个行业。硅谷的女企业家们纷纷站出来发声，在此之前，她们一直都不敢举报某些风险投资家的不当行为。优步工程师苏珊·福勒发文控诉优步内部助长了一种"有毒的"性别歧视文化。该公司的 CEO 特拉维斯·卡兰尼克在几年前的一次采访中曾打趣地对一名记者说，他应该给他的公司取名"boober"（boob 即胸部），因为很多女人都对他投怀送抱，"随叫随到"。

女性受到男性虐待和骚扰的新指控层出不穷，每天都占满各大媒体的头版头条。百老汇天使的每一位团队成员都有认识的人牵扯其中。搬进索尼娅以前的办公室的门罗风投合伙人、优步投资者舍尔文·皮舍瓦尔被几名女性指控性骚扰和性侵犯。他否认了这些指控。在被曝出举办过性派对和毒品派对，并且与多名女性创业者有过婚外情以后，特蕾西娅的朋友、天才风险投资家史蒂夫·尤尔韦特森离开了他的公司（詹妮弗·方斯塔德曾是该公司的合伙人），他之前投资过特蕾西娅的创业公司 Release。尤尔韦特森也否认了这些指控。玛哈·易卜拉欣告诉百老汇天使团队，最近坐飞机，坐在她旁边的一位知名男风险投资家向她吐露，他的公司绝不会再雇用女性作为投资合伙人，他们不想惹上麻烦。正如他所说的，他们不想惹上下一个鲍康如（状告 KPCB

的女风险投资家)。

事实上，科技界所浮现出的种种问题是整个美国职场环境的一个缩影。但对于索尼娅而言，在媒体新闻中看到的那个丑闻百出的硅谷让她很难接受，因为那不是她所熟知的硅谷。她仍旧清晰记得 1989 年 1 月 2 日自己进入风险投资行业的第一天，当时她在波士顿入职了 TA，心想这是世界上最好的工作。

曾几何时，索尼娅会不惜一切去证明自己。申请入读哈佛商学院时，她写了一篇关于她在弗吉尼亚大学参加救生员认证课程的文章，与她一起参加课程的还有学校游泳队的成员。每次训练，她都一直游到精疲力竭、身体发抖才停下来。每个星期，都有女生退出课程。培训课程结束前，班上进行认证考试。索尼娅进入泳池，蒙着眼睛，一位块头很大的游泳队成员进入泳池，模拟一个溺水的人。他抓住索尼娅，把她往下拉。索尼娅用指甲抠他的身体，揪他的头发，把他从自己身上弄下来，然后"救"了他。她成了班上唯一通过考试的女生。

现在，回过头来看，索尼娅在想，自己是否不该去努力获得男同事的认可。她是否本该当面谴责他们的不当行为，而不是默不作声？她与门罗风投分道扬镳快两年了，与此同时，还有一个更重要的纪念日即将到来。

MJ

MJ 以卓越成就研究院学员的身份重回斯坦福大学。该研究院为成功人士提供为期一年的课程，旨在为他们提供有关"重新思考人生旅程的观念"的课程。学员自行定制课程表，可随意加入他们感兴趣的课程。MJ 选了社会心理学家罗德·克雷默教授的一门课程，它叫"有意义的人生：个人如何发现有意义的人生之路"。

在该课程中，克雷默让学生思考寻找人生意义的问题。他们聚焦于教授所说的一种叫"心流"的东西，即那些能让你沉浸其中乃至忘记时间流逝的活动。它的理念在于，越能产生心流的人，越幸福。学生们列出了那些能让他们沉浸其中乃至忘记时间流逝的事情。MJ 之前从未想过这个问题："对我来说，心流来自音乐。几乎所有的音乐类型我都喜欢，但受我妈妈多萝西以及她收藏的汉克·威廉斯的精选专辑的影响，我最喜欢的是乡村音乐。"

她接着说："我的心流来自音乐、绘画、制作珠宝、观看巨人队的棒球比赛、徒步旅行、动感单车运动、健身、与我爱的人共享美食等。"

还有一天，克雷默对学生们说："找几个朋友，讨论一下如何选择重要的另一半。"在这个商学院研究生二年级的班上，MJ 比她的同学要年长几十岁。她加入了一个由三位女性和四位男性组成的讨论小组。他们要想出自己最希望伴侣拥有的 10 个特质。MJ 看着小组成员，心想："我真的要做这种 20 多岁的人才做的事情吗？"大家都写下来以后，MJ 那个组的三位女性全都写了"情商"。其他四位男性问道："那是什么鬼？"MJ 笑了出来。

这门课促使 MJ 思考未来，而不是沉湎于过去。她写道："最近我走上了一条新的生活轨道。我正在从一个永不停歇的人变成一个享受当下的人。我相信当下的力量，相信活在今天，相信活在当下。"

她写下了自己的"生活准则"：

爱是一个动词，把身边最重要的人放在第一位。

对待他人要慷慨大方，就像里德·丹尼斯对待我那样。多给予别人。

做一个包容的人。

用感恩的心对待每一天，品味生命中的每一个小确幸。写日记，记录快乐点滴。你会发现，快乐，或许意想不到地简单。

做一个言而有信的人。

做你自己，其他角色都已经有人了（奥斯卡·王尔德）。

"勇敢面对每一天"（MJ），并且"每天做一件令你恐惧的事情"（埃莉诺·罗斯福）。

善良一点，因为每个人都在与人生苦战（柏拉图）。

做个好人又不会少根毛（妈妈）。

上帝很伟大，啤酒很香醇，人们很疯狂（比利·克林顿）。

在用新的视角重新看待自己的人生旅程之余，MJ 在投资工

作上也做出了新的尝试。她第一次听说百老汇天使是在与该组织的成员、风险投资家艾琳·李一起吃午餐的时候。艾琳·李于 2012 年创办了自己的公司牛仔风投（Cowboy Ventures），还与红杉资本的第一位女投资合伙人杰丝·李联合成立了一家叫 All Raise 的非营利组织，旨在帮助更多的女性进入风投行业。MJ 认识包括索尼娅在内的多位百老汇天使成员。一加入百老汇天使，她便被与自己的兴趣爱好以及那些"心流"式的东西相契合的公司深深吸引。她开始涉足食品、时尚、旅游、艺术、音乐等领域的投资，而不是像以前那样专注于企业软件、半导体和网络化领域。

MJ 投资了 ReelReel，这是一家由朱莉·温赖特创立并经营的高端寄售店。MJ 对魄力十足的温赖特十分敬佩，她 50 岁出头创办 ReelReel，短短 6 年就把它的估值做到 5 亿美元。温赖特是 Pets.com 的 CEO，但是当互联网泡沫破灭时她变得一无所有。温赖特说，她当时完全失业了，她的解决办法是，创办自己的公司来打造自己的未来。MJ 还投资了 FoodyDirect，该公司提供地方特色食品送货上门服务，如芝加哥的深盘比萨、纽约的百吉饼和烟熏三文鱼。她也被 Argent 的几位年轻女性创始人打动，该公司致力于为职场女性重塑工作服，它的宣传口号是：寻觅心仪的工作服，不该是什么难事。但这确实是件难事，难度不亚于实现男女同工同酬。

每次来到旧金山参加百老汇天使的会议，MJ 都非常开心能看到一大群女投资人围坐在长长的玻璃会议桌旁。不少前来推介的创业者都承认，他们很少见到女性风险投资家，更别说成员全都是女性的风投团队了。

每次开会，百老汇天使都会留出一些时间讨论当天的重要新闻。电影制作人哈维·韦恩斯坦被指性骚扰一事传得沸沸扬扬之时，她们再次谈到，她们在经历一个历史性时刻，希望它将能够改善女性的生活处境。她们谈到"Me Too"（我也是）运动和"Time's Up"（时间到了）运动的意义，全球各地各行各业多达数百名高管卷入其中。All Raise 会为风投行业中的女性发声，百老汇天使则仍然充当投资平台。行为不端的男性纷纷受到所在公司的警告，许多硅谷公司打算雇用更多女性担任高管和合伙人。这标志着这场运动的进展。但是，真正艰巨的、更加棘手的工作还在后头。它就是解决根深蒂固的偏见问题。

MJ 知道，"兄弟会文化"不是什么新鲜事，硅谷性骚扰的故事每天都在上演，但她也清楚这只是一个侧面。与她共事过的男合伙人当中，不乏很有职业道德，不看重性别，并且对她一直都非常尊重的人。她觉得，硅谷是一个令人惊叹的地方。她开辟了道路，帮助建立了颠覆性的公司。她遭遇的性别问题更多地来自家庭。即使在全职工作时，她也没有要求比尔站出来做更多的事情，没有要求他减少工作时间帮忙照顾家庭。身边没有一个人鼓励她要继续留在 IVP 工作，而不是离开。

参加完百老汇天使的会议，在回家的路上看到沙丘路出口的标志时，MJ 笑了起来。比起当年第一次来到硅谷看见那个标志时，她年长了，也更成熟睿智了。那时她开着车底板生锈的福特平托，现在则开着宝马 X1；那时她使用无线电对讲机，现在则用着最新款的智能手机。不过，她还有着和当年一模一样的精神，还是那个寻求冒险、憧憬着光明未来的女孩。

正如她在会议上对索尼娅说的："我觉得我还有重要的事要做。"行驶在沙丘路上，她把音响的音量开到了最大。耳边传来蒂姆·麦格罗演唱《我的下一个 30 年》（My Next Thirty Years）的声音：

> 我想，新的年岁，我会花点时间，
> 庆祝一下一个时代的结束，新篇章的开始。

歌词简直唱到 MJ 的心坎里。它让她想到自己的人生道路，想到如何让自己的人生旅程变得更有意义。2016 年，她参加了英特尔 CEO 安迪·格鲁夫的追悼会。在那场追悼会里，大家悼念的并不是那个在高管职位上魄力十足且精明强干的安迪·格鲁夫，而是那个备受爱戴的丈夫和父亲角色的安迪·格鲁夫。MJ 原以为，他会因为工作上过于忙碌而疏忽自己的家庭。

多年来，她一直深信，高强度的事业与美满的家庭生活不可兼得。小时候她看到，母亲总是选择吃汉堡牛肉饼，而将牛排留给其他家人。成家以后，MJ 自己也是选择了汉堡牛肉饼，尽管她是为家庭付出最多的那一个。成年以后，她很多时候都是在自我牺牲，没有重视自己的渴求，就像她的母亲一样。那个晚上，在全食超市的过道上，她意识到竟然不知道要给自己买些什么，只知道该给家人买些什么。在醒悟的那一刻，她泪如泉涌。终于，这个来自印第安纳州的女孩平生第一次意识到，她需要好好为自己而活。

特蕾西娅

特蕾西娅重新找回了人生的喜悦。2018 年临近，她的新公司 Aspect 蒸蒸日上。喜上加喜的是，她和麦金太尔订婚了。自从在与加速合伙公司的协商会那天一直等特蕾西娅等到深夜以来，麦金太尔一直都没有离开过，两人一直都亲密无间。现在，每次她领奖或者在公开活动中发表演讲时，麦金太尔总是会占据前排位置，默默关注着她，成为她最忠实的粉丝。她与前夫蒂姆仍然关系紧密，蒂姆已经再婚，两人的住处相隔四个街区。事实上，特蕾西娅和麦金太尔还参加了他的婚礼，大家也会在一起过节。

2018 年末，特蕾西娅被《福布斯》杂志评为"美国最富有的女性风险投资家"——净资产据估计达到 5 亿美元。获邀接受采访时，她有些拿不定主意，但后来想到自己可以借这次曝光机会引起人们对她重视的事情的关注。她还觉得，女性需要认可自己的成功。《福布斯》的报道在她所在行业的男性当中引发了尤其强烈的反响。文章对财富数字的渲染，似乎给她带来了前所未有的江湖声望。多年来，她时常听到男人们讨论某个关键的财富衡量标准——跻身"10 亿美元俱乐部"，硅谷用此来形容某人身价达到 10 亿美元。特蕾西娅已经完成了半程。

特蕾西娅一直都扮演着一个串联者的角色，一直致力于帮助硅谷的女性建立一个关系网络。她贡献很大，通过多个组织和角色贡献自己的力量，无论是在百老汇天使和非营利组织 All Raise，还是在她和别的女性一起经营的公司，以及其提升女性在科技界影响力的角色。过去，不管是小型聚餐、沙龙还是夏威夷度假活动，每次聚会活动结束，这些行走于硅谷的女性就没什么交集了。如今，这种情况不复存在了。

特蕾西娅和她的两位朋友埃米莉·怀特和苏欣德·辛格·卡西迪有了轮流举办仅面向女性的圣诞鸡尾酒会的传统。2011 年是该聚会举办的第一年，有 75 名女性参加。2018 年，多达 300 名女性在特蕾西娅的家中聚集一堂，当中包括 MJ、索尼娅、玛格达莱娜、多诺霍、凯特·米切尔、劳丽·尤里尔、玛哈·易卜拉欣等。

该聚会意在让大家开开心心地聚在一起，联络感情，与此同时，它也让一众指定的慈善机构获益不小。2018 年的指定慈善机构是连接需要帮助的教师和学校与捐赠者的教育网站 DonorsChoose，以及旨在激励青年女生的非营利组织 Project Glimmer。特蕾西娅是 DonorsChoose 的董事会成员，索尼娅是 Project Glimmer 的创始人。

那天晚上，音乐响起，觥筹交错，女人们轮流在专门布置的照相亭里摆姿势，穿着戏服，举着"我喜欢一掷千金""我挺她""谁顽皮谁乖巧"之类的标语。

特蕾西娅在读高一的女儿萨拉有意参加今年的聚会。特蕾西娅觉得，吸引女儿参加的不是她，而是她的朋友们，比如Snapchat（色拉布）首席运营官埃米莉·怀特和 YouTube 首席执行官苏珊·沃西基。

不过，特蕾西娅注意到女儿的一个深刻变化。上小学时，萨拉问她，为什么她不做全职妈妈，为什么她不多陪自己参加学校的郊游活动。在萨拉的印象里，妈妈会去把烘焙食品买回来，将它们放到一个自制的容器里，然后假装是自己亲手制作的。但最近，一起坐在车上时，萨拉问她，那些关于硅谷性骚扰的报道是不是真的。萨拉问道："跟你一起工作的基本上全都是男人吗？"特蕾西娅看着她，点了点头。之前，她之所以选择上女子高中，是因为很不喜欢周围男生的所作所为——中学时他们上课举手的人数要远远多于女生，平常老是对女生评头论足，比如谁是大姐大、谁喜欢体育运动、谁数学和科学成绩比较好等。这给她敲响了警钟：她在学校可能会被视为"二等公民"。萨拉对妈妈说："我真为你感到骄傲。"

另一个让特蕾西娅难以忘怀的点滴是，她收到了来自儿子卢克的学校校长的一封电子邮件。卢克 9 岁了。邮件中写道：

亲爱的卢克：

我只是想说声谢谢。今天下午，我到了你的教室旁听，听你们在课堂上讨论发明创造。当讨论话题变成该用"人造的"（human-made）而不是"男人造的"（man-made）时，戈尔曼先生让同学们解释一下这两个词语之间的区别。你很快就举起手来，说"人造的"一词更合理，因为"不仅男人能发明，女人也能发明"。这随即引起了大家对女人如何创造发明的讨论。卢克，感谢你用开放和包容的心态思考！

孩子们的这些点滴给了特蕾西娅无穷的快乐，这些天，她一定要好好品味。她希望她的孩子能够过上更好的生活，就像她的父母当初对她的期盼一样。

在加速合伙公司的日子和与蒂姆离婚改变了她。她不再觉得必须得完成待办清单上的每一个事项，不再觉得必须出席每一个会议，不再觉得必须大声说话和经常打断别人。在经营 Aspect 的过程中，特蕾西娅找到了自己的舒适区：她从事这项工作，纯粹是出于她的热爱。

索尼娅

2018 年 3 月 26 日，索尼娅迎来了一个重要的里程碑。她摆脱癌症满 10 年了。她与一位女性友人在旧金山的祖尼咖啡厅共享晚餐，庆祝一番。她也开始构思"女孩取胜之道"，希望有一天能把它撰写整理成书。她把自己这些年积累的经验总结为 10 点，包括"不要太纠结于歧视问题""大胆去做男人能做的事""认可自己""脸皮要厚"等。

说到女孩的取胜之道，索尼娅想到了她认识的一些具有开创

精神的杰出女性。例如，玛丽莎·梅耶尔，她在斯坦福大学习得
人工智能方面的专业知识，成为谷歌的第二十名员工，而后获聘
为雅虎的首席执行官，后来离职经营自己创办的科技孵化器；泰
勒·斯威夫特，14 岁那年劝说父母搬到纳什维尔，因为她下定决
心要成为一名歌星；马拉拉·优素福·扎伊，尽管曾头部中弹，
但这位巴基斯坦活动家和诺贝尔奖获得者仍然没有放弃自己的信
念——女孩应该接受教育，并一直为之努力。

5 月，索尼娅为快满 10 岁的女儿特丝举办了一个生日派对。
她自己的生日也快到了。被问到如果可以，最希望改变自己生活
中的什么东西时，她的回答是："我什么也不会改变，毕竟也许
恰恰是那件不好的事情造就了今天的自己。"

不过，对于未来，她有自己的愿景：一群聪明、有趣且专注
的女性先行者，围坐在百老汇天使的会议桌旁，这张会议桌的触
角伸向全球各地，如同一面强大而美丽的巨大旗帜，任何人都无
法忽视它的存在。

索尼娅，一位总能保持积极乐观的南方美人，总能看到这个
世界的美好。别人眼中的偏见，在她眼里是机会。成年后的大部
分时间里，她一直都不相信工作中男女有别。她深信，是男是女
并不重要，要用成绩说话。大家都是人。

当被诊断出患有癌症时，她对现实的看法发生了改变。门罗
风投的合伙人给了她一个惨痛的教训。这是她第一次遇到行业内
外的众多女性所面临的那些挑战。挣扎之时，她想到，没有她那
样的资源的女性想必要面临更加艰难的处境。如果连她在脆弱的

时候都失去了自己的职业地位，那么其他依靠工薪生活的职场女性又会面临怎样的处境？索尼娅对同情和换位思考有了一种新的感悟。

她整个职业生涯都在致力于投资那些改变人们生活的公司。她的投资帮助互联网变得更加安全可靠。一路下来，她不知不觉地成了一名女权主义者。更让她吃惊的是，她成了一个活动家。

玛格达莱娜

2018 年夏天，玛格达莱娜回伊斯坦布尔看望朋友和亲人，当中包括她的姐姐。她的健康状况有所好转，尽管她的疾病一直都没有被诊断出来。她和小儿子特洛伊在土耳其的达特恰、博兹布伦和戈西克附近的海域度过了愉快的一周。之后，她回到伊斯坦布尔，连续几天与当地的创业者和风险投资家会面。

她出版了《提升力量》（*Power Up*）一书——马克·贝尼奥夫为其写序——她还回到了她熟悉的创业领域，与精通技术的儿子贾斯廷联合创办了汽车金融公司 Informed。特蕾西娅创办的Aspect 是该公司的投资者之一。玛格达莱娜重新回到了她的思维家园——硅谷。

她去见了迪莱克·达因拉利，过去 6 年里她时不时为这位女风险投资家提供建议。玛格达莱娜的日程排得满满的，所以两人只好约在玛格达莱娜从伊斯坦布尔的亚洲区前往欧洲区时会面，回程的时候也见了一次。

36 岁的达因拉利与丈夫和女儿居住在伊斯坦布尔。她的履历与风投行业完全契合：机械工程学士学位，她的班上有 450 名男生，女生包括她在内只有 5 名；MBA 学位；曾是一名职业女子篮球运动员，担任控球后卫；曾担任 Groupon（团购网站）的董事。她在土耳其和硅谷来回跑，通过向投资银行家和创业者打听风投行业有哪些成功的男性或女性，找到了玛格达莱娜。玛格达莱娜的名字被反复提及。

两人一见面就很投缘。玛格达莱娜向达因拉利分享了她在孩子和工作之间疲于奔忙的故事，分享了她如何因为孩子和工作割舍了一切其他的事情。达因拉利知道玛格达莱娜是个很好的母亲，也见过她的两个儿子贾斯廷和特洛伊。

"休息一段时间，但不要离开你的工作，"玛格达莱娜在达因拉利成为人母后向她建议道，"继续留在工作圈子里，工作是件好事。我很讨厌听到一些受过世界上最好教育的女性说：'好吧，我不需要工作。'我说：'没错，你在经济上不需要它，但在其他方面你也许会需要它。也许你需要它来充实自己。'"

两人谈到女性工作更努力但收入却更少的现状。正如玛格达莱娜跟她说的那样，在美国，男性每挣 1 美元，女性只能挣到 0.80 美元，而且按种族划分的话，这一差距会进一步拉大。她说："这就是现状，但不要气馁，也不要坐以待毙，我们要去努力争取平等。"

玛格达莱娜是在加入百老汇天使不久后认识达因拉利的。她发现，与一群有着类似经历的女性共事，是有变革性意义的。在此之前，对于自己的性别她并没有怎么避讳，也没有过多地去关注。她只是默默地做需要做的事情来留在游戏当中，并争取胜利。而现在，她想要帮助像达因拉利这样的人取得胜利。

这个新方向促使她第一次思考，做一个女权主义者意味着什么。对她而言，女权主义者是指为女性争取同等报酬和同等机会的人。这并不是要求女性要有 50% 的管理职位和 50% 的董事会席位。她不信配额这一套。

玛格达莱娜在事业上也逐渐恢复元气。走在伊斯坦布尔的街道上，她经过了 Salesforce 的办公室。这家她帮助打造的公司如今已走向全球，员工规模约为 3 万人，她的朋友贝尼奥夫的身价段位已经比亿万富豪高出不少。Salesforce 设在旧金山的 Salesforce 大厦几个月前正式启用，目前是密西西比河以西最高的办公大楼。该公司在最近一个季度实现营收 30 亿美元，未被计入营收的已签署合同总价值高达 204 亿美元。

回到儿时在摩达的家，玛格达莱娜感觉父亲就在身边。当初，是她的父亲让她踏上了这个探索之旅的，他鼓励自己年幼的女儿，只要她喜欢，就可以尽情地玩锤子和钉子，就可以成为木匠。

玛格达莱娜笑了，想起父亲在那个美妙的日子里对她说的话。那一天，她所在的小学大门打开了，街对面的巧克力令她十分向往。和父亲走出校长办公室，到了天主教修女们不会听到他们说话的地方，玛格达莱娜便急着解释她的行为，但父亲打断了她。他蹲下来说："你看到了机会。在生活中你得听从自己的内心，自己判断什么才是适合自己的。你不必遵守所有的条条框框。"

她和她在科技与风投领域的众多姐妹都遵循着这一信条，她也希望，未来自己能够践行她给达因拉利的那条建议："我享受的是那些未知的东西。"

在斯坦福大学的工科课程上，玛格达莱娜发现了不可知世界所蕴含的乐趣——无法仅仅依靠自己的大脑去探索非绝对确定的东西，这固然可怕，但同时也让她十分兴奋。不可知的东西总是令人感到宽慰，即便它超越了她的感知范畴和她对现实的意识觉知。偶尔有几次，她没有拥抱不可知的东西，其中一次是过早离开 Salesforce 董事会。她为自己设定了不合理的、完美主义的标准，她不该出于对不可知的恐惧而做出那个决定。这与她的本性格格不入：探索者，探险家，冒险家。

每一个阿尔法女孩——玛格达莱娜、特蕾西娅、索尼娅和 MJ——都以各自的方式接受了不可知的东西。要在竞争残酷无比的世界中生存下来并茁壮成长，她们别无他选。她们在年轻时只身到了硅谷，必须得适应这个充满不确定性的世界，并从中寻觅机会。身处男人的天下，纵然势单力薄，她们也依然取得了远超其想象的胜利，不管是在数量上还是在意义上。虽然做出过牺牲，遭受过挫折，但她们从未放弃。阿尔法女孩们走出了属于她们自己的路，创造了属于她们自己的历史。玛格达莱娜也知道，她们才刚刚上路。

后　记

关于本书的想法，在我的上一本书《如何制造一艘宇宙飞船：一群叛徒、一场史诗般的比赛，以及私人太空飞行的诞生》（*How to Make a Spaceship: A Band of Renegades, an Epic Race, and the Birth of Private Spaceflight*）中有迹可循。我周游全美各地，接触过工程师、企业家和科学家的群体。其间，我一直在问自己一个问题：女性都跑哪儿去了？在大大小小的群体中，我都只能看到屈指可数的几个女人。

我开始着手研究多个女性稀少的领域，很快我就把目光聚焦在风险投资上。这一领域在大众中不是很有名，但影响力非凡。风险投资比科技行业中的任何其他领域都要重要，投资大权牢牢掌控在男性手里。风险投资家为创业者的点子提供投资。从我们的通信方式到所使用的科技，从我们驾驶的汽车到我们将来会需要的突破性医疗技术，成功的创业公司塑造并改变着我们生活的方方面面。

2016年末开启我的研究时，风险投资公司只有6%的投资合伙人是女性，也只有大约2%的风险投资流向由女性创办的公司。

2019 年，美国风险投资公司合计投资 1 300 亿美元，其中只有微不足道的 26 亿美元投向女性。我想知道：这种隐藏的不平等对整个世界究竟意味着什么呢？

梅琳达·盖茨的看法一针见血，"要是风险投资领域都没有做到性别均衡化，那就更别谈科技行业了"。她是一名工程师，也是盖茨基金会的联合主席。近年来，她把目光投向促进科技行业性别均衡化的工作上。在此之前，她在发展中国家做了大量工作，亲身目睹了当地强大的女性是如何给社会带来巨大变化的。她开始思考："美国在这些问题上走了多远呢？"答案是："还不够远。"在她看来，科技行业的变革必须要先从风险投资这一源头抓起。

在硅谷封闭的男性俱乐部里，男性风险投资家之间相互邀请参与项目投资，相互推荐资源，他们的投资也几乎全都涌向男性创业者。接着，男性创业者在招兵买马时也只招男性。大公司收购创业公司，等于是一个男性占绝大多数的团队被并入另一个更大的男性占绝大多数的团队。也就是说，软件、硬件、应用程序、社交媒体、人工智能等产品技术，从开发到投资再到经营，无一不是完全由男性主导的。但是，改善性别均衡不仅仅关乎男女平等，还关乎企业能否取得更好的业绩表现，全球经济能否繁荣发展。女性占全球人口的一半，也代表着全球潜力的一半。研究表明，员工多元化程度更高的公司，尤其是女性领导者较多的公司，资本回报率和创新能力均高于没有女性领导者的公司；女性高管和女性董事较多的公司，业绩表现较好；至少有一位女性创始人的创业公司，投资回报率高于没有女性创始人的创业公司。从统计数据来看，企业的管理团队性别均衡化程度越高，其获取盈利的能力越有可能高于平均水平。

在寻找风投行业的女性之前，我想要先充分了解这个行业本身。关于硅谷的报道和记载有很多，我在《旧金山纪事报》做了 20 年的记者，所以硅谷对我来说一点儿都不陌生。但我想要亲自去了解这个充满活力的创业生态系统是如何形成的。我想要了解它是如何在一片被称为沙丘路的安静地带生根发芽的。关于风险投资家和创业者如何改变世界的说法不绝于耳，但我想要形成自己的观点。一开始，我会见了多位风投行业的奠基人——是的，他们全都是男性。我投入了大量的时间采访多位业界传奇人物，如阿瑟·洛克、比尔·德雷珀、皮特什·约翰逊、里德·丹尼斯、欧文·费德曼和唐·瓦伦丁（几年前，我也有幸采访了 KPCB 联合创始人托马斯·帕金斯）。我会见了服务科技行业数十年的资深律师拉里·松西尼。我还与许多比较年轻的男性风险投资家交谈过，包括德雷珀·费希尔·尤尔韦特森公司的约翰·费希尔，正是在他的启发之下，我开始寻觅风投行业真正的独角兽——成功的女性。让我惊讶的是，她们的故事竟然从未被提及。从这一点来看，她们无异于各行各业随处可见的、个人贡献被淡化或者完全被无视的女性。（就连弗里达·卡罗在《纽约时报》的讣告中也仅仅被称为"迭戈·里维拉的妻子"。）我采访了格雷洛克合伙公司（Greylock Partners）的风险投资家、领英联合创始人里德·霍夫曼。我采访了一些历史学家、性别研究专家和企业家。一步步地，我开始寻找我心目中的开拓者、我的"阿尔法女孩"。她们都是各自所在公司中仅有的女性投资合伙人，她们都在风投世界里孤军作战，她们是首批成为美国主流风投公司合伙人的女性，她们在一个对自己极为不利的世界里不断前行、披荆斩棘。

当"Me Too"运动开始掀起波澜，有关性骚扰或其他不当行为的消息从好莱坞、硅谷乃至几乎所有其他行业领域频频传出时，我已经开始为撰写本书展开采访工作。性别、偏见、权力、欺凌、在工作场所的不当行为等话题，在全球范围引发了热烈的议论。"Me Too"运动也对我的采访工作产生了意想不到的影响。我的阿尔法女孩们开始大胆分享自己的一些重要故事了。众人拾柴火焰高。

尽管如此，有时候，要让本书中的女性如实说出自己的缺陷和脆弱点，以及她们在工作或家庭中遭受的背叛，绝非易事。毕竟，在取得事业成功的征程中，她们赖以生存的是坚强不屈，是处变不惊；她们必须穿起厚厚的盔甲，必须遵循男人所制定的那套规则。在尽是男人的行当里，她们练就了一身从容避开各种只有女性才会遇到的雷区的本领：懂得什么时候该不把低俗笑话当回事，什么时候该严肃对待；懂得什么时候该参加应酬活动，什么时候该规避；懂得什么时候该把团队放在第一位，什么时候该奋力争取自己的项目。通过本书，可以学到很多宝贵的经验教训。

我现在意识到，让这些女性吐露各自的成功、失败和遗憾故事，等于要她们铤而走险。她们分享了各自生活中的辛酸苦楚，对她们而言已着实不易。风投是一个人脉关系至关重要的行当。如今，虽然女性雇员数量有所增加，但仍有约 3/4 的美国风投公司一个女性投资合伙人都没有。而在有女性投资合伙人的风投公司当中，大多数也只有一位女性，而不是多位。女性投资合伙人不止一位的顶级风投公司可谓凤毛麟角。

读者们可能很好奇我是如何遴选书中的主角的。除了书中的几位主角以外，确实还有其他一些拥有创投资历的女性先行者，她们的故事很多在书中都有提及。我的目标是寻找几位这样的女性：拥有属于自己的大手笔投资；曾在某个行业领域的变革中扮演重要角色，不管是硬件、软件、电子商务、网络安全还是社交媒体；她们处在不同的时代，有着不同的个性和背景。我想要同时讲述她们在职场和家庭中的故事，毕竟女性在生活中往往要兼顾起多重角色。我想要探究这些问题：男性对我们女性的人生影响是好还是坏？我们女性如何自我设限？我想要从女性从业者的视角观察硅谷是什么样子的。

你可能想象不到的是，在写作本书时，我常常会联想到根据坎迪斯·布什内尔的同名书籍改编的电视剧《欲望都市》。就像读者和观众会对书中或剧中的凯莉、米兰达、萨曼莎或夏洛特产生认同感一样，我也希望本书的读者能看到自己与特蕾西娅、玛格达莱娜、索尼娅或 MJ 的共同之处，希望读者们会说"我就像 MJ""我就像特蕾西娅"等。书中的主角们恰恰都精通数学、工科、金融、计算机和商业。但就像《欲望都市》中的虚构人物一样，书中真实存在的阿尔法女孩们也在努力寻找自己的人生道路。

其他女性成为领导者或者取得成功的故事，有助于促使女性改变自我认知，看到更多的可能性。阿尔法女孩正是我们女性所需要的那种榜样。她们出身平凡：移民家庭，父母是牙医、教师或者商人。她们创立、投资乃至帮助打造了不少改变众多行业领域的公司。她们依靠自己创造了巨额的财富。如今，她们正致力于为女性群体改写风投乃至其他行业的规则。一场反抗运动正在硅谷打响，它才刚刚开启。

书中，虽然有的男人败德辱行，但硅谷也不乏品行高尚的男性。他们为女性同行提供了很多的支持，与她们并肩作战，而且从不以性别论人。他们拥有丰富的经验。总的来说，我认为风投是最重要、最具活力的行业之一，它是未来的塑造者。不管男女，都适合从事这个行业，不过我现在明白女性为什么特别适合做风投了。女性是世界经济中最具影响力的消费群体，在所有消费购买活动中的占比高达80%。我所认识的女性风险投资家，每一个都聪明伶俐，都用数据说话，都直觉敏锐。

最后，我想分享一下我对"阿尔法女孩"这个词的看法。是的，我写的就是这些女人。但我喜欢"女孩"这个词。在我的心目中，"女孩"一词代表着力量、勇气和决心。女孩们令人敬畏、有爱心、满怀希望、勇敢、聪明、坚强。看看特蕾西娅、索尼娅、MJ、玛格达莱娜以及书中众多其他的女性吧，她们无一不是如此。研究过程中，我也重温了一些著名的阿尔法女孩的故事，如网球传奇人物比利·简·金、法学家鲁丝·巴德·金斯伯格、活动家马拉拉·优素福·扎伊等。我也研究了历史上的阿尔法女孩，如第一位当选美国国会议员的黑人女性，民权运动中的年轻黑人女孩们，在第一次世界大战中成为俄罗斯第一位女军官的令人敬畏的农妇。

今天，阿尔法女孩无处不在，她们的故事需要被诉说、被传播。比如，第一批在波斯湾指挥攻击舰的女性；在巴西的一个正在打破性别界限的女子鼓乐团体；与性虐待和性别歧视做斗争的女农场工人；南卡罗来纳州城堡军事学院的第一位女性团长；反抗法规、摘掉头巾的伊朗妇女；印度南部的数百万妇女在元旦当天并肩站在一起，抗议性别歧视和性别压迫问题。

在我眼里，不管什么年龄，任何坚定不移地追求自己梦想的女性，都是阿尔法女孩。别人眼中的不可能，在她眼里就是可能的，她会证明种种的可能性。那个叫玛格达莱娜的喜欢玩锤子和钉子甚于玩偶的女孩，小时候在土耳其伊斯坦布尔有一次受到父亲的教诲："在生活中你得听从自己的内心，自己判断什么才是适合自己的。你不必遵守所有的条条框框。"

我很高兴能够见识到世界上那些勇于打破规则的阿尔法女孩，也很高兴能够听到你们的故事，并引发各种非常有意义的讨论，比如我们如何能够取得成功，我们为什么会失败，我们如何能够重整旗鼓，我们如何能够为我们周围的女性以及下一代的男孩和女孩创造更好的环境和条件。

我期待着你们能与我分享自己的精彩故事，让我们一起来确保过去、现在和未来的阿尔法女孩在史册中都有一席之地。

联系方式

作者官方网站：julianguthriesf.com

邮箱：alphagirlsbook@gmail.com

推特：@JulianGuthrie

脸书：https://www.facebook.com/AlphaGirlsStories/

致　谢

　　我的母亲康妮·格思里是一个阿尔法女孩。1946 年，在她 12 岁那年，她第一次观看美国女子高尔夫球公开赛。比赛在华盛顿州斯波坎市的斯波坎乡村俱乐部举行。在看到女子高尔夫球运动的四位先行者——米尔德丽德·埃拉·迪德里克森·扎哈里亚斯、帕蒂·伯格、贝蒂·詹姆森和路易丝·萨格斯的比赛后，她受到了鼓舞。四位先行者携手成立了美国女子职业高尔夫球协会。

　　康妮 12 岁开始拿起高尔夫球杆，1951 年，16 岁的她第一次赢得斯波坎地区女子高尔夫球锦标赛冠军。（14 岁时，第一次参赛的她获得亚军，在突然死亡法加赛中遗憾落败。）后来她在同项赛事中拿了 15 次冠军，最后一次拿冠军时宣告从该项赛事"退役"。

　　1951 年和 1952 年，她获得了爱达荷州女子业余高尔夫球锦标赛冠军。1951 年和 1980 年，她又获得了华盛顿州女子高尔夫球协会冠军。1951 年，16 岁的她胜绩不断，一鸣惊人。1953 年，她成为第一个也是最后一个在贡萨加大学男子高尔夫球校队打比赛的女子运动员。她在该所大学得到全额奖学金。

当时，女性参加体育比赛的机会极其有限，所以她去找男子队，也轻松入选。他们的团队已先后拿下市级和州级比赛的冠军。有时候，对手球队的男子球手走到第一洞发球台，发现对阵的是康妮——不仅天赋过人，还拥有迷人的外表——就会说："我不要和女人比赛。"击败那些目中无人的男人，会让康妮特别满足。但同年，美国大学体育协会宣布，女子不得加入男子运动队。该协会禁止我母亲加入男子运动队，使她无比赛可打，因为当时还没有女子大学运动队。她觉得美国大学体育协会的禁令"糟糕至极"。

1953 年，母亲还被评为斯波坎市小姐，成为这座城市的官方形象大使。之后，她离开赛场，回归家庭养儿育女，直到几十年后才重返高尔夫球场。她复出是因为她怀念体育竞技带来的挑战，是因为她想要投入一件纯粹为了满足自己的事情当中。1984 年，她重新全身心投入她热爱的高尔夫球上，并上演了一段王者归来的佳话。她取得了绝佳的成绩，成为美国顶级业余高尔夫球手，1984 年和 1986 年两次夺得美国高尔夫球协会长青女子业余锦标赛冠军。

她还在 1984 年赢下太平洋西北高尔夫球协会女子业余锦标赛冠军，1986 年摘取美国西部高尔夫球长青女子业余锦标赛桂冠，1993 年夺得太平洋西北高尔夫球协会长青女子业余锦标赛冠军。她发现年纪大了反而是个利好，她说："年纪大在一些方面反而是好事，因为你的态度和心理韧性要好于年轻的时候。"她被《高尔夫大师》杂志评为高尔夫球界最佳着装女性之一。她还先后入选了贡萨加大学名人堂、西北内陆体育名人堂以及太平洋西北高尔夫球协会名人堂。这就是我的妈妈——我最好的朋友，伟大的榜样，我生命中接触到的第一个阿尔法女孩。

最后，我要衷心感谢我的著作代理人乔·维尔特雷，皇冠出版社的天才编辑罗杰·肖勒，我的朋友兼编辑戴维·刘易斯。我要再次感谢本书的四位主角特蕾西娅、MJ、玛格达莱娜和索尼娅，感谢你们信任我，与我分享你们生命中的重要故事。感谢马丁·穆勒，感谢我的兄弟戴维·格思里，感谢我的儿子罗曼。

罗曼，你是我的骄傲和快乐源泉。记住，强者为自己挺身而出，但强者中的强者会为他人挺身而出。我知道，你会一直做到这两点。